动力锂电池中聚合物关键材料

崔光磊 著

科 学 出 版 社
北 京

内 容 简 介

近年来锂离子电池由于优异的特性而成为人们研究与开发的热点。本书全面地介绍了锂离子电池的工作原理,并围绕隔膜、电解质、黏结剂、铝塑膜详细介绍了高分子聚合物材料在动力锂电池中的应用,并结合实际具体介绍了电池的组装工艺。本书基于作者多年来的创新研究成果并总结了国内外研究者对于锂离子电池的最新成果与相关技术,体现了高分子聚合物材料对锂离子电池性能的提升起到关键作用,对于研究和开发新能源产业具有重要的意义。

本书对从事化学电源研究、生产与应用的研发人员具有较高的参考价值和实践指导意义,也可以供化学、化工、材料和高分子等领域的研究人员以及相关专业的高等院校师生参考。

图书在版编目(CIP)数据

动力锂电池中聚合物关键材料/崔光磊著. —北京:科学出版社,2018.6

ISBN 978-7-03-058029-0

Ⅰ. ①动… Ⅱ. ①崔… Ⅲ. ①动力-锂电池-聚合物 Ⅳ. ①TM911

中国版本图书馆 CIP 数据核字(2018)第 131496 号

责任编辑:翁靖一/责任校对:杨 赛
责任印制:吴兆东/封面设计:东方人华

科学出版社 出版
北京东黄城根北街 16 号
邮政编码:100717
http://www.sciencep.com

北京建宏印刷有限公司印刷
科学出版社发行 各地新华书店经销
*

2018 年 6 月第 一 版 开本:720×1000 1/16
2025 年 2 月第六次印刷 印张:16 1/2
字数:318 000

定价:98.00 元
(如有印装质量问题,我社负责调换)

序 一

传统的化石能源日益枯竭，同时化石能源的使用也带来了严重的环境污染问题。因此，开发和利用清洁能源十分必要。目前大力发展的清洁能源主要是太阳能和风能，其具有间歇性和波动性特征，而且往往处于人烟稀少、远离负荷中心的地区，导致弃风、弃光现象严重，设备利用率降低，因此需要发展高性能的电能储存装置。二次电池是储能电源研究的重点。与其他二次电池相比，锂离子电池因具有工作电压高、循环性能好、能量密度和功率密度高及环境友好等优势而受到了广泛关注。国内外兆瓦级电池储能示范项目中锂离子电池已占48%，成为应用最广泛的储能电池。

随着生活水平的提高，人们对能源的需要越来越多。全球化石能源供应和环境状况日益严峻。我国的化石能源状况是多煤、有气、缺油，目前是第二大原油消费国和第一大进口国，对进口石油的依赖度近6成。汽车保有量超过3亿辆并以每年近2000万辆速度增长。汽车的尾气排放是城市雾霾的重要因素。从全球范围来看，为了改善地球的环境和气候，为了贯彻《巴黎气候变化协定》，必须尽快发展电动汽车，实现汽车尾气零排放。

电动汽车的关键核心技术是动力电池。当前，广泛采用的动力电池是锂离子电池。我国电动汽车产业发展取得了很大成绩，电动汽车的产销量和保有量都已是世界第一，但人们对电动汽车的续航里程和安全性仍存在忧虑。这主要是基于液态电解液体系的锂离子电池能量密度较低，在使用过程中存在有短路、着火等安全隐患，这对现有的锂离子电池体系提出了巨大的挑战，要求在提升动力电池能量密度的同时也要提高安全性能，这是一项非常有挑战性的课题，也是学术界和产业界的中长期研发目标。为了实现这个目标，聚合物（或含聚合物的无机快离子导体）作电解质的固态锂电池已成为动力电池领域的研究热点和重点。

锂离子电池或固态锂电池的研究和生产过程中都离不开聚合物材料。作为隔膜、电极黏结剂、聚合物电解质、铝塑膜的主要组成，聚合物材料的性能对电池的性能有着重要的影响，尤其是在固态锂电池领域中，聚合物电解质的研发也是整个固态锂电池的重中之重。因此，动力锂电池中聚合物材料的研究，对于电池性能的提升及新能源电动汽车的发展都是至关重要的。我国是锂离子电池生产大国，但是在锂电池的基础研究方面和生产技术方面与世界先进水平还有一定差距，与聚合物有关的先进原材料如隔膜、电极黏结剂、聚合物电解质、铝塑膜等还依赖于进口。这就要求国内的科研工作者不仅仅要研究基础科学问题，更要从实际应用的角度出发，探索开发新型高性能电池用聚合物原材料，满足高能量密度、长续航里程、长寿命、高安全性的动力锂电池的需求。

目前，国内图书市场上关于各类化学电源技术和应用方面的书籍已经很多，但关于锂电池所用聚合物材料详细而全面的著作还比较缺乏。本书从动力锂电池的发展应用出发，选择了动力锂电池用聚合物材料最新科研与产业化技术成果，详细介绍了聚合物材料在动力锂电池中的应用，力求突出重要的学术意义和实用价值。相信该书的出版对于研究院所和高校从事锂电池研发的科研人员和师生、员工以及从事锂电池生产和应用的工程技术人员都会有所裨益。希望该书的出版能够推动我国动力锂电池和固态锂电池的研究、开发和推广应用，助力我国早日成为锂电池强国和清洁能源利用强国。

2018 年 3 月

序　二

　　人类的生存和社会的发展与能源息息相关。目前，世界上煤炭、石油等化石能源消费量巨大，生态环境面临着严峻的考验，可再生清洁能源的开发和利用势在必行。世界各国正积极发展低碳经济，把发展可再生清洁能源产业作为改善国家能源结构、保障国家能源安全的重要举措。动力电池是新能源能量储存、运输和利用的一种重要媒介，目前成为新能源产业的重点研究对象，而其中最有前景的电池体系是锂离子电池。

　　在新能源储能和电动汽车快速发展的大背景下，要求锂离子电池能够同时具备高能量密度、高安全性、长续航里程、低成本等特性。锂离子电池中的关键组成部分，如隔膜、聚合物电解质、黏结剂、铝塑膜等都离不开高分子聚合物材料，高分子聚合物材料的性质和加工性能决定着锂离子电池的综合性能。例如，利用高分子聚合物材料制备的凝胶电解质或固态电解质可以提高电池的安全性，且电池的工作电压及循环寿命都得到了大幅度提升。这就要求科研工作者不仅要研究高分子聚合物材料的基础科学问题，更要从实际应用的角度出发，综合考虑聚合物的反应单体、反应条件、分子结构、物理化学性质、加工性能等因素，探索开发新型适用于动力锂离子电池的高性能高分子聚合物材料。

　　目前国内在高分子聚合物材料方面的教材或专著很多，除介绍聚合原理和方法外，还涉及聚合物的结构、性能、成型工艺及应用，但是关于其在锂离子电池方面应用的详细介绍相对匮乏。该书作者在编著过程中参阅了大量国内外相关学科学者和工程技术人员的论文及著作，介绍了锂离子电池的发展历史，并从高分子聚合物材料的角度出发，分别按照锂离子电池的组成部分，详细地阐述了高分子聚合物材料在隔膜、电解质、黏结剂、铝塑膜等方面的最新科研进展和应用，论述了高分子聚合物材料在锂离子电池中的重要性，并在附录中详细介绍了动力锂离子电池生产制造工艺，这在很多关于锂离子电池的书籍中也是少见的。该书力求理论与实践相结合，着重介绍比较成熟的技术方法，能够为化学工作者、高分子研究者、锂离子电池工程师或者其他领域的学者提供重要的参考。

2018 年 3 月

前　言

随着经济和社会的快速发展及环境问题的不断突出，人类生存环境面临着巨大挑战。新能源作为国家战略性新兴产业而迅速发展。作为新能源产业的重要支撑，储能技术备受各方关注，其中以锂电池为代表的电化学储能技术研究最为广泛，发展最为成熟。

近年来，电动汽车、储能基站、航空航天、深海潜器、轨道交通等技术领域不断取得突破性进展，对动力锂电池提出了更深层次、更高的要求，如能量密度、功率密度、循环寿命、使用安全性和极端温度适用性等，各种创新性的锂电池技术层出不穷。聚合物材料是锂电池的基石，是关键电池材料，如隔膜、黏结剂、电解质（含固态聚合物电解质）、铝塑复合膜等的主要成分，其性能的好坏直接影响着电池的使用稳定性和安全性。

本书由中国科学院青岛生物能源与过程研究所崔光磊研究员统筹策划、构思和撰写，并逐章修改定稿。全书不仅介绍了锂离子电池的工作原理，而且围绕动力锂电池中聚合物关键材料来分章阐述：第1章为动力锂电池概述；第2章介绍聚合物隔膜；第3章介绍聚合物电解质；第4章介绍聚合物黏结剂；第5章介绍铝塑膜中的聚合物材料；第6章为总结和展望。

本书基本素材主要取自于作者本人及研究团队多年来的创新研究成果，鉴于锂离子电池技术的飞速发展，新材料、新体系、新技术、新机理不断涌现，同时总结了目前动力锂电池用聚合物材料最新科研与产业化技术成果，凝聚了国内外大量相关研究者的心血，聚合物材料作为动力锂电池体系中的重要组成部分，已经从原有体系发展到了一个新高度。在撰写过程中，得到了陈立泉院士和朱道本院士的鼓励和大力支持，衷心感谢他们欣然为本书作序。其中，中国科学院青岛生物能源与过程研究所及青岛储能产业技术研究院的研发人员许高洁、岳丽萍、张建军、周倩、刘海胜、吴天元、韩鹏献和张舒等参与了资料收集和整理工作，在此对他们的努力付出表示感谢！此外，在具体出版过程中，科学出版社的相关编辑给予了大力帮助，在此表示特别的感谢！

动力电池用聚合物材料涉及有机化学、电化学、材料、物理等学科的概念和理论，是基础研究与应用研究的高度集成与统一。限于作者的时间和精力，疏漏与不足之处在所难免，敬请同行与读者不吝赐教。

崔光磊
2018年2月

目 录

序一
序二
前言
第1章 动力锂电池概述 ···1
　1.1 锂离子电池的诞生和发展 ····································1
　1.2 锂离子电池的工作原理 ······································3
　1.3 锂离子电池的具体组成 ······································5
　1.4 锂电池的相关术语 ··7
　　1.4.1 一般概念性术语 ··7
　　1.4.2 电动势和电压 ··7
　　1.4.3 电池内阻 ··8
　　1.4.4 充放电速率 ··8
　　1.4.5 容量和比容量 ··8
　　1.4.6 能量和比能量 ··9
　　1.4.7 功率和比功率 ···10
　　1.4.8 恒流充放电和恒压充电 ·································10
　　1.4.9 库仑效率 ···10
　　1.4.10 电池寿命和自放电 ····································10
　　1.4.11 荷电状态和放电深度 ··································11
　1.5 动力电池的要求 ···11
　1.6 锂离子电池生产工艺简介 ···································13
　　1.6.1 生产工艺流程 ···13
　　1.6.2 电芯结构 ···14
　1.7 动力锂电池的市场预期 ·····································16
　1.8 结语 ···17
　参考文献 ··18
第2章 聚合物隔膜 ··20
　2.1 隔膜的概述和市场 ···20
　2.2 隔膜的主要性能指标及其表征方法 ···························22

	2.2.1 基本物理特性	24
	2.2.2 力学性能	28
	2.2.3 热稳定性能	30
	2.2.4 电化学性能	33

2.3 隔膜的分类及其制造工艺 35
    2.3.1 隔膜中常用的主体聚合物材料 36
    2.3.2 传统聚烯烃类隔膜及其制造工艺 43
    2.3.3 新兴无纺布类隔膜及其制造工艺 57
2.4 结语 73
参考文献 74

第3章 聚合物电解质 80
3.1 聚合物电解质简介 80
3.2 聚合物电解质的基本性能要求及主要测试手段 81
    3.2.1 聚合物电解质的基本性能要求 81
    3.2.2 聚合物电解质的主要测试手段 82
3.3 固态聚合物电解质 84
    3.3.1 聚环氧乙烷基固态聚合物电解质 84
    3.3.2 脂肪族聚碳酸酯基固态聚合物电解质 92
    3.3.3 硅基固态聚合物电解质 106
    3.3.4 其他固态聚合物电解质体系 121
3.4 凝胶聚合物电解质 124
    3.4.1 聚环氧乙烷基凝胶聚合物电解质 124
    3.4.2 聚甲基丙烯酸甲酯基凝胶聚合物电解质 125
    3.4.3 聚偏氟乙烯基凝胶聚合物电解质 127
    3.4.4 氰基高分子基凝胶聚合物电解质 128
    3.4.5 马来酸酐基凝胶聚合物电解质 130
3.5 结语 132
参考文献 133

第4章 聚合物黏结剂 143
4.1 黏结剂的概述和市场 143
4.2 黏结剂的具体性能要求 144
4.3 黏结剂的性能测试方法 146
    4.3.1 结构组成分析 146
    4.3.2 溶解性和溶胀性 149

  4.3.3 形貌表征 149
  4.3.4 剥离强度测试 151
  4.3.5 热重差热分析 151
  4.3.6 电化学性能 152
 4.4 黏结剂的分类 155
  4.4.1 合成类黏结剂 157
  4.4.2 天然黏结剂 171
  4.4.3 导电聚合物黏结剂 181
 4.5 结语 187
 参考文献 187

第5章 铝塑膜中的聚合物材料 194
 5.1 铝塑膜的简介和市场 194
 5.2 铝塑膜的主要生产工艺 196
 5.3 铝塑膜的性能评价 197
  5.3.1 水氧阻隔性能 198
  5.3.2 耐电解液性能 199
  5.3.3 冲压成型性能 201
  5.3.4 热密封性能 202
  5.3.5 绝缘性能 204
  5.3.6 其他性能 206
 5.4 聚合物在铝塑膜中的应用（专利分析） 208
  5.4.1 日本昭和电工铝塑膜相关专利分析 209
  5.4.2 日本DNP铝塑膜相关专利分析 212
  5.4.3 日本凸版印刷铝塑膜相关专利分析 216
  5.4.4 韩国栗村化学铝塑膜相关专利分析 220
 5.5 结语 221
 参考文献 221

第6章 总结与展望 225

附录 动力锂电池生产工艺 226
 一、动力锂电池工艺路线简介 226
  1. 动力锂电池工艺路线分类 226
  2. 动力锂电池工艺流程 226
 二、动力锂电池关键工序及其控制要点 227
  1. 配料工序 227

  2. 涂布工序 ··· 228
  3. 制片工序 ··· 231
  4. 制芯工序 ··· 233
  5. 入壳工序 ··· 234
  6. 注液、化成工序 ·· 236
  7. 老化、分容工序 ·· 237
  8. 锂离子电池 PACK 工序 ·· 238
 三、锂电制造工艺发展趋势 ··· 238
锂离子电池制造说明书 ··· 240
 一、正、负极涂布 ··· 240
 二、极片辊压 ··· 241
 三、极片裁切/干燥 ··· 241
 四、极耳焊接、贴胶 ··· 242
 五、卷绕 ··· 244
 六、贴保护膜尺寸规格 ··· 245
 七、电芯烘烤 ··· 246
 八、注液-热、冷压 ··· 246
 九、化成 ··· 246
 十、夹具烘烤 ··· 246
 十一、分容 ·· 247
 十二、测电压、内阻 ··· 247
 十三、分档 ·· 248
 十四、尺寸及外观检查 ··· 248
负极配料说明书 ··· 249
正极配料说明书 ··· 251

第1章 动力锂电池概述

1.1 锂离子电池的诞生和发展

人类文明的发展史,就是一部能源利用的发展史,每一种新能源的成功开发和利用,都能促进人类文明的发展。在漫长的历史进程中,大自然给予了人类无限的启发,学会了钻木取火、动植物油/煤油点灯,使人类在寒冷中获取了温暖,也在黑暗中获得了光明。然而,人类从来没有停止过向大自然探索获取能量方式的步伐。伴随着18世纪60年代的第一次工业革命,以蒸汽为动力的工业机械取得了划时代的革命性进步,将煤这种自然资源推向了人类文明发展的新高度。19世纪60年代,第二次工业革命悄然而至,这一次石油产品成为主角,成为补充和取代以煤为蒸汽机动力源的新能源,此时电灯、电车等相继问世,人类正式进入了电气时代。进入20世纪,科技发展的步伐加速,原子能、电子计算机等技术成就了第三次工业革命。迈入21世纪,随着移动电子设备、电动汽车、能源互联网、人工智能等领域的发展,第四次工业革命到来,以环境为代价、牺牲化石能源为动力的时代早已被新的人类文明所诟病,全球进入了以新能源为主题的新时代。

电池的发展从1800年意大利物理学家伏特(Volt)发明第一套电源装置开始,人们认识到电池是可以把其他形式的能量通过电化学反应(氧化还原)转变为电能的装置,从此人类对电池开始了更加深入的研究[1-4]。随后,丹尼尔电池(1836年)、铅酸电池(1859年)、锌锰电池(1868年)、氧化银电池(1883年)、镍镉电池(1899年)等一系列电池体系相继出现,电池产业迅速发展起来[5]。

20世纪60年代发生的石油危机迫使人们寻找新的替代能源,太阳能、风能、潮汐能、地热能等清洁能源备受关注。但是,这些清洁能源由于自然条件的限制,无法像化石能源一样具有稳定性和连续性。所以,清洁能源的利用需要发展高性能的可反复充放电的电能储存装置——二次电池。锂处于元素周期表中碱金属位置,是密度最小(相对原子质量为6.94,密度为0.53g/cm^3)、氧化还原电位最低(相对标准氢电极为-3.04V)、质量能量密度最大(质量比容量为3860mA·h/g,体积比容量为2060mA·h/cm^3)的金属,因而受到化学电源研究者的极大关注[6]。1958年,以金属锂作为负极的"金属锂一次电池"(只能放电,不能充电)的构想被首次提出,开启了锂电池研究的时代[7]。锂一次电池迅速得到商业化开发,成为手表、计算器等小型电子产品的首选电源。同时,在锂一次电池的推动下,随着人们环保意识的日益增强,再加上地球锂资源储量有限,"锂二次电池"(可反复充放电锂电池)的概念被正式提出[8]。

20 世纪 70~80 年代,锂电池体系的负极主要是金属锂或其合金,这类锂电池称为金属锂电池[9-11]。但是在电化学循环过程中,活泼的金属锂单质会和有机电解液反应,并在其表面生成一层固态电解质界面(solid electrolyte interface,SEI)膜。SEI 膜的厚度和稳定性会影响锂离子在界面上的传输,决定着电池的性能尤其是循环性能。此外,锂离子会在金属锂负极表面不均匀地溶出和沉积,导致锂在电极活性点位置的快速沉积,产生类似树枝一样的锂枝晶[12]。锂枝晶发展到一定程度会在靠近基体部位溶解,使得锂枝晶与电极基体脱离,成为失去电化学活性的"死锂",导致电极比容量下降。最主要的问题是,锂枝晶的大量生长会刺穿电池隔膜,使正负极接触,造成电池内部短路,引起电池内部大电流放电,导致热失控,甚至发生燃烧、爆炸等严重的安全事故[8]。

因此,抑制充放电循环过程中锂枝晶的生成是当时的研究热点。20 世纪 70 年代末,Whittingham[9,13]发现,碱金属离子具有在无机化合物的晶格中可逆地嵌入和脱出的性质,可以用来解决锂电池中锂枝晶的问题。这些无机化合物被称为宿主材料,大多为过渡金属氧化物或硫化物,晶格结构稳定并具有特殊的层状或隧道结构[9,13]。通过电子得失,锂离子可以嵌入或脱出宿主材料的晶格之中,形成的化合物被称为插层化合物。如果锂电池的正、负极分别使用适当的可以嵌、脱锂离子的宿主材料,那么整个电池的循环过程就是锂离子在两极间的嵌入和脱嵌过程,也就是锂离子从正极到负极或从负极到正极的定向迁移过程,就像摇椅一样来回摇摆[14]。1980 年,Armand[15]首次提出了以此为工作原理的"摇椅式电池"的构想,即用高嵌锂电位的嵌锂化合物 A_zB_w 作正极,低嵌锂电位的 $Li_yM_nY_m$ 层间化合物替代金属锂作负极,取得了突破性的进展,这是锂离子电池发展的里程碑。与金属锂电池相比,这种摇椅式电池从原理上安全性更好,这是由于锂是以离子态存在,电化学过程中没有金属锂的溶出和沉积,从原理上解决了锂枝晶的问题[14]。其充放电反应式如下:

$$Li_yM_nY_m + A_zB_w \underset{放电}{\overset{充电}{\rightleftharpoons}} Li_{y-x}M_nY_m + Li_xA_zB_w$$

同年,Scrosati 等[16]组装了 $LiWO_2//LiClO_4/PC//TiS_2$ 电池,证实了摇椅式电池具有可操作性,并具有库仑效率高和循环寿命长的特点。但该体系比容量低,Li^+ 在正负极之间的扩散速度慢,大电流充放电性能差,且制备工艺复杂,因而未能走向市场。

随后,Goodenough 等[17]发现过渡金属嵌锂氧化物 $LiMO_2$(M 为 Co、Ni、Mn)作为锂二次电池的正极材料,锂离子可以进行可逆脱/嵌,并据此研制出了锂离子电池的雏形。1982 年 Agarwal 和 Selman 发现锂离子可快速可逆地嵌入石墨层，人们开始利用锂离子嵌入石墨的特性研究锂离子电池，此后，贝尔实验室成功研制出了石墨电极[18]。1987 年，Auborn 等[19]组装了以富锂材料钴酸锂（$LiCoO_2$）为正极材料，MoO_2 为负极材料，$LiPF_6/PC$ 为电解液的锂离子电池，证实了 $LiCoO_2$ 除具有良好的脱/嵌功能外，还具有高的嵌锂电位，但缺乏与之匹配的脱嵌锂电位低而平稳的负极材料，无法大幅度提高电池的工作电压和比能量，存在着锂离子在正负极之间的扩散速度慢的问题，限制了其广泛应用，其研究一度陷入停滞不前的局面。尽管如此，这些开创性的工作无疑奠定了锂离子电池快速发展的基础，也大大开阔了人们的视野。

20 世纪 90 年代初，Nagaura[20]发现可以用碳材料取代金属锂作为锂二次电池的负极，并取得了优良的性能。Dahn 等[21]提出了基于碳材料负极的锂嵌入化学及其过程中电解液溶剂作用的基本理论。1991 年，日本索尼公司率先将石油焦作为负极材料与高嵌锂电位的 $LiCoO_2$ 正极配合，成功制备了锂电池，将其正式命名为锂离子电池并商业化[22]。锂离子与石墨化碳材料形成的石墨层间化合物 LiC_6 的电位非常接近金属锂的电位，以此作为电池负极材料组装的电池，其操作电压接近金属锂电池的电压[23]。1993 年，美国 Bellcore 公司采用电解液饱和的多孔聚合物作为电解质，炭作为负极，$LiCoO_2$ 或 $LiMn_2O_4$ 等作为正极，成功研制了聚合物锂离子电池（PLIB）[24-26]。1996 年，Padhi 和 Goodenough 发现了一种具有橄榄石结构的磷酸盐，如磷酸铁锂（$LiFePO_4$）、磷酸锰锂（$LiMnPO_4$），其比 $LiCoO_2$ 更安全，具有更好的耐高温性能[27]。中国科学院陈立泉院士率领科研团队在同期解决了锂离子电池规模化生产的科学技术与工程问题，组建公司加快研究成果到规模化生产的转化，首次实现锂离子电池的国产化。

2000 年以来，在世界范围内，基于日本索尼公司概念、技术的锂离子电池迅速发展，其因工作电压高、嵌脱锂容量高、造价低廉、无毒性、体积小、安全、易于携带等特点而被迅速且广泛地应用于电子消费品领域中。近年来，人类试图减轻对化石能源的依赖，而加大对清洁能源的开发力度，因此，锂离子电池在电动交通工具和清洁能源储能等领域的应用正在快速增长。然而，2010 年以来人们渐渐意识到，到基于索尼公司概念的锂离子电池能量密度还是较低，在大规模应用时，难以获得比较理想的续航里程。因此，在理论上具有更高能量密度，技术攻关难度比较大的以锂金属为负极的金属锂二次电池的研究再次复兴。另外，一些新的金属锂电池体系相继涌现，如金属固态锂电池、金属锂硫电池、金属锂空气电池。

1.2 锂离子电池的工作原理

锂离子电池是一种可逆电池体系，图 1.1 为锂离子电池工作原理的示意图[28]。

在充电过程中，Li⁺从正极化合物中脱出，以电解液为传输介质穿过隔膜，插入负极活性物质的晶格中，正极处于高电位的贫锂态，负极处于低电位的富锂态；放电时，Li⁺从负极活性物质中脱出并嵌入正极活性物质中，正极为富锂态。为保持电荷的平衡，充、放电过程中有相同数量的电子经过外电路传递，与Li⁺一起在正负极间迁移，使正负极分别发生氧化和还原反应，并保持一定的电位，所以锂离子电池也被形象地称为摇椅式电池[29, 30]。若负极为石墨化结构的碳材料，正极为层状结构的富锂化合物 LiMO$_x$（M = Co、Ni、Mn 等），电池电化学表达式为

$$(-)C \mid 电解液 \mid LiMO_x(+)$$

正极反应：$LiMO_x \underset{放电}{\overset{充电}{\rightleftharpoons}} Li_{1-y}MO_x + yLi^+ + ye^-$

负极反应：$nC + yLi^+ + ye^- \underset{放电}{\overset{充电}{\rightleftharpoons}} Li_yC_n$

电池总反应：$LiMO_x + nC \underset{放电}{\overset{充电}{\rightleftharpoons}} Li_{1-y}MO_x + Li_yC_n$

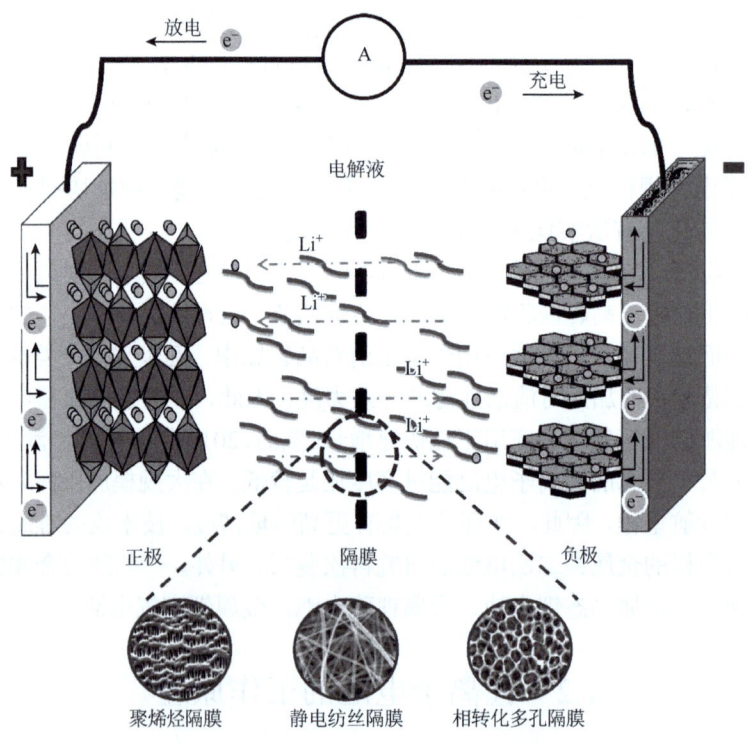

图 1.1　锂离子电池工作原理示意图[28]

1.3 锂离子电池的具体组成

锂离子电池是指以嵌入型含锂化合物作为正极材料所构成的电池的总称。图 1.2 为常见的四种类型（圆柱形、方形、扣式和薄板型）的锂离子电池的结构示意图[31, 32]。其中薄板型锂离子电池多采用铝塑膜作为外包装。

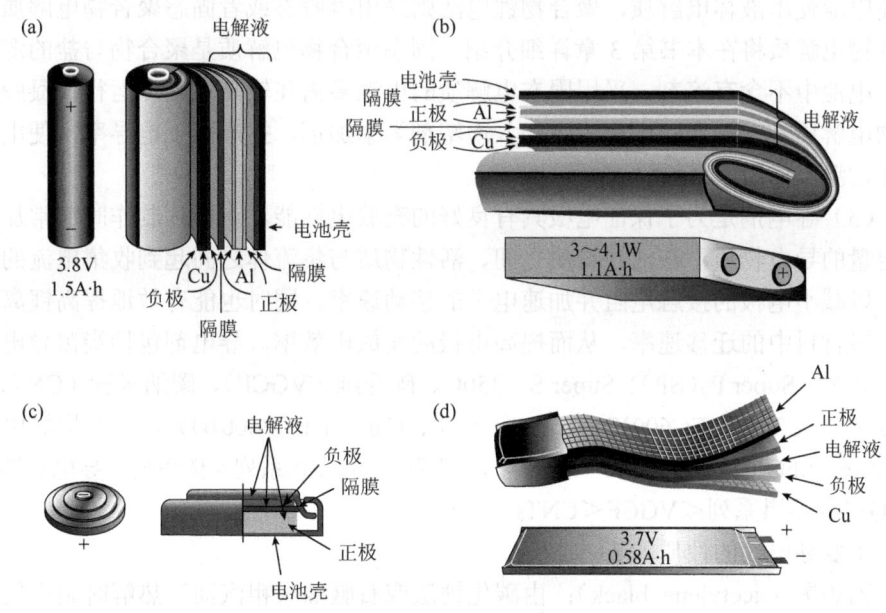

图 1.2 常见锂离子电池结构示意图[31]
(a) 圆柱形；(b) 方形；(c) 扣式；(d) 薄板型

通常，锂离子电池包括五个基本组分：正极、负极、隔膜、电解液、电池壳。正、负极由活性物质、辅助材料（导电剂、黏结剂、分散剂）、集流体构成，是电池的核心部分。

（1）正极活性物质的代表材料有层状结构的钴酸锂（$LiCoO_2$）、镍酸锂（$LiNiO_2$）、镍钴锰三元材料（$LiNi_xCo_yMn_zO_2$）等；橄榄石结构的磷酸铁锂（$LiFePO_4$）；尖晶石结构的锰酸锂（$LiMn_2O_4$）、镍锰酸锂（$LiNi_{0.5}Mn_{1.5}O_4$）等。

（2）负极活性物质一般为石墨化的碳材料，包括天然石墨、焦炭、碳纤维、中间相碳微球（MCMB）等；非碳材料如氮化物、氧化物、硅基材料、锡基材料等；含锂化合物如 $Li_4Ti_5O_{12}$ 等。

（3）隔膜是一种具有微孔结构的高分子聚合物薄膜，起到使正负极隔离，防止正负极直接接触造成短路的作用，本书第 2 章将进行详细介绍。

（4）电解液是 Li^+ 在正负极之间往来运动的桥梁，起到传递电荷的作用，多为含锂盐的碳酸酯类有机溶液。代表性锂盐有六氟磷酸锂（$LiPF_6$）、二草酸硼酸锂（LiBOB）、高氯酸锂（$LiClO_4$）、四氟硼酸锂（$LiBF_4$）等；代表性溶剂有碳酸乙烯酯（EC）、碳酸二乙酯（DEC）、碳酸二甲酯（DMC）或碳酸丙烯酯（PC）等。

值得注意的是，聚合物锂电池与液态锂电池的主要区别在于电解质不同，液态锂电池使用液体电解质，聚合物锂电池则采用凝胶态或者固态聚合物电解质。聚合物电解质将在本书第 3 章详细介绍。固态聚合物电解质是聚合物与盐的混合物，电池中不含有溶剂，采用固态电解质的电池多需在较高温度下运行。凝胶聚合物电解质是在聚合物电解质中加入增塑剂等添加剂，提高离子电导率，使电池可在常温下使用。

（5）导电剂是为了保证电极具有良好的充放电性能，在极片制作时通常加入一定量的导电物质，在活性物质之间、活性物质与集流体之间起到收集电流的作用，以减小电极的接触电阻并加速电子的移动速率，同时也能有效地提高锂离子在电极材料中的迁移速率，从而提高电极的充放电效率。导电剂包括炭黑导电剂如乙炔黑、Super P（SP）、Super S、350G、碳纤维（VGCF）、碳纳米管（CNTs）、科琴黑（EC300J、EC600JD、Carbon ECP、Carbon ECP600JD）等；石墨导电剂如 KS-6、SFG-6、石墨烯等。导电性的大小顺序为：SP 系列＜碳系列＜导电石墨＜350G＜科琴黑系列＜VGCF＜CNTs。

主要导电剂的性质如下：

乙炔黑（acetylene black）：由碳化钙法或石脑油（粗汽油）热解时副产气分解精制得到的纯度99%以上的乙炔，经连续热解后得到的炭黑；

Super P：小颗粒导电炭黑，在正负极中均可用，完全没有储锂功能，只起导电作用；

科琴黑：专用于锂电池的高效超导炭黑，支链状，纯度高，导电性能好；

KS-6：大颗粒石墨粉，羽毛状，具有一定的储锂功能，实际生产中用作负极导电剂；

SFG-6：用于负极导电剂比较适宜，鳞片状的石墨，可以改善负极表面性能；

石墨烯：面接触导电剂，导电性能最佳，但是对于分散要求过高。

（6）黏结剂是电极活性物质、导电剂和集流体的连接媒介，通常为聚合物材料。黏结剂可分为合成类聚合物黏结剂、天然聚合物黏结剂和导电类聚合物黏结剂，本书第 4 章将详细介绍。黏结剂和分散剂形成的胶状溶液需保证电极活性物质和导电剂分散良好且不易沉降。黏结剂按分散剂的不同可以分为油性黏结剂和水性黏结剂，油性黏结剂多以 N-甲基吡咯烷酮（NMP）为溶剂，水性黏结剂则多以去离子水为溶剂。

(7) 集流体包括铝箔、铜箔、铜网等。

(8) 电池外包装壳分为铝塑复合膜、钢壳、铝壳、镀镍铁壳，包含电极引线，作用是保护电池内部各组成不受外界水分和氧气的影响，具有高强度、耐高温、抗冲击等优点。其中铝塑膜所用的聚合物材料将在本书第5章详细介绍。

1.4 锂电池的相关术语

为了方便读者对锂电池的电化学行为以及电池性能有更深的了解，下面介绍锂电池的常用术语[33, 34]。

1.4.1 一般概念性术语

（1）一次电池（原电池）：电化学反应是不可逆的，电池放完电后不能再充电循环使用。

（2）二次电池（蓄电池）：可反复充放电，实现电能和化学能之间的可逆转换，达到能量的储存和释放的目的。

（3）充电：利用外电路补充电量的过程，此时电能转化为化学能。

（4）放电：电流从电池流经外部电路的过程，此时化学能转化为电能。

（5）内部短路：电池内部正极和负极形成电通路时的状态。

（6）记忆效应：未完全放电的电池在下一次充电时所能充电的百分比。

1.4.2 电动势和电压

（1）电池电动势：体系在等温等压条件下发生变化时，吉布斯（Gibbs）自由能的变化与电池体系的电势之间的关系为

$$\Delta G = -nFE \tag{1-1}$$

式中：n——电极在氧化还原过程中得失电子数；F——法拉第常数，即 1mol 电子的电量，约为 96486C 或 26.8A·h；E——可逆电动势（V），即正负极电位差，如果参加反应的物质活度为 1，则 E 为可逆反应的标准电动势 $E^{\ominus}$。

（2）理论电压：理论电压是电池电压的最高限度，不同材料组成的电池理论电压是不同的。

（3）开路电压 E_{ocv}：外电路无电流流过时电池正负极之间的电位差，一般小于电池电动势，单位为 V。

(4)工作电压 E_{cc}（放电电压）：电流通过外电路时，电池电极间的电位差，为电池在操作过程中实际输出的电压，单位为 V。工作电压小于开路电压，是因为锂离子在电池内部迁移时，必须克服极化电阻和欧姆电阻所造成的阻力。

$$E_{cc} = E_{ocv} - IR_i \tag{1-2}$$

式中：E_{ocv}——开路电压（V）；I——工作电流（A）；R_i——电池内阻（Ω）。

电池的工作电压受放电制度（放电时间、放电电流、环境温度、终止电压等）的影响。

(5)终止电压（截止电压）：电池在充电或放电时所规定的最高充电电压或最低放电电压。

1.4.3 电池内阻

电池内阻（R_i）是指电池在工作时锂离子在电池内部迁移所受到的阻力，包括欧姆电阻（R_Ω）和极化电阻（R_f）两部分。欧姆电阻由电极材料、电解液、隔膜、集流体的电阻以及各部件之间的接触电阻组成。极化电阻是指进行电化学反应时由极化（包括电化学极化和浓差极化）引起的电阻。为比较相同系列不同型号的电池内阻，引入比电阻 R_i'，即单位容量下的电池内阻。

$$R_i' = R_i / C \tag{1-3}$$

式中：C——电池容量（A·h）。

内阻的大小主要受电池的材料、制造工艺、电池结构等因素的影响，是衡量电池性能的一个重要参数。

1.4.4 充放电速率

电池的充放电速率也称电池倍率（nC），是指在规定时间内放完全部额定容量所需要的电流值。例如，额定容量为 10A·h 的电池，1h 放电完毕，所需的放电电流为 10A，即为 1C 倍率，如若 5h 放电完毕，则为 C/5 倍率，放电电流为 2A。

1.4.5 容量和比容量

电池的容量是指在一定的放电条件下可以从电池获得的电量，单位为 A·h。包括理论容量、实际容量和额定容量。

(1) 理论容量（C_0）：指假设活性物质全部参加电池的反应所给出的电量。按照法拉第定律，计算公式为

$$C_0 = 26.8n\frac{m_0}{M} = \frac{m_0}{q} \quad (1\text{-}4)$$

式中：m_0——活性物质完全反应的质量（g）；M——活性物质的摩尔质量（g/mol）；n——电极反应中得失电子数；q——活性物质电化当量[g/(A·h)]。

(2) 实际容量（C）：电池在一定的放电条件下所释放出的实际电量。

恒电流放电时：
$$C = It \quad (1\text{-}5)$$

恒电阻放电时：
$$C = \int_0^t I\mathrm{d}t = \frac{1}{R}\int_0^t U\mathrm{d}t \quad (1\text{-}6)$$

近似计算公式为：
$$C = U_a t / R \quad (1\text{-}7)$$

式中：I——放电电流（A）；R——放电电阻（Ω）；t——放电至终止电压的时间（h）；U_a——电池的平均放电电压（V）。

(3) 额定容量（C_r）：尚未使用的成品电池以规定的温度和放电速率放电到一定终止电压的容量。

(4) 比容量（容量密度）：指单位质量或单位体积电池所给出的容量，称为质量比容量 C_m（A·h/kg）或体积比容量 C_V（A·h/L）。

$$C_m = C / m \quad (1\text{-}8)$$

$$C_V = C / V \quad (1\text{-}9)$$

式中：m——电池质量（kg）；V——电池体积（L）。

1.4.6 能量和比能量

电池能量是指电池在一定放电条件下对外做功所输出的电能，单位为 W·h。

(1) 理论能量（W_0）：电池的放电过程处于平衡状态，放电电压保持在电动势（E）的数值，活性物质的利用率为 100%，即放电容量达到理论容量时，电池所输出的能量为理论能量（W_0）。理论能量是可逆电池在恒温恒压下所做的最大功（$W_0 = C_0 E$）。

(2) 实际能量（W）：电池放电时实际输出的能量（$W = CU_a$）。

(3) 理论比能量（能量密度）：单位质量或单位体积电池所释放的能量，称为质量比能量（W·h/kg）或体积比能量（W·h/L）。

1.4.7 功率和比功率

电池功率是指在一定的放电条件下，单位时间内电池输出的能量，单位为 W。

（1）理论功率（P_0）的计算公式为

$$P_0 = W_0 / t = C_0 E / t = ItE / t = IE \tag{1-10}$$

式中：t——放电时间（h）；C_0——电池的理论容量（A·h）；I——恒定的电流（A）；E——电动势（V）。

（2）实际功率（P）的计算公式为

$$P = IU = IE - IR = IE - I^2 R \tag{1-11}$$

式中：$I^2 R$——消耗于电池全内阻的功率，电池的内阻越大，其对应功率越小，即高速放电的性能差。电池在高倍率放电时，比功率增大，但由于极化增强（包括内阻引起的压降），输出电压很快下降，因此比能量降低。

（3）比功率（功率密度）：单位质量或单位体积电池所输出的功率，一般用 W/kg 或 W/L 表示。功率密度的大小表示电池承受工作电流的大小，与电池内阻有关。

1.4.8 恒流充放电和恒压充电

（1）恒流充放电：在恒定的电流下，对电池进行充电或者放电的过程。一般设置了终止电压，当电压达到该值时，充电或放电过程结束。

（2）恒压充电：在恒定的电压下，将充电电池进行充电的过程。一般而言，该恒定的电压为充电终止电压，设置了终止电流，当电流少于该值时，充电过程结束。

1.4.9 库仑效率

库仑效率即充放电效率，用放电电流与充电电流的百分比表示。库仑效率与电极的结构稳定性和电极/电解质界面的稳定性有关。电解质的分解、电极界面的钝化、电极活性材料的结构、形态、导电性的变化都会影响库仑效率。

1.4.10 电池寿命和自放电

电池的寿命包括循环寿命和搁置寿命。

（1）循环寿命：指电池在一定条件下进行充放电，当放电比容量达到规定值时的循环次数。

（2）搁置寿命：指在某一特定环境下，没有负载时电池放置后达到所规定的性能指标所需的时间，常用来评价一次电池。自放电是其主要因素。对于二次电池来说，常测试其在特定条件下的存储性能。

（3）自放电：开路状态下，电池在一定条件中储存时下降的现象。自放电速率是单位时间内容量降低的百分数。

1.4.11 荷电状态和放电深度

（1）荷电状态（state of charge，SOC）：当蓄电池使用一段时间或长期搁置不用后的剩余容量与其完全充电状态的容量的比值，常用百分数表示。SOC = 1，即表示电池充满状态。控制蓄电池运行时必须考虑其荷电状态。

（2）放电深度（depth of discharge，DOD）：是放电程度的一种度量，体现在参与反应的活性材料所占的比例。

对于一个实际的电池来讲，最重要的不是电池的比容量，而是电池的比能量。电池的比能量是电池的比容量与平均工作电压的乘积。因此，提高锂电池比能量的一个重要途径就是提高正极材料的嵌锂电位而降低负极材料的脱锂电位。

1.5 动力电池的要求

目前，国内外研究开发的电动汽车动力电池主要包括铅酸电池（lead acid）、镍镉电池（Ni-Cd）、镍氢电池（Ni-MH）和锂离子电池（Li-ion），电动汽车用动力电池实际应用中应考虑以下几个方面：

（1）比能量（W·h/kg）：参与电极反应的单位质量的电极材料放出电能的大小，也称能量密度，标志着电动汽车的续航能力。

（2）比功率（W/kg）：单位质量的电池所能提供的功率，是衡量汽车动力性能的一个综合指标，用来判断电动汽车的加速性能和最高车速，直接影响电动汽车的动力性能。一般来讲，对同类型汽车而言，比功率越大，汽车的动力性能越好。

（3）循环寿命：在一定的电流密度下，电池容量衰减到某一规定值前，电池能经受充放电循环一周的次数，是衡量动力电池寿命的重要指标。循环次数越多，动力电池的使用时间越长。

（4）安全性：电池在使用过程中的安全可靠性。

（5）成本：电池的成本与原材料、制作工艺和生产规模等因素有关。通常新开发的高性能动力电池的成本相对较高，但是随着新技术的不断采用，电池成本将会逐渐降低。

铅酸电池、镍镉电池、镍氢电池和锂离子电池的主要性能指标对比见表1.1[5,35]。铅酸电池具有质量比能量低、循环寿命短等缺点。此外，铅酸电池含有的重金属铅，对环境的污染严重。镍镉电池的技术成熟，使用温度范围宽，循环寿命较高，但是其电池效率欠佳、质量比能量低、工作电压低及有记忆效应等，最致命的缺点是含有有毒金属元素镉，对环境有严重的污染。镍氢电池具有高比功率、无污染等优点，缺点是具有轻度记忆效应、循环性能较差及工作电压低等。

表1.1　动力电池性能对比[5,35]

性能	铅酸电池	镍镉电池	镍氢电池	锂离子电池
质量比能量/(W·h/kg)	30～50	45～80	60～120	110～160
比功率/(W/kg)	200～300	150～350	550～1350	250～450
工作电压/V	2.0	1.25	1.25	3.6
循环寿命/次	200～300	1500	300～500	>1000
每月自放电率/%	5	20	30	10
工作温度/℃	−20～60	−40～60	−20～60	−40～70
记忆效应	无	有	轻度	无
对环境的影响	污染	镉污染	无污染	无污染
成本	低	较高	较高	高

与铅酸电池、镍镉电池和镍氢电池相比，锂离子电池具有工作电压高，比能量大，自放电率小，循环寿命长，无记忆效应，安全性好，无环境污染等优势，成为动力电池领域的研究热点[36]。新能源电动汽车工业快速发展以及锂电池产业不断进步，对能量密度、功率密度、寿命、成本的要求越来越苛刻，各种新型锂电池体系层出不穷，锂氧气电池、锂硫电池、固态锂电池等正受到学术界、产业界的大力推崇[37,38]。高性能的动力锂电池离不开更先进的材料与之匹配，包括正负极材料、隔膜、电解质、集流体、外包装等。近年来，聚合物材料在动力锂电池中发挥着越来越重要的作用，如聚合物隔膜、聚合物电解质、聚合物黏结剂、铝塑软包装材料等[39]。

1.6 锂离子电池生产工艺简介

1.6.1 生产工艺流程

锂离子电池的生产工艺分为极片制作、电池单元（电芯）制作、电芯激活检测和电池封装四个主要工序。极片制作包括制浆、涂布、辊压、分切、制片、极耳成型等工序，是锂离子电池制造的基础，对极片制造设备的性能、精度、稳定性、自动化水平和生产效能等有很高的要求；电芯组装工艺主要包括卷绕或叠片、电芯预封装、注电解液等工序，对精度、效率、一致性要求很高；电芯激活检测工艺主要包括电芯化成、分容检测等；电池封装工艺包括对构成电池组的单体电池进行测试、分类、串并联组合，以及对组装后的电池组性能、可靠性测试。锂离子电池的生产工艺复杂，不同型号的锂离子电池的生产工艺不同，甚至同一型号但不同的电池生产商所用生产工艺也不同。表 1.2 详细介绍了锂离子电池主要生产工艺、工艺简介以及所需的相关设备。

表 1.2 锂离子电池主要生产工艺、工艺简介及相关设备

生产工艺	工艺简介	相关设备
浆料搅拌	将正、负极材料混合均匀后加入溶剂搅拌成浆状	真空搅拌机
极片涂布	将搅拌后的浆料均匀涂覆在金属箔片上并烘干制成正、负极片	转移式涂布机和挤压式涂布机
极片辊压	将涂布后的极片进一步压实，提高电池的能量密度，一般安排在涂布工序之后，裁片工序之前	辊压机
极片分切	将较宽的整卷极片连续纵切成若干所需宽度的窄片	全自动分条机
极片制片	制片包括对分切后的极片焊接极耳、贴保护胶纸、极耳包胶或使用激光将极耳切割成型等，用于后续的卷绕工艺	全自动极耳焊接制片机、激光极耳成型制片机
极片模切	模切是将分切后的间隙涂布或连续涂布（单侧出极耳）的极片冲切成型，用于后续的叠片工艺。收卷式模切是将成卷的连续涂布（两侧出极耳）的极片，通过五金模完成极耳成型，然后收卷，用于后续的分切及卷绕工艺	模切机、收卷式模切机
电芯卷绕	将制片工序或收卷式模切机制作的极片卷绕成锂离子电池的电芯	圆柱卷绕机、方形卷绕机
电芯叠片	将模切工序中制作的单体极片叠成锂离子电池的电芯	全自动叠片机
电芯封装	将卷芯放入电芯外壳中	电池入壳机、滚槽机、封口机、焊接机
电芯注液	将电池的电解液定量注入电芯中	全自动注液机

1.6.2 电芯结构

在锂离子电池的生产工艺中，最关键的就是电芯的组装工艺，其决定着电芯质量，直接影响锂离子电池的安全性、一致性和使用寿命。电芯的组装工艺可分为卷绕方式和叠片方式两种。

1. 电芯的卷绕工艺

卷芯是锂离子电池的核心，它由焊有极耳的正、负极片和两层隔膜按照图 1.3（a）所示的顺序依次卷绕若干层后，切断并粘贴终止胶带后完成[40]。锂离子电池卷芯的卷绕过程一般是，先将起绝缘作用的多孔性高分子隔膜送入卷绕机构进行卷绕，然后依次送入正极片或负极片，极片夹在隔膜之间，隔膜纵向要比正、负电极长，负极纵向要比正极长，这样隔膜就可包住电极，防止纵向正、负极接触。图 1.3（b）所示为卷绕完成的锂离子电池卷芯[40]。

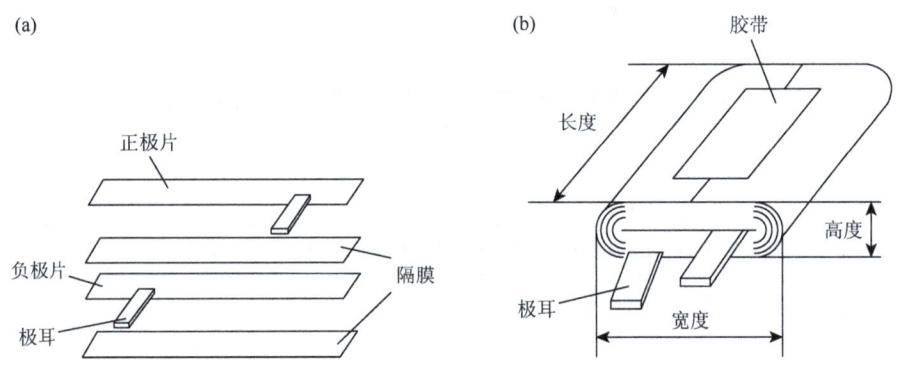

图 1.3 极片和隔膜的叠放顺序（a）及锂离子电池成品卷芯示意图（b）[40]

卷芯的宽度、长度、厚度以及卷绕的对齐度是保证锂离子电池产品规格符合要求的重要参数。例如，卷绕过程中极片和隔膜的张力会造成对齐度不良，直接影响锂离子电池卷芯的一致性和质量。因此，卷绕设备精度的提高有利于成品卷芯达到较高的品质，大幅度提高其生产效率。

2. 电芯的叠片工艺

叠片工艺是将正、负极切成合适尺寸的小片与隔膜进行多层叠加后形成电芯单体，图 1.4 所示为一种平面型叠片结构[41,42]，图 1.5 所示为最近韩国 LG 公司设计的一种叠片-卷绕结构。

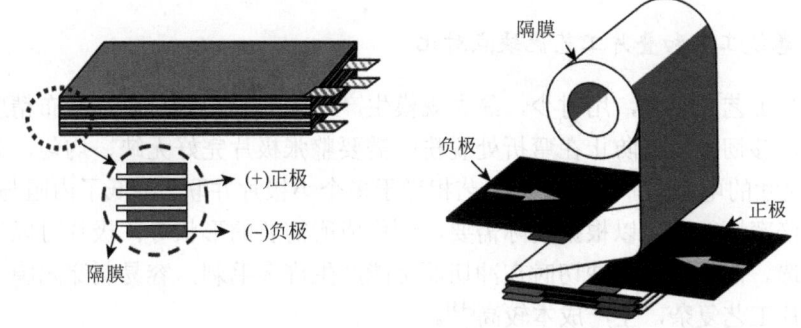

图 1.4 平面型叠片结构[41, 42]

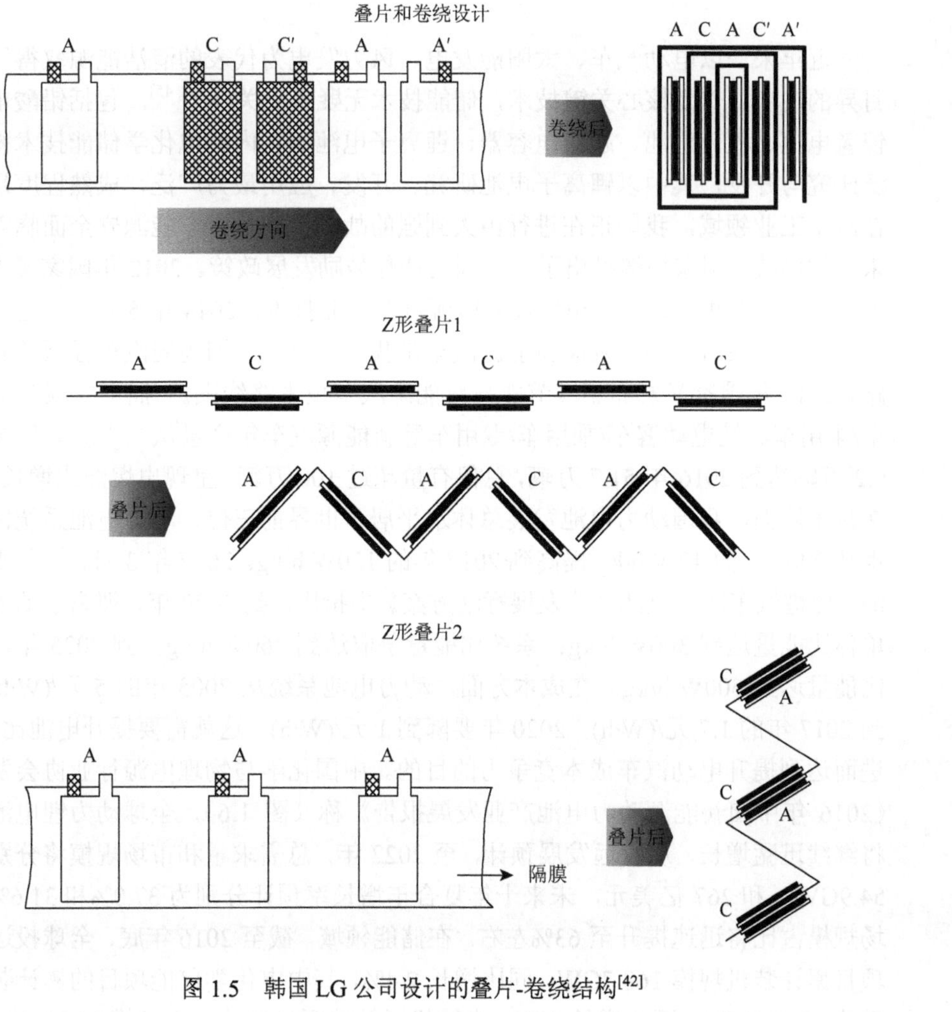

图 1.5 韩国 LG 公司设计的叠片-卷绕结构[42]

3. 卷绕工艺和叠片工艺优缺点对比

卷绕工艺易操作，用时少，易大规模生产，生产成本低，对于涂布精度要求高，有足够韧性，需防止在弯折处脱粉；需要整张极片完好无缺、均匀，只适合中、小尺寸的电池生产[43]。叠片工艺相当于多个小极片并联，降低了内阻与极化，提高了倍率性能；可以根据实际需要，制作成所需要的形状等；极片可以进行检查或挑选。但是极片在冲切时在冲切面可能产生许多毛刺，容易刺穿隔膜发生短路；叠片工艺复杂，生产成本较高[43]。

1.7 动力锂电池的市场预期

近年来，以电动汽车、太阳能发电、风力发电为代表的清洁能源取得了日新月异的进步，作为核心关键技术，储能技术无疑备受关注[44,45]。包括铅酸电池、镍氢电池、液流电池、超级电容器、锂离子电池等在内的电化学储能技术得到广泛研究与开发，其中以锂离子电池研究、开发、应用最为广泛，成熟程度最高。在汽车工业领域，我国正在进行由大到强的战略转型，汽车能源安全面临着前所未有的挑战，国家相继推出了一系列支持与鼓励发展政策。2012年国家《"十二五"科技发展规划》中提出发展新能源汽车产业技术，2014年5月，习近平总书记在上海考察时强调：发展新能源汽车是我国从汽车大国迈向汽车强国的必由之路，2017年国家又发布了《节能与新能源汽车技术路线图》。插电式混合动力客车/乘用车、纯电动客车/乘用车/专用车等新能源汽车年产量从"十二五"规划的0.2万辆达到2016年51.7万辆，总保有量超过100万辆，呈现出爆炸式增长趋势。在技术层面，我国动力电池发展总体水平居于世界前三位，动力电池系统比能量也从2005年的40W·h/kg提高到2017年的120W·h/kg。2017年3月，四部委印发的《促进汽车动力电池产业发展行动方案》中指出，到2020年，锂离子动力电池单体比能量达到300W·h/kg；系统比能量争取达到260W·h/kg；到2025年，单体比能量达到500W·h/kg。在成本方面，动力电池系统从2005年的5元/(W·h)降低到2017年的1.7元/(W·h)，2020年要降到1元/(W·h)，这就需要提升电池比能量，进而达到提升电动汽车成本竞争力的目的。中国化学与物理电源行业协会发布的《2016年中国新能源动力电池产业发展报告》称（图1.6），全球动力锂电池市场将继续迅猛增长，从长远发展预计，至2022年，总需求量和市场规模将分别达到54.9GW·h和267亿美元，未来十年复合年增长率预计分别为37.0%和31.6%，市场规模占比将迅速提升至63%左右。在储能领域，截至2016年底，全球投运储能项目累计装机规模168.7GW，同比增长2.4%，其中电化学储能项目的累计装机规模达1769.9MW，同比增长56%。中国投运储能项目累计装机规模24.3GW，同比

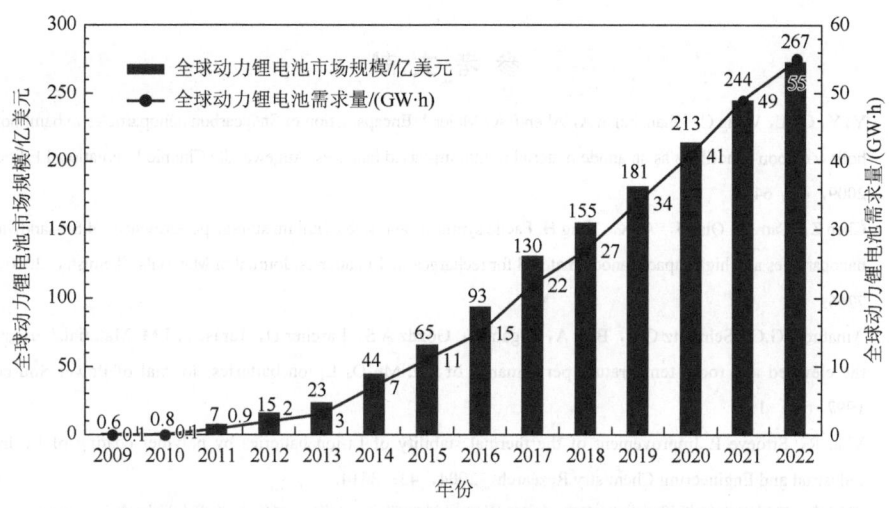

图 1.6 2009~2022 年全球动力锂电池市场规模和需求量
资料来源：中国化学与物理电源行业协会

增长 4.7%，其中电化学储能项目的累计装机规模达 243.0MW，同比增长 72%（《储能产业研究白皮书 2017》）。

正如上述分析，无论是技术层面还是市场层面，对动力锂电池的"质"和"量"都提出了更高的要求。尤其在"质"的方面，随着市场需求程度的不断加深，电池技术也在不断革新，高能量密度、高功率密度、高工作电压、高安全、长寿命成为重点研发目标。在现有电极材料体系下，提出如此高的要求，对整个电池材料体系都是一种巨大的挑战。面对国际、国内动力锂电池发展的良好局面，新材料、新体系、新手段是动力锂电池不断取得突破的基础依据。

1.8 结　语

我国的锂电池市场潜力巨大，不管在电子消费品领域，还是在电动交通工具和清洁能源储能领域，都蕴含着巨大的利润空间。目前，国家新能源大政策（能源结构转型）有利于动力锂电池的发展，国内各类锂电项目匆匆上马，但国内本土企业的产品大多只用于中低端市场。我们发现，中国的锂电产业链高度依赖于国外（尤其是日本、美国），高精度自动化生产设备、原材料（隔膜、电解质、黏结剂、铝塑膜）等都是靠进口，这在未来某个节点上势必会在某种程度上影响国家的能源安全。在下列各章中，本书将对聚合物材料领域进行梳理总结，包括聚合物隔膜、聚合物电解质、聚合物黏结剂、铝塑膜，以期为这些电池用聚合物材料的国产化贡献一份力量。

参 考 文 献

[1] Yu Y, Gu L, Wang C, Dhanabalan A, Aken P A, Maier J. Encapsulation of Sn@carbon nanoparticles in bamboo-like hollow carbon nanofibers as an anode material in lithium-based batteries. Angewandte Chemie International Edition, 2009, 48: 6485.

[2] Chen Z, Cao Y, Qian J, Ai X, Yang H. Facile synthesis and stable lithium storage performances of Sn-sandwiched nanoparticles as a high capaciy anode material for rechargeable Li batteries. Journal of Materials Chemistry, 2010, 20: 7266.

[3] Amatucci G G, Schmutz C N, Blyr A, Sigala C, Gozdz A S, Larcher D, Tarascon J M. Materials' effects on the elevated and room temperature performance of $C/LiMn_2O_4$ Li-ion batteries. Journal of Power Sources, 1997, 69: 1.

[4] Vidu R, Stroeve P. Improvement of the thermal stability of Li-ion batteries by polymer coating of $LiMn_2O_4$. Industrial and Engineering Chemistry Research, 2004, 43: 3314.

[5] 梁银峥. 基于静电纺纤维的先进锂离子电池隔膜材料的研究. 上海: 东华大学博士学位论文, 2011.

[6] 郭炳坤, 徐徽, 王先友, 等. 锂离子电池. 长沙: 中南大学出版社, 2002.

[7] Schalkwijk W V, Scrosati B. Advances in Lithium-Ion Batteries. New York: Kluwer Academic Publishers, 2002.

[8] 吴宇平, 戴晓兵, 马军旗, 程预江. 锂离子电池——应用与实践. 北京: 化学工业出版社, 2004.

[9] Whittingham M S. Electrical energy storage and intercalation chemistry. Science, 1976, 192: 1126.

[10] Dey A N. Electrochemical alloying of lithium in organic electrolytes. Journal of The Electrochemical Society, 1971, 118: 1547.

[11] Yang J, Winter M, Besenhard J O. Small particle size multiphase Li-alloy anodes for lithium-ion batteries. Solid State Ionics, 1996, 90: 281.

[12] Aurbach D. Nonaqueous Electrochemistry. New York: Marcel Dekker Inc., 1999.

[13] Whittingham M S. Chemistry of intercalation compounds: metal guests in chalcogenide hosts. Progress in Solid State Chemistry, 1978, 12: 41.

[14] Scrosati B. Lithium rocking chair batteries: an old concept? Journal of the Electrochemical Society, 1992, 139: 2776.

[15] Armand M B. Intercalation electrodes. Materials for Advanced Batteries, 1980, 2: 145.

[16] Lazzari M, Scrosati B. A cyclable lithium organic electrolyte cell based on two intercalation electrodes. Journal of the Electrochemical Society, 1980, 127: 773.

[17] Mizushima K, Jones P C, Wiseman P J, Goodenough J B. Li_xCoO_2 ($0<x<1$): a new cathode material for batteries of high energy density. Solid State Ionics, 1981: 171.

[18] 孙志贤. 锂离子电池硅基负极用关键材料的研究. 新乡: 河南师范大学硕士学位论文, 2015.

[19] Auborn J J, Barberio Y I. Lithium intercalation cells without metallic lithium $MoO_2/LiCoO_2$ and $WO_2/LiCoO_2$. Journal of the Electrochemical Society, 1987, 134: 638.

[20] Nagaura T. Proceedings of the 5th International Seminar on Lithium Battery Technology and Applications, 1990.

[21] Fong R, Sacken U, Dahn J R. Studies of lithium intercalation into carbons using nonaqueous electrochemical cells. Journal of the Electrochemical Society, 1990, 137: 2009.

[22] Kazunori O, Yokokawa M. 10th Seminar of primary and Secondary Battery Technology Applications, 1993.

[23] Tatsumi K. The influence of the graphitic structure on the electrochemical characteristics for the anode of secondary lithium batteries. Journal of The Electrochemical Society, 1995, 142: 716.

[24] Gozdz A S, Schmutz C N, Tarascon J M, Warren P C. Polymeric electrolytic cell separator membrane: US 5418091. 1995.

[25] Gozdz A S, Schmutz C N, Tarascon J M. Rechargeable lithium intercalation battery with hybrid polymeric electrolyte: US 5296318. 1994.

[26] Gozdz A S, Schmutz C N, Tarascon J M, Warren P C. Method of making an electrolyte activatable lithium-ion rechargeable battery cell: US 5456000. 1995.

[27] Song D, Ikuta H, Uchida T, Wakihara M. The spinel phases LiAl$_y$Mn$_{2-y}$O$_4$ (y = 0, 1/12, 1/9, 1/6, 1/3) and Li(Al, M)$_{1/6}$Mn$_{11/6}$O$_4$ (M = Cr, Co) as the cathode for rechargeable lithium batteries. Solid State Ionics, 117: 151.

[28] Lee H, Yanilmaz M, Toprakci O, Fu K, Zhang X. A review of recent developments in membrane separators for rechargeable lithium-ion batteries. Energy & Environmental Science, 2014, 7: 3857.

[29] Xu K. Nonaqueous liquid electrolytes for lithium-based rechargeable batteries. Chemical Reviews, 2004, 104: 4303.

[30] Etacheri V, Marom R, Elazari R, Salitra G, Aurbach D. Challenges in the development of advanced Li-ion batteries: a review. Energy Environ Sci, 2011, 4: 3243.

[31] Tarascon J M, Armand M. Issues and challenges facing rechargeable lithium batteries. Nature, 2001, 414: 359.

[32] Arora P, Zhang Z. Battery separators. Chem Rev, 2004, 104: 4419.

[33] 杨军, 解晶莹, 王久林. 化学电源测试原理与技术. 北京: 化学工业出版社, 2006.

[34] 王伟东, 仇卫华, 丁倩倩. 锂离子电池三元材料——工艺技术及生产应用. 北京: 化学工业出版社, 2015.

[35] 朱玉松. 高性能锂离子电池聚合物电解质的制备及研究. 上海: 复旦大学博士学位论文, 2013.

[36] 郑洪河. 锂离子电池电解质. 北京: 化学工业出版社, 2006.

[37] 黄可龙, 王兆翔, 刘素琴. 锂离子电池原理与关键技术. 北京: 化学工业出版社, 2007.

[38] Väyrynen A, Salminen J. Lithium ion battery production. J Chem Thermodynamics, 2012, 46: 80.

[39] Do C, Lunkenheimer P, Diddens D, Gotz M, Weiss M, Loidl A, Sun X G, Allgaier J, Ohl M. Li$^+$ transport in poly (ethylene oxide) based electrolytes: neutron scattering, dielectric spectroscopy, and molecular dynamics simulations. Physical Review Letters, 2013, 111: 018301.

[40] 何佳兵, 杨振宇, 姜无疾. 方形锂电池卷绕机构的设计. 电子工业专用设备, 2011, 199: 31.

[41] Reinhart G, Zeilinger T, Kurfer J, Westermeier M, Thiemann C, Glonegger M, Wunderer M, Tammer C, Schweier M, Heinz M. Research and demonstration center for the production of large-area lithium-ion cells//Schuh G, Neugebauer R, Uhlmann E. Future Trends in Production Engineering. Berlin: Springer, 2013: 3.

[42] Ahn S, Lee H M, Lee S J, Park Y S, Ku C H, Kim J Y, Lee J H, Kim S K, Cho J Y. The impact of cell geometries and battery designs on safety and performance of lithium ion polymer batteries. Batteries R&D, LG Chemical Ltd.

[43] 段建峰. 大容量锂离子动力电池设计与性能研究. 赣州: 江西理工大学硕士学位论文, 2013.

[44] Goodenough J B, Park K S. The Li-ion rechargeable battery: a perspective. J Am Chem Soc, 2013, 135: 1167.

[45] Goodenough J B, Kim Y. Challenges for rechargeable Li batteries. Chemistry of Materials, 2010, 22: 587.

第 2 章　聚合物隔膜

2.1　隔膜的概述和市场

隔膜（图 2.1）是一种含有大量微孔结构的绝缘膜，主体组成为绝缘性的聚合物材料。隔膜不参与电池内部的电化学反应，其主要作用有两点：一是隔离电池中正极和负极，防止两极直接接触短路，同时在保证电池安全的前提下，需要隔膜最大程度地薄，以减小两极间的距离，降低电池内阻；二是能够储存并保持足够的电解液，微孔结构允许电解液中锂离子自由通过，从而实现锂离子在正负极间的快速传输[1, 2]。因此，隔膜的特性，包括一致性和稳定性，直接影响着锂电池的安全性能、充放电倍率、容量和循环使用寿命等关键特性。目前，商业化比较成功的隔膜产品主要分为两大类，即传统的被广泛使用的聚烯烃类（如聚乙烯和聚丙烯）隔膜和新兴无纺布类隔膜（通常由无纺布基材、无机陶瓷颗粒或聚合物高分子复合而成）。

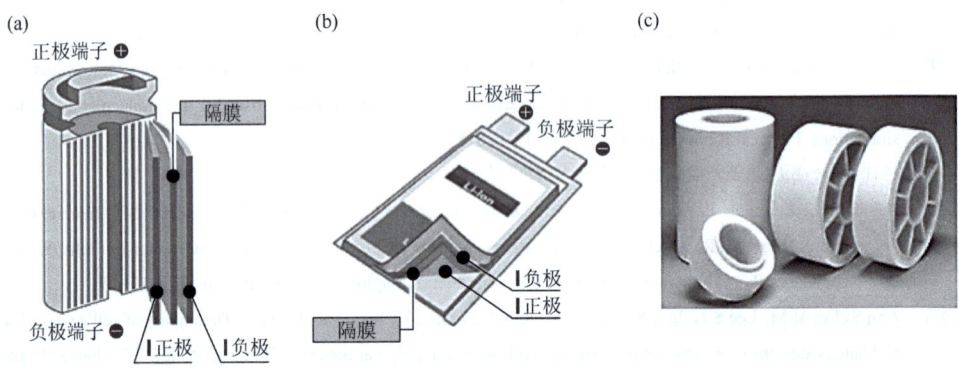

图 2.1　锂电池隔膜作用示意图（a，b）和商品化锂电池隔膜（c）
图片来源：日本帝人公司官方网站. https://www.teijin.co.jp/

受国产化率低和技术壁垒高等因素的制约，依赖于进口的隔膜占锂电池电芯（软包型）材料总成本的 25%左右（图 2.2）。例如，成品聚丙烯（PP）隔膜的价值达到 300 万元/吨，而其原料聚丙烯聚合物的成本仅 1.2 万元/吨。其原因是日本、美国、韩国等国际巨头公司依靠其先进的生产技术垄断了全球锂离子电池高端隔膜市场。据统计，日本旭化成、东燃化学，美国 Celgard 公司，韩国 SK 等国际厂商占据全球超过 60%的市场份额。而国内企业，如佛山市金辉高科光电材料有限公司（以下简称金辉高科）、新乡市中科科技有限公司（以下简称中科科技）和深圳市星源材质科技股份有限公司（以下简称星源材质）等仅占不到 10%的市场份额（图 2.3）。目前，全球锂电池隔膜产量呈现出快速增长的态势，隔膜的产量由 2010 年的 5.0 亿 m^2 增至 2015 年的 12.9 亿 m^2，年均复合增长率达到 20.9%（图 2.4）。由于国家新能源战略政策的支持鼓励，储能与动力电池市场不断扩大，可以预见，隔膜的需求量在中国也将呈现井喷式增长。基于广阔的市场空间和巨大的商业机会，国内企业，如金辉高科、中科科技、星源材质、深圳中兴创新材料技术有限公司（以下简称中兴新材）、沧州明珠塑料股份有限公司（以下简称沧州明珠）、河南义腾新能源科技有限公司（以下简称义腾新能源）、上海恩捷新材料科技股份有限公司（以下简称上海恩捷）等，都积极行动，纷纷扩产增大产能，期待在锂离子电池隔膜市场占得一席之地。但受到专利、基体原材料、生产设备和工艺的限制，国内大多数隔膜企业举步维艰，只能给中低端 3C 产品[3C 产品是指通信 (communication) 产品、计算机(computer) 产品、消费类电子 (consumer) 产品三类产品]数码锂电池企业供货，国产隔膜产品还无法与进口隔膜产品抗衡，无法获得广泛的认可。当今，锂离子电池能量密度和功率密度不断提升，对隔膜综合性能的要求越来越高。传统的被广泛使用的聚烯烃类隔膜存在着耐热温度低（一般不超过 150℃），受热易收缩和易燃等问题，潜在的电池安全隐患正在凸显。近年来，涂覆类（尤其是陶瓷涂覆类）聚烯烃隔膜和新兴无纺布类隔膜因其出色的安全性能而备受关注，这或许可以成为国内锂离子电池隔膜厂商的一个重要的发展契机。

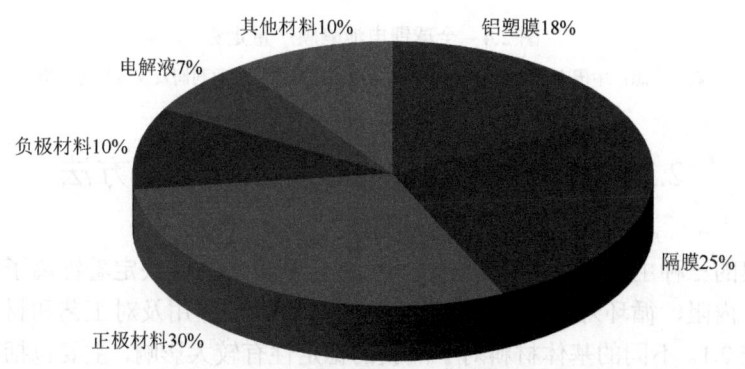

图 2.2　软包锂电池材料成本构成

数据来源：中国产业信息网.2016 年中国锂电铝塑膜行业技术壁垒分析

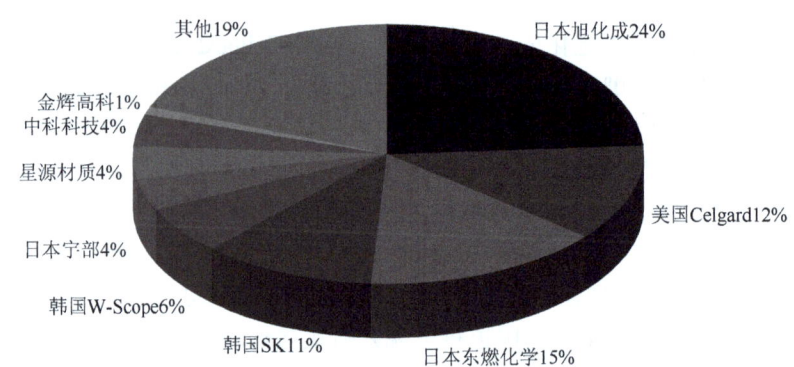

图 2.3 2015 年全球锂离子电池隔膜产业格局

数据来源：中国产业发展研究网.2017 年中国锂电隔膜行业利润及发展趋势分析

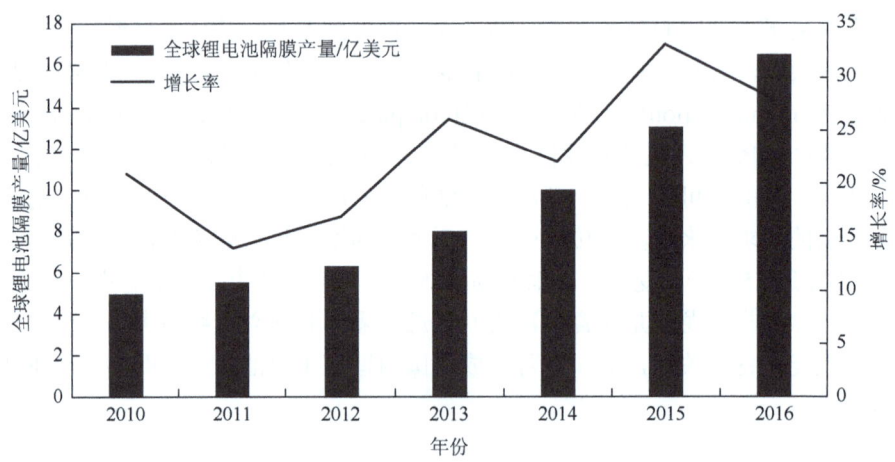

图 2.4 全球锂电池隔膜产量走势

数据来源：中国产业发展研究网.2017 年中国锂电隔膜行业利润及发展趋势分析

2.2 隔膜的主要性能指标及其表征方法

隔膜的三种主要特性，即稳定性、一致性和安全性，决定着锂离子电池的放电倍率、内阻、循环寿命、滥用性等。这三种特性的作用及对工艺和材料的详细要求见表 2.1。不同的基体材料对于隔膜的稳定性有较大影响，主要包括电子绝缘性、化学稳定性、拉伸强度和收缩率。隔膜的一致性取决于生产工艺，主要包括孔径、孔隙率、浸润性和厚度等。隔膜的安全性受基体材料和制作工艺的共同影响，主要包括穿刺强度、熔化温度和闭孔温度等。

表 2.1　锂离子电池隔膜的主要特性

项目	特性	作用	对工艺和材料的要求
安全性	穿刺强度	防止金属锂枝晶、极片毛刺刺穿隔膜造成短路	主要受基体材料和工艺共同影响，实现难度较高
	熔化温度	防止隔膜熔化造成电池内部短路	
	闭孔温度	防止电池过热	
一致性	孔径	保证较低的电阻和较高的离子电导率、提高电池能量密度和充放电性能	主要受工艺影响，实现难度较高
	孔隙率		
	浸润性		
	厚度	减小内阻，可大功率充放电	
稳定性	电子绝缘性	隔离正负电极，防止电池短路	主要受基体材料影响，实现难度相对较低
	化学稳定性	耐电解液腐蚀，保证隔膜使用寿命	
	电化学稳定性		
	拉伸强度	防止隔膜变形	
	尺寸热稳定性		

资料来源：东北证券.锂电池隔膜行业深度报告：守望最后的胜利者。

目前，国内尚未形成对锂电池隔膜的统一测试标准，很多测试项目借鉴了塑料薄膜、纸制品、纺织品等行业的产品标准进行测定。表 2.2 列举了目前隔膜的主要测试项目、参考意义及其主要性能影响[3]。下面将对隔膜的基本物理特性（厚度、形貌和组成、孔径大小及分布、孔隙率、透气度、润湿性、吸液率）、力学性能（拉伸强度和断裂伸长率、穿刺强度、混合穿刺强度）、热稳定性能（热收缩率、熔点和自闭孔温度）和电化学性能（化学稳定性和电化学稳定窗口、MacMullin 值、离子电导率和界面阻抗）的测试标准及方法进行详细的介绍，对实验过程中可能影响实验结果的关键点进行讨论，以期对锂电池隔膜的正确测试提供参考[4]。

表 2.2　隔膜的主要测试项目、参考意义及其主要性能影响[3]

测试项目	参考意义	主要性能影响
外观	表面平整，无垂边、无皱褶	制作过程，充放电均匀性
厚度	厚度均匀性	内阻、容量、安全性
扫描电子显微镜观测	孔形貌、造孔均匀性	电池一致性
红外光谱	材料确定	电化学稳定性，高低温性能
孔径分布	孔径均匀，无通孔	一致性、安全性
孔隙率	保液量	内阻、电性能
透气度	透过性	内阻

续表

测试项目	参考意义	主要性能影响
润湿性	对电解液浸润能力	循环性能、安全性
接触角	越低越好	浸润速度、保液量
吸液率	吸液量、保液量	循环性能、安全性
拉伸强度、断裂伸长率	抗拉特性、加工适应性	制造过程、安全性
穿刺强度	耐颗粒、毛刺刺穿能力	短路率、安全性
混合穿刺强度	卷绕过程中耐颗粒、毛刺刺穿能力	短路率、安全性
热收缩率	热尺寸稳定性	安全性、循环性能
熔点	基膜判断、熔点确定	安全性
自闭孔温度	温度确定，速度快	安全性
电化学稳定窗口	工作区间，尽可能宽	综合性能
MacMullin（N_M）值	尽可能小	安全性、使用寿命
离子电导率	离子透过性	倍率性能

2.2.1 基本物理特性

1. 厚度

厚度是锂电池隔膜的最基本特性之一，隔膜厚度一般约为 25μm，且厚度均一，在保证一定机械强度的前提下，隔膜表面必须平整，对于高能量和高功率密度的锂离子电池要求隔膜厚度尽量薄[5]。目前，便携类锂离子电池通常使用 9～20μm 的隔膜，动力电池通常会使用 25～40μm 的隔膜，而对于一些对安全性有特殊要求的电池，会使用厚度在 40μm 以上的隔膜。隔膜越薄，机械强度越差，在组装电池过程中隔膜越易被破坏，造成电池短路，产生安全隐患；隔膜越厚，抵抗穿刺的能力越大，电池的安全性也就越高，但会降低锂离子的通透性，而且厚度越高的隔膜能卷绕的层数越少，也会降低电池的容量和能量密度。另外，隔膜厚度的均一性对电池的长时间循环性能也起着重要作用。

一般企业会使用千分尺测量隔膜厚度。关于厚度测试的主要标准有《塑料薄膜和薄片厚度测定机械测量法》（GB/T 6672—2001），该标准对取样方法、仪器测试精度、测量压力、测量面积等进行了详细规定。一般对测量厚度要求更准确的企业会采用精密的测厚仪进行测量。隔膜材料质地较软，若采用接触式测厚仪，压力尽量控制在合适范围，压力过大或测量面积过小时，容易造成局部压强过大，隔膜变形，导致测量结果误差较大；若采用非接触式测厚仪，则具有测量速度快，对样品无损伤等优点，但非接触式测厚仪多采用光学原理，为点测量，由于隔膜为多孔结构，测量结果波动较大，不利于厚度均一性测定。所以，在实际测量过程中需要根据隔膜的种类选择不同的测试方法，尽量多测几个点来保证隔膜厚度的一致性。

2. 形貌和组成

扫描电子显微镜（SEM）可以实现对隔膜表面或截面的孔形貌、孔均匀性、纤维尺寸及形状等信息的直接观测，定性推断材料制备工艺。方法是对所需测试的隔膜样品进行充分的干燥处理后，裁剪出合适的尺寸，用导电胶纸固定于样品台上，经表面喷金处理后，采用冷场发射扫描电子显微镜调整合适的放大倍数对膜样品的表面形貌结构进行观察分析。

采用红外光谱仪，将一束不同波长的红外线照射到物质的分子上，某些特定波长的红外线被吸收，形成这一分子的红外吸收光谱[3]。每种分子都有由其组成和结构决定的独有的红外吸收光谱，据此可以对分子进行结构分析和鉴定。图 2.5 为聚酰亚胺隔膜的红外光谱图，1717.99cm^{-1} 和 1369.5cm^{-1} 的波分别代表了对称的 C=O 伸缩振动和 C—N 的伸缩振动[6]。不同的峰值代表不同的官能团，可确定材料的化学组成。通过了解隔膜的化学组成从而初步定性判定隔膜的熔化温度及电化学稳定性等基本特性。

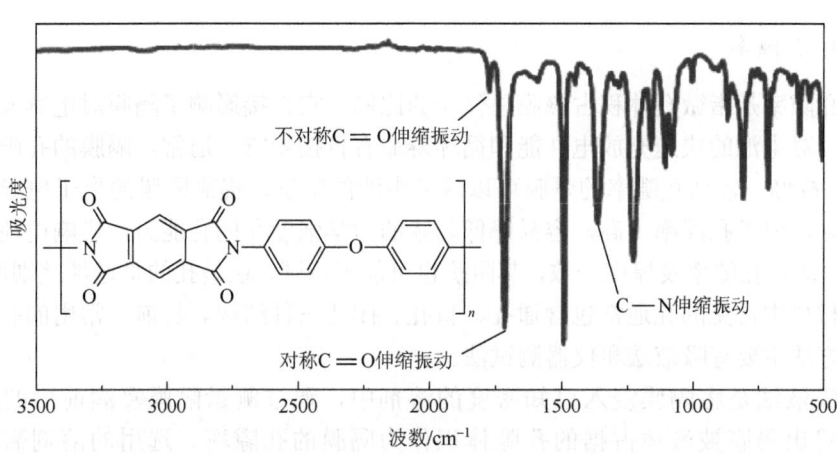

图 2.5 聚酰亚胺隔膜的红外光谱图[6]

3. 孔径大小及分布

电池隔膜本身具有微孔结构，孔径大小及其分布的均一性直接影响电池的性能。同样厚度的情况下，孔径越大，隔膜对锂离子迁移的阻力越小，但会导致隔膜的机械性能和电子绝缘性下降，容易造成隔膜穿孔而导致电池微短路；孔径太小，则会增大内阻。微孔分布不均，工作时易形成局部电流过大，影响电池性能，甚至引发安全问题。隔膜的孔径应该小于电极活性物质、导电剂等其他组分的颗粒粒径，才能有效防止颗粒阻塞微孔，从而提高电池的安全性能。

隔膜孔径分布测定参考的主要标准为 Standard Test Methods for Pore Size Characteristics of Membrane Filters by Bubble Point and Mean Flow Pore Test[ASTM F316-03（2011）]和《压汞法和气体吸附法测定固体材料孔径分布和孔隙度 第1部分：压汞法》（GB/T 21650.1—2008），通常采用毛细管流动分析仪或压汞仪两种设备进行测试。毛细管流动分析仪是通过泡点法即采用惰性气体通过已润湿的隔膜，测量气体流出的压力值，通过计算得到孔径参数；压汞仪是采用压汞法即测量汞压入孔所施压力计算出孔径参数，由于隔膜的微孔不是刚性结构，根据测量原理，在汞浸入的过程中会使孔发生变形，导致样品原有结构遭到破坏，影响测定结果的准确性。压汞仪测试结果包含通孔和盲孔，而毛细管流动分析仪测试结果仅包含通孔，对于电池而言，更重要的是隔膜对锂离子的穿透能力，因此在孔径分布测量方面毛细管流动分析仪更具优势。值得注意的是，在测量过程中所选标准溶剂对样品的浸润性影响测量结果，浸润性越好则测量结果越准确，因此应谨慎选择标准溶剂。

4. 孔隙率

孔隙率是指微孔体积占隔膜总体积的比例，它直接影响了隔膜对电解液的保液量，对电池的快速充放电性能和循环寿命有直接影响。通常，隔膜的孔隙率为40%~60%，较高孔隙率的隔膜可以降低电池的阻抗，提高隔膜的离子电导率和吸液率，但是孔隙率太高，容易降低隔膜的力学强度和闭孔能力，影响电池的安全性。即使孔隙率及厚度一致，其阻抗也可能不相同，这是孔的贯通性差别所致。微孔材料中常见的孔通常包含通孔、盲孔、闭孔三种结构。目前，常用的孔隙率测试方法主要有吸液法和仪器测试法。

吸液法是将隔膜浸入已知密度的溶剂中，通过测量隔膜浸润前后的质量差计算出隔膜被液体占据的孔隙体积作为隔膜的孔隙率。选用的溶剂需与隔膜有较好的浸润性，通常采用十六烷或正丁醇等。该方法测试的是隔膜中通孔和盲孔的体积，在操作过程中会因为溶剂的挥发、隔膜表面溶剂的残留等原因造成误差较大，所得数据平行性较差。吸液法是将隔膜浸入已知密度的溶剂中，通过测量隔膜浸润前后的质量差计算出溶剂占据体积和隔膜体积之比，即孔隙率[7]。计算公式为

$$孔隙率 (\%) = \frac{W_t - W_0}{\rho \times V} \times 100\% \qquad (2\text{-}1)$$

式中：W_0——干重（g）；W_t——湿重（g）；ρ——溶剂的密度（g/cm³）；V——隔膜体积（cm³）。

仪器测试法是通过毛细管流动分析仪或压汞仪测试得到的。仪器测试法得到的结果与测试原理、实验条件的选择密切相关，孔隙率是根据仪器所测孔径分布情况而计算的结果。目前，采用压汞仪测定孔隙率的相关标准有《压汞法和气体吸附法测定固体材料孔径分布和孔隙度 第1部分：压汞法》（GB/T 21650.1—2008）。

5. 透气度

隔膜的透气性由隔膜的厚度、孔隙率、孔径大小及其分布等多种因素决定。通常情况下，电池隔膜的透气性采用空气透过率来衡量，定义为一定量的空气在单位压差下通过单位面积隔膜所需要的时间。对于给定的具有相同的厚度和孔隙率的电池隔膜，空气透过率与电阻率呈一定的比例，空气透过率越小，电阻值越小，所表现出的电化学性能就越好。双层或多层膜的透气率一般低于同种材料的单层膜，有时即使膜的孔隙率相近，但是由于孔径的贯通性的差别，其透气率也有很大的差别。

透气度的测试主要参考造纸行业标准《纸和纸板 透气度的测定》（GB/T 458—2008）和 *Standard Test Method for Resistance of Nonporous Paper to Passage of Air* [ASTM D726-94（2003）]，其测试方法基本一致，区别在于气体透过量。由于透气度与气体透过量呈正比例关系，因此，尽管执行标准不同，但可通过换算得到统一的数据。通常采用透气度测试仪测定隔膜的透气度，以 Gurley 指数表示，时间越短，表明隔膜的透气率越高，反之则越低。

6. 润湿性

润湿性指的是电解液对隔膜的浸润程度，隔膜应该具备快速吸收尽量多的电解液，确保良好的保液能力，但又不能引起隔膜的溶胀与隔膜尺寸的变化，从而保证锂离子正常通过，得到更高的离子电导率；反之则会增加隔膜与电极间的界面电阻，影响电池的充放电效率和循环性能。

目前，对润湿性的测试主要有目测法和用接触角仪进行接触角的测量。目测法是用微量注射器吸取电解液，滴加在隔膜上并开始计时，电解液将隔膜完全润湿时停止计时。这种方法的缺点是无法定量地表征隔膜对电解液的浸润性。接触角测试是使用接触角测定仪，在隔膜上滴下电解液，测定液滴两端的距离与高度，计算出接触角，具体测试方法见图2.6，接触角数值越小，表明隔膜的亲液能力越好[3]。接触角仪可定量地得出电解液对隔膜的浸润性，也可通过捕捉液滴在隔膜表面铺展开来的动态影像计算出浸润速率等数据。

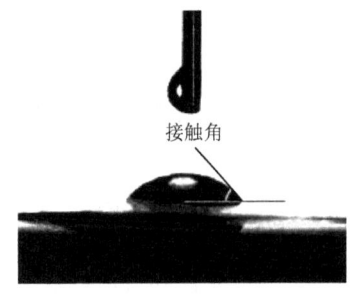

图 2.6 接触角测量示意图[3]

7. 吸液率

隔膜必须具有一定的吸液量才能保证其能够传输锂离子,电解液吸收率采用吸液法进行测定。可参考碱性电池标准《隔膜吸碱率的测定》(SJ-247-10171.7),该标准所采用的溶剂为碱液,若用于测量锂电池时,应替换为电解液,采用浸液前后隔膜的质量差进行测定[7]。计算公式为

$$吸液率(\%) = \frac{W - W_0}{W_0} \times 100\% \qquad (2\text{-}2)$$

式中:W_0——干重(g);W——湿重(g)。

2.2.2 力学性能

1. 拉伸强度和断裂伸长率

电池组装以及充放电过程对隔膜的力学强度要求较高,包括拉伸强度和穿刺强度等。拉伸强度可分为纵向(machine direction,MD)和横向(transverse direction,TD)两个方向(图 2.7)[8]。采用单轴拉伸工艺的聚烯烃隔膜时,在两个方向的力学强度不同,拉伸方向的强度要明显高于横向方向的强度。采用双轴拉伸工艺制备的隔膜强度在两个方向上基本一致。

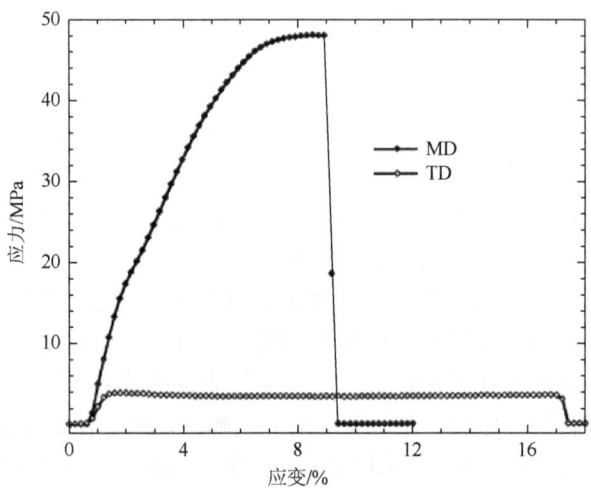

图 2.7 PP 隔膜横向和纵向的拉伸强度[8]

目前，拉伸强度采用的标准有《塑料拉伸性能的测定第 3 部分：薄膜和薄片的试验条件》(GB/T 1040.3—2006)和 *Standard Test Method for Tensile Properties of Thin Plastic Sheeting* (ASTM D882-12)，涉及的实验参数主要有夹具距离、拉伸速率、试样尺寸等。使用电子万能材料试验机对隔膜样品的拉伸强度和断裂伸长率进行测试（图 2.8），拉伸隔膜直至断裂产生的力，即拉伸强度。在固定样品其他参数的情况下所得结果平行性较好，准确度较高。另外，材料的应力和应变在弹性变形阶段成正比，比例系数为杨氏模量，值越大，其力学性能越好。

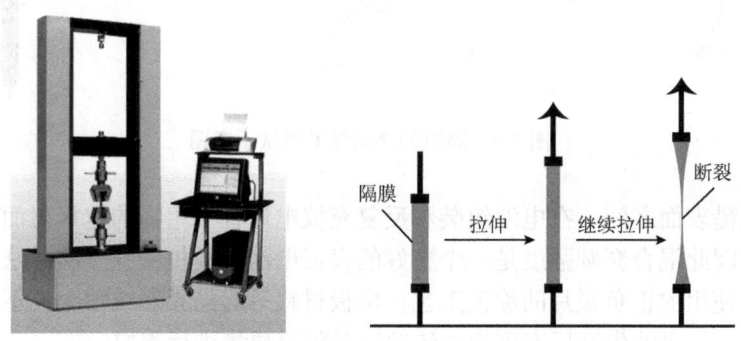

图 2.8 电子万能材料试验机和隔膜的拉伸强度测试示意图

2. 穿刺强度

由于极片的边缘在生产过程中容易产生毛刺，在电池使用过程中负极表面容易生成金属锂枝晶，毛刺和锂枝晶都容易刺穿隔膜，造成电池短路，所以隔膜也需要有足够的抗穿刺强度才能保障在生产和使用过程中的安全性。使用电子万能材料试验机测试穿刺强度，参考标准为 *Outline of Investigation for Battery Separators*（UL 2591—2009）。将隔膜样品固定在直径为 30mm 的固定架上，用顶端半径为 0.5mm 的钢针以 30mm/min 的速度垂直插入隔膜样品的中间位置，穿刺强度是完全穿透隔膜所施加在钢针上的最大力值。图 2.9 为隔膜的穿刺强度测试示意图。

3. 混合穿刺强度

混合穿刺强度测试的是电极混合物穿透隔膜造成短路时的力，具体方法参考 *Battery Separator Characterization and Evaluation Procedures for NASA's Advanced Lithium-Ion Batteries*（Nasa/TM-2010-216099）。测试如图 2.10 所示，将隔膜夹在电池正负极之间并置于两个平板中间，对其进行挤压，测量当正负极短路时所施加的压力。通常混合穿刺强度用于评估电池发生短路的可能性。由于隔膜必须夹

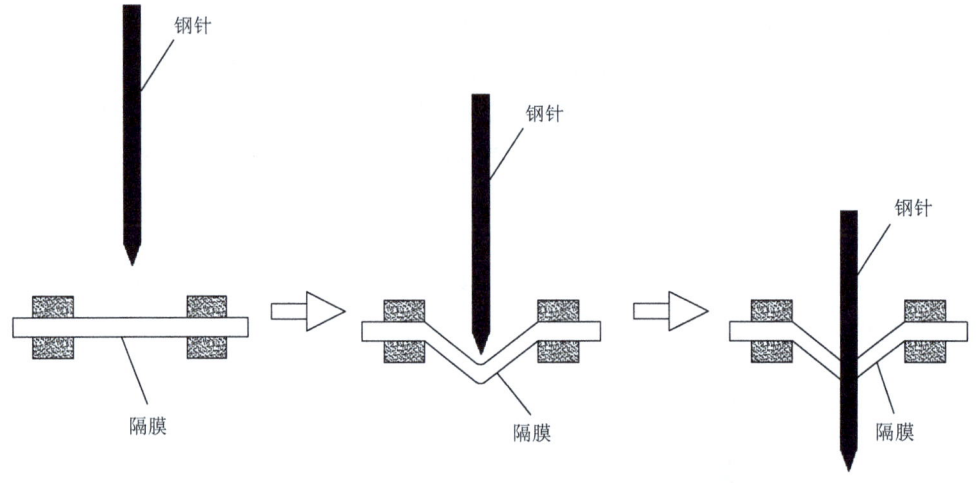

图 2.9　隔膜的穿刺强度测试示意图

在两个粗糙表面之间，在电池组装和反复充放电过程中粗糙的电极表面可能将隔膜刺破，因此混合穿刺强度是一个更好的表征电池隔膜机械强度的方法，但该方法测量中使用的正负极片的涂覆工艺、电极材料等对结果影响很大，不能形成通用的指标，但电池生产厂家可通过该项目对隔膜质量进行管控。

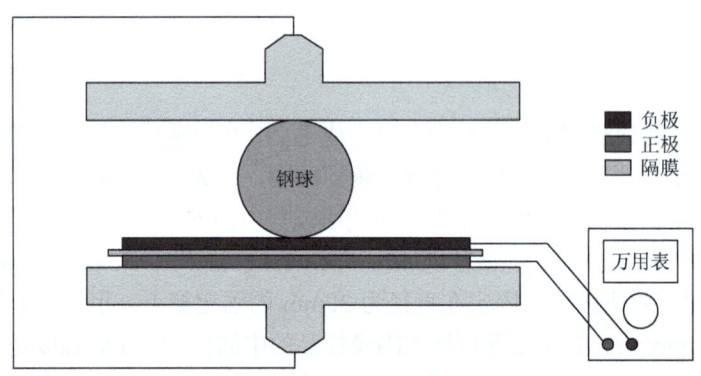

图 2.10　隔膜的混合穿刺强度测试示意图
资料来源：Nasa/TM-2010-216099

2.2.3　热稳定性能

1. 热收缩率

电池在充放电过程中会不断释放出热量，当温度升高时，隔膜应当保持原来的完整性和一定的机械强度,不会发生明显的收缩或起皱现象,继续起到正负电极的隔离作用,以防止两极接触而导致短路。

隔膜的热收缩率是指加热前后隔膜尺寸的变化率,也分为横向(TD)和纵向(MD)两种。主要参考标准有《塑料薄膜和薄片加热尺寸变化率试验方法》(GB/T 12027—2004)和 *Standard Test Method for Linear Dimensional Changes of Nonrigid Thermoplastic Sheeting or Film at Elevated Temperature*(ASTM D1204-14)。具体方法为,裁剪出一定面积大小的隔膜样品,将其夹在两块钢板中,置于一定测试温度下保持一定时间,记录样品在加热前后的尺寸大小[7]。计算公式为

$$热收缩率(\%) = \frac{S_1 - S_2}{S_1} \times 100\% \quad (2-3)$$

式中:S_1——初始面积(cm^2);S_2——热处理后的面积(cm^2)。

2. 熔点和自闭孔温度

熔点是材料发生熔化时的温度,电池使用过程中容易发生电池温度上升的情况,隔膜熔化会导致电池发生短路,因此隔膜熔化温度越高,安全性越高。通常来说,熔点最好大于150℃。电池在短路、过充、热失控等异常情况发生时会产生过多热量,当温度超过130℃时,聚烯烃隔膜的微孔结构会自动闭合而形成无孔绝缘层,即在温度达到热失控之前切断电流回路,阻抗明显上升,可防止电池在使用过程中发生热失控而引发危险。但是并不是所有的隔膜都具有自闭孔行为,其闭孔能力与聚合物的分子量、结晶度、加工历史等因素有关。一些商业化的锂离子电池,为保证安全和稳定性能,装有可恢复保险丝(PTC),其是一种正热敏电阻,起到高温保护作用,同时又是保护线路板失效后的二重保护。PTC 聚合物保护元件是最简单的保护器,可以避免电池因过度充电或内部短路而造成电池损害[9]。

判断隔膜基材的熔点可采用差式扫描量热仪(DSC)测试。该仪器通过热电偶收集材料在升/降温过程中热流的变化,绘制成曲线,由于材料在熔点时会大量吸热,曲线在此处出现尖锐的峰,峰值温度即该材料的熔点。测试方法为,称取4~5mg 隔膜样品装入铝制坩埚内,使用 DSC 在氮气气氛中对样品进行热性能分析,设置扫描温度范围为50~300℃,升温速率为10℃/min。如图2.11所示,可测得聚乙烯(PE)隔膜的熔点为135℃,而聚丙烯(PP)隔膜的熔点为165℃,根据隔膜的熔点可初步判定其耐热性能[8]。

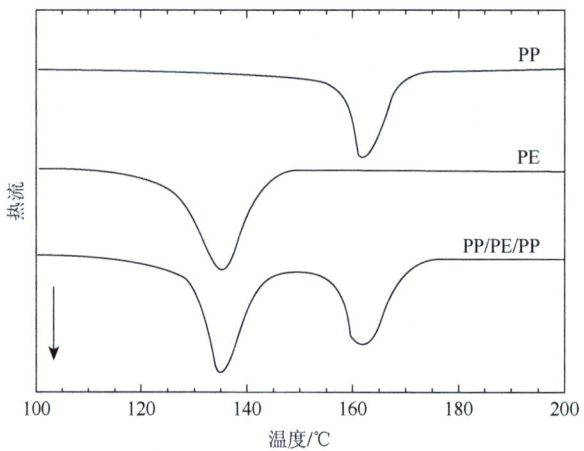

图 2.11　PP、PE 和 PP/PE/PP 三种隔膜的 DSC 测试[8]

目前,隔膜自闭孔温度的测量方法主要是电阻突变法,即在外界温度升温情况下测量电池的阻抗,当阻抗发生突变时即为隔膜的自闭孔温度。过度充电滥用性测试也证实了隔膜的自闭孔性能确实可有效预防系统热失控的发生。如图 2.12 所示,PE 隔膜的自闭孔温度为 135℃左右,而 PP 隔膜的自闭孔温度为 165℃左右[8]。然而,单层聚烯烃类隔膜的阻抗仅增加大约两个数量级,可能并没有足够有效地完全闭孔,而是持续缓慢过充,电池可能存在安全隐患,这就要求阻抗增加更大的数量级,PP/PE/PP 多层隔膜符合此需求。

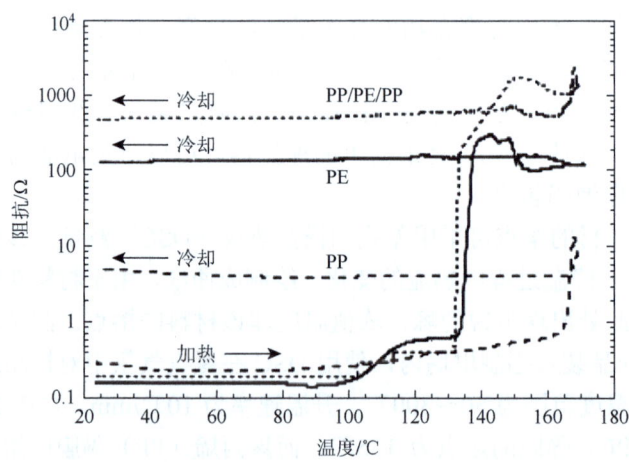

图 2.12　以 PP、PE 和 PP/PE/PP 三种隔膜组装的电池的阻抗和温度关系曲线[8]

2.2.4 电化学性能

1. 化学稳定性和电化学稳定窗口

一般电池中的有机电解液为强极性的，具有腐蚀性，因此要求隔膜材料在电解液中必须具有良好的抗化学腐蚀能力，并可以长期保持稳定。一般通过测定耐电解液腐蚀能力和胀缩率来评价隔膜的化学稳定性。组装电池的过程中，隔膜在滴入电解液后应当保持平整而不发生卷曲或收缩。

在充放电过程中，锂离子电池内部会发生氧化还原反应，隔膜在一定的电压范围内工作，应具备一定的抗电化学腐蚀（抗氧化和还原反应）能力，保证机械性能在长时间内不会发生变化。通常测定隔膜和电解液体系的电化学稳定窗口来确定隔膜的电化学稳定性，采用电化学工作站，利用线性扫描伏安法（LSV）进行表征，判断隔膜材料在电池系统工作电压的范围内是否与极片或电解液发生氧化还原反应，一般要求大于 4.5V（$vs.$ Li/Li^+）。该法是在一定的电位区间内以恒定的速度对电极进行扫描，记录电流-电位变化曲线，可以获得峰电位、峰电流、动力学参数等相关电化学信息。具体测试步骤是：在充满氩气的手套箱内，分别以不锈钢片作为工作电极、锂片作为对电极和参比电极，将隔膜夹在二者之间，加入适量的电解液组装成扣式电池，之后进行线性扫描测试，设置相应扫描速率和扫描电压区间，观察测试得到的电流随电位的变化曲线，得出隔膜材料的电化学稳定窗口范围。如图 2.13 所示，可以看出所测试的某隔膜的电化学稳定窗口可高达 5.0V（$vs.$ Li/Li^+），说明该隔膜适用于高电位电极材料的应用[10]。但该种方法只能得到暂态性测试方法，青岛储能产业技术研究院提出使用原位差分电化学质谱技术来测试电化学稳定窗口。

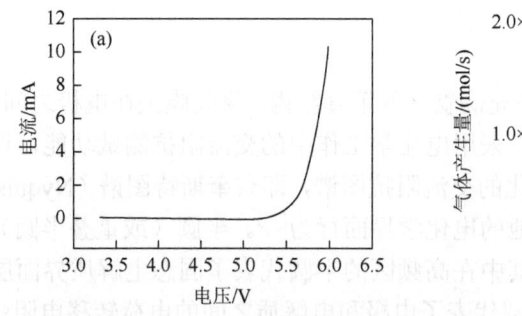 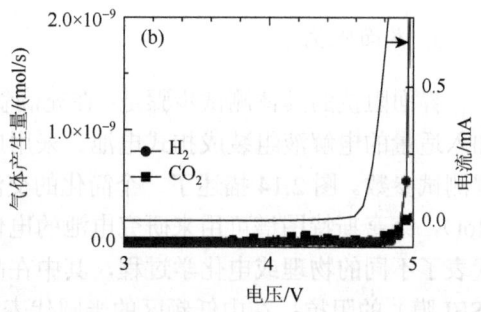

图 2.13 （a）某隔膜在常温下以 0.5mV/s 的扫描速率测得的 LSV 图[10]；（b）DME 电解液的未放电的 $Li-O_2$ 电池以 0.5mV/s 的扫描速率从开路电压线性扫描到 5V 的电压-电流和电压-CO_2、H_2 产生量的关系图[11, 12]

相对于传统的应用线性扫描伏安法确定电解液稳定性、暂态性的方法,本书提出采用原位差分电化学质谱法测试电解液稳定性,这种方法具有动态性,更准确直观[11]。该方法应用一种特殊的 Swagelok 电池,该电池提供一个相对密闭体系,仅有供载气进出电池内部的通道。载气通常为纯 Ar,Li-O_2 电池为 Ar-O_2 混合气,不影响电池的正常运行。通过电池与气相质谱相连,在电化学过程中实时监控载气运载过来的电池内部气氛的变化情况。一般电池电解液是有机物,通常认为在高电压下其会分解产生大量 CO_2、H_2、CH_4、C_2H_4 等气体,其中以 CO_2 最为重要。通过监测对应电压值和相应气体产生情况可以得到电解液的分解电压,确定电解液的稳定性。例如,图 2.13(b)所示的 Li-O_2 电池中,通过对未放电(排除 Li_2O_2 在其中的影响)的以乙二醇二甲醚(DME)为电解液的电池进行电化学质谱测试,可以看出,随着充电电压的增大,大约 4.5V 时电池开始出现充电电流,电压进一步增大到 4.75V 时,H_2 和 CO_2 开始产生,对应着电解液的氧化分解,这样就得到了该电解液的电化学稳定窗口[12]。

2. MacMullin 值

隔膜电阻率与电解液电阻率之间的比值称为 MacMullin(N_M)值,MacMullin 值可以表征隔膜在电池电阻中所占的相对值,从而反映隔膜对电化学性能的影响[13, 14]。一般来说,锂离子电池的 N_M 值接近 8,这个数值越小越好。实际上,N_M 值比离子电导率更能表征隔膜的离子透过性,因为其消除了电解液对结果的影响[3]。N_M 值的计算公式为

$$N_M = \frac{\rho_s}{\rho_e} \tag{2-4}$$

式中:ρ_s——隔膜的电阻率(Ω);ρ_e——电解液的电阻率(Ω)。

3. 界面阻抗

界面阻抗的具体测试步骤是:在充满氩气的手套箱内,将隔膜夹在电极之间,加入适量的电解液组装成扣式电池。采用电化学工作中的交流阻抗测试功能,设置测试参数。图 2.14 描述了一个简化的交流阻抗图谱,即奈奎斯特图谱(Nyquist plot),奈奎斯特图谱可用来研究电池的电化学界面行为[13]。半圆(或重叠半圆)代表了不同的物理或电化学过程,其中在高频区的半圆代表了固态电解质界面层(SEI 膜)的阻抗;在中低频区的半圆代表了电极和电解质之间的电荷转移电阻;超低频区的直线代表了锂离子扩散引起的阻抗[15]。总体的界面阻抗(R_i 或 R_{SEI})可以通过减去本体阻抗(R_b)来估算,除了 SEI 膜以外,隔膜和电极之间的兼容性也能够改变电池的阻抗值。

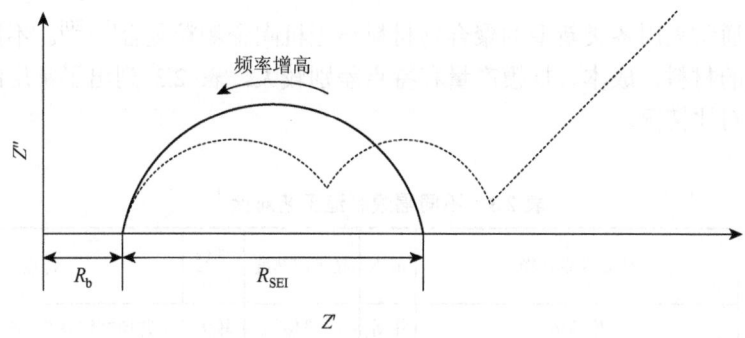

图 2.14 简化的交流阻抗图谱[13]

4. 离子电导率

离子电导率主要反映离子在电解液中的传输能力,也是隔膜厚度、孔隙率、孔径大小、孔径曲折度、电解液浸润程度的综合表征,是隔膜材料的一个重要参数[16]。锂离子电池的非水液体电解质的离子电导率一般在 $10^{-3} \sim 10^{-2}$ S/cm 范围内,锂离子电池中要求使用的隔膜/电解液体系在室温下的离子电导率在 10^{-3} S/cm 的数量级上。尽管隔膜能防止正负极之间短路,但它的存在导致电解液中的有效离子传导性能下降,电池阻抗增加,有的隔膜甚至可以导致离子传导性能下降 1~2 个数量级。

电导率是物体传导电子或离子的能力,与电阻率互为倒数。其中,隔膜浸泡电解液后的离子电导率可通过交流阻抗法计算得到。具体测试步骤是:在充满氩气的手套箱内,将隔膜置于两个不锈钢片之间,加入适量电解液组装成扣式电池。采用电化学工作站中的交流阻抗测试功能,设置参数进行测试。实验结果中得到的斜线与高频区实轴的交点,可被近似认为是隔膜的电阻值[7]。计算公式为

$$\sigma = \frac{L}{R_b \times A} \tag{2-5}$$

式中:R_b——隔膜的电阻(Ω);A——隔膜面积(cm^2);L——隔膜厚度(μm)。

2.3 隔膜的分类及其制造工艺

近年来,电池隔膜的种类和制造工艺呈现多样化发展趋势[17]。目前,商品化最成功的聚烯烃类(如聚乙烯和聚丙烯)隔膜主要采用干法工艺和湿法工艺[18]。通常,新兴无纺布类隔膜基于静电纺丝、熔喷或纺粘、抄纸和相转移等工艺方法

来制造，通常采用各类新型的聚合物材料与无机陶瓷颗粒复合[19, 20]。不同制造工艺所使用的材料、成本、规模产量和特点差别较大，表 2.3 列出了常用的隔膜制造工艺的对比情况。

表 2.3 不同隔膜制造工艺对比[21]

成型工艺	代表性聚合物	成本	技术成熟度	规模产量	特点
干法工艺	聚丙烯	中等	成熟	较大	工艺控制较复杂，产品热性能差
湿法工艺	聚乙烯	中等	成熟	较大	产品热性能差
静电纺丝	含氟聚合物、聚丙烯腈类、聚酰亚胺	较高	中等	较低	需大量有机溶剂，机械强度差
熔喷或纺粘	尼龙、聚酯类、聚丙烯	中等	较成熟	中等	能耗大，孔径大
抄纸工艺	纤维素、芳纶	较低	较成熟	较大	技术较简单
相转移	含氟聚合物	较高	中等	较小	需大量有机溶剂，机械强度差

2.3.1 隔膜中常用的主体聚合物材料

1. 聚烯烃类聚合物

聚烯烃类聚合物，主要是聚丙烯和聚乙烯，因具有良好的机械强度、出色的化学稳定性（耐酸碱腐蚀性、耐有机溶剂性）和高的电绝缘性能等优势而被广泛地用作隔膜的主体聚合物材料。聚丙烯和聚乙烯两种聚合物材料的总体比较：①聚丙烯相对更耐高温，聚乙烯相对更耐低温；②聚丙烯密度比聚乙烯小；③聚丙烯熔点和自闭孔温度比聚乙烯高；④聚丙烯制品比聚乙烯脆；⑤聚乙烯对环境应力更敏感。

聚烯烃类隔膜存在耐热温度低（一般不超过150℃），受热易收缩和易燃等缺点，潜在的安全隐患正在凸显，但却是现阶段综合性能最好的锂离子电池隔膜。聚乙烯隔膜产品主要由湿法工艺制得，聚丙烯隔膜产品主要由干法工艺制得。

目前，锂离子电池隔膜生产专用的 PP 树脂主要依赖进口，国外的代表性生产商有中国台湾台塑公司、韩国大林公司和日本旭化成公司。通过分析研究（表 2.4 和表 2.5）可以看出，锂离子电池隔膜生产专用 PP 树脂应具有高取向、低灰分、宽分子量分布等特点，同时应具有较强的抗热氧化降解能力[22]。2015 年，中国石化集团公司初步实现国产隔膜专用 PP 树脂的小批量生产。

表 2.4　锂离子电池隔膜专用 PP 树脂的分析对比[22]

项目	韩国大林公司料	中国台湾台塑料	日本旭化成料
熔体流动速率/(g/10min)	3.0	2.8	2.7
等规指数/%	98.4	97.7	98.0
拉伸屈服强度/MPa	33.0	34.8	35.0
断裂伸长率/%	490	420	508
灰分质量分数/%	0.0015	0.0190	0.0012
Ti 质量分数/%	1.6×10^{-4}	1.4×10^{-4}	1.0×10^{-4}
Al 质量分数/%	4.0×10^{-4}	1.9×10^{-4}	3.0×10^{-4}
玻璃化转变温度/℃	143	144	143
熔点/℃	167	164	165
密度/(kg/m^3)	0.91	0.91	0.90
氧化诱导期/min	33.1	12.9	27.5

表 2.5　几种锂离子电池隔膜专用 PP 树脂的基本物性数据[22]

样品	M_n	M_w	M_w/M_n	结晶温度/℃	熔点/℃	熔融焓/(J/g)
韩国大林公司料	5.4×10^4	4.48×10^5	8.30	130.9	167	100.8
中国台湾台塑料	5.8×10^4	4.09×10^5	7.05	120.4	164	106.1
日本旭化成料	4.6×10^4	4.04×10^5	8.78	123.2	165	97.4

超高分子量聚乙烯（UHMWPE）树脂，是分子量 150 万以上的无支链的线型聚乙烯，近年来在电池隔膜领域备受关注。超高分子量聚乙烯隔膜具有很强的抗外力穿刺能力（能够有效地降低电池短路率）、更好的耐热性能（提高了闭孔温度、破膜温度，热收缩率低）和出色的耐腐蚀性能。以往国内湿法隔膜企业采用的超高分子量聚乙烯高端原料（隔膜专用级）主要依赖于进口，进口量达到 1 万吨/年（呈现迅猛增长的趋势），导致其原料价格高达 2 万元/吨以上，国外的代表性生产商有泰科纳 GUR 系列超高分子量聚乙烯和三井化学 Hi-Zex Million 系列超高分子量聚乙烯。2017 年，扬子石化研究院首次成功试生产了锂离子电池隔膜用特高分子量聚乙烯新产品 YEV-4500（百吨级），填补了国内空白，这是我国高端聚烯烃材料领域取得的重大突破。

2. 含氟聚合物

含氟聚合物，是指部分或全部的 C—H 键被 C—F 键取代的高分子化合物。其作为隔膜使用时，具有良好的耐化学性、耐高温性、介电性能、机械性能和电气绝缘性，在高倍率充放电时，能够保持稳定的长循环性能，且在电池内部温度升高时，不会立即熔化分解，提高了电池的安全性能[23]。然而，大多数含氟聚合物由于化学性能过于稳定，常温下难以用溶剂溶解，工业加工性能不佳。目前，只有聚偏氟乙烯系列的含氟聚合物能满足锂电池隔膜使用需求，图 2.15 为 PVDF 和 PVDF-HFP 的分子结构式。

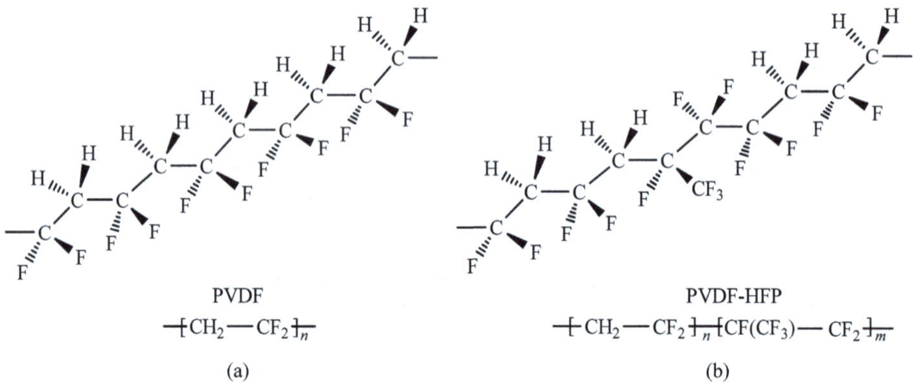

图 2.15　PVDF（a）和 PVDF-HFP（b）的分子结构式

资料来源：阿科玛公司

PVDF，白色，无气味粉末，测试频率 1kHz 时，介电常数为 8～12，极性高，结晶度为 65%～78%，密度为 1.77～1.80g/cm³，玻璃化转变温度为-39℃，熔点为 172℃，热分解温度≥390℃，长期使用温度为-40～150℃。从熔化到热分解，有 200℃左右的温度差，使其具有优异的工业加工性能。PVDF 结晶部分，可以为隔膜提供良好的机械强度，而其非晶体部分可以更好地吸收并保存电解液。然而，单纯的 PVDF 分子链结晶度过高，影响聚合物链段的运动，电解液对其浸润性能不佳，易造成电池内阻较大的问题，因此需要对 PVDF 膜进行修饰以满足应用要求[24]。另外，当电池温度异常高时，不具有 PP/PE/PP 系列膜的高温自闭孔性能。加入适当六氟丙烯单体与偏氟乙烯共聚，即 PVDF-HFP，可以降低整体的结晶度和熔点，提高电池离子电导率，降低内阻，且不会显著影响机械强度[25]。

含氟聚合物应用在隔膜涂层中，其结晶度决定了涂层在电解液里的溶胀程度、电极的黏结力以及高温下的稳定性。目前，国际上含氟聚合物的两大巨头公司索尔维公司（又称苏威公司）和阿科玛公司都有子电池隔膜专用的 PVDF 和 PVDF-HFP 型号。索尔维公司主要有 8 款（2015 年之前开发的产品详见表 2.6），2015 年后开发了三款新产品：Solef 75130、Solef 75140 和水性 Solef PVDF Latex 乳液。阿科玛公司主要有两款：PVDF-HFP 产品 Kynar Flex 2801（熔点 143℃）及其升级产品 Kynar PowerFlex LBG（熔点 154℃），可应用于聚合物锂离子电池（基于 Bellcore 工艺）。

表 2.6 2015 年之前索尔维公司开发的隔膜用含氟聚合物型号

型号	聚合物类型	应用	分子质量/Da	熔点/℃
Solef 1015	PVDF 均聚物	聚合物锂电池高离子电导率的多孔膜	575000	171
Solef 6020			700000	170
Solef 21216	可溶于丙酮的 PVDF-HFP 共聚物	聚合物锂电池或聚烯烃隔膜的表面涂覆	600000	135
Solef 21510			300000	135
Solef 31508	可溶于丙酮的 PVDF-CTFE 共聚物	聚烯烃隔膜的表面涂覆	270000	169

1996 年，美国 Bellcore 公司选用 PVDF 和 PVDF-HFP 作为聚合物基材溶于丙酮中，加入邻苯二甲酸二丁酯（DBP）增塑剂和气相 SiO_2 无机陶瓷颗粒，通过流延成膜，该流延膜和正负极片（正负极片采用铜铝网集流体）热合成单元片后，再经过萃取步骤去掉增塑剂而形成微孔，后将单元片并联叠片组成成品电池，该电池称为 Bellcore 法聚合物锂离子电池[26-28]。该新型 PVDF 或 PVDF-HFP 陶瓷复合隔膜力学性能和电化学性能优异，然而，造孔过程使用乙醚或甲醇萃取 DBP，两者都会污染环境，回收成本高，且残余 DBP 对电池性能也有不利影响。另外，基于 Bellcore 工艺的含氟聚合物膜需要电池公司自行加工生产，电池生产流程长且烦琐，浙江万向动力电池开发有限公司（以下简称万向动力）、厦门宝龙工业股份有限公司、威海东生能源科技有限公司等曾经基于 Bellcore 方法生产聚合物锂离子电池。

相转移法又称倒相法，主要是将聚合物溶于良溶剂形成均相溶液，涂于基体上形成厚度均匀的薄层，将薄层浸入非良溶剂的凝固浴中，使薄层中的良溶剂和非良溶剂相互交换，实现液-液相分离，使原来的稳态溶液发生相转变，最终聚合物薄层固化成微孔膜[29]。制备的微孔膜两面具有不同的孔隙结构，在顶层表面上表现了开放的孔结构，而在底层表面上则表现了密集的结构，并且它们之间形成类似海绵状的夹层结构。这种方法工艺简单，操作方便，膜结构容易控制，缺点是成本较高且规模产量低，实现产业化生产和应用仍有很长的路要走[30]。

近年来，新兴的无纺布隔膜给 PVDF 和 PVDF-HFP 隔膜注入了新的活力，Lee 等[31]利用相转移法制备了 PVDF-PE 多孔隔膜（图 2.16），将 PVDF 与 PE 无纺布基材复合，PE 无纺布基体提供了该复合隔膜的机械强度和自闭孔性能，PVDF 可以提高复合隔膜的电解液亲和性和离子电导率。Zhu 等[32]将 PVDF 涂覆于 PE 无纺布两侧得到的复合隔膜具有较高的安全性、机械强度和较低的成本，有望应用在高容量电池体系中。美国的 Porous Power Technology 公司采用 PET 无纺布作为支撑基材，推出数款 PVDF 隔膜产品——Symmetrix® HPX、HPXF 和 NC2020，这三款产品将在新兴无纺布类隔膜部分介绍。

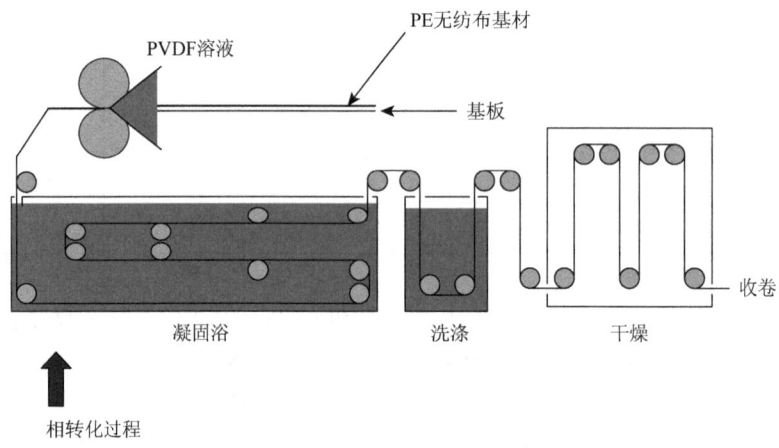

图 2.16　相转移法制备 PVDF-PE 复合多孔隔膜的过程示意图[31]

3. 聚酯类聚合物

聚酯类材料用于电池隔膜或者电解质时，主要指聚对苯二甲酸乙二醇酯（PET）和聚甲基丙烯酸甲酯（PMMA）（图 2.17）。PET 常通过熔喷或纺粘法（两种方法具体区别详见 2.3.3 小节）被制成具有三维结构的无纺布，在铅酸电池、镍氢电池等领域已有广泛应用。PET 的熔点高达 220℃，耐热性远超过聚烯烃类隔膜，同时具有较高的抗刺穿性、孔隙率和电解液浸润性。

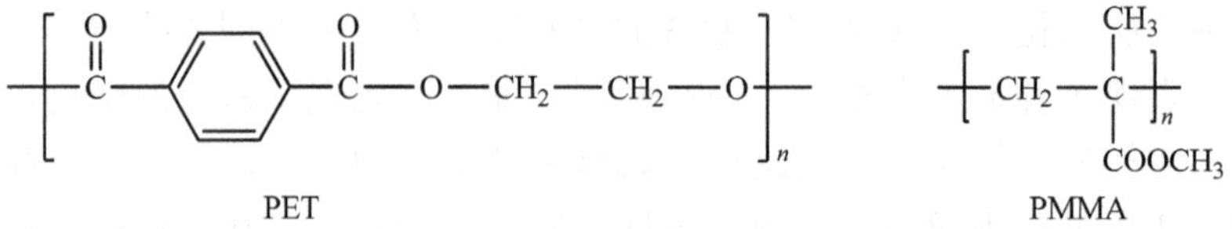

图 2.17　PET 和 PMMA 的分子结构式

但应用在锂离子电池时,熔喷或纺粘法无纺布隔膜的孔径较大,易导致电池的自放电效应偏大,且无纺布含水量比较高,影响电池的安全性。因此,熔喷或纺粘无纺布通常被作为锂离子电池隔膜支撑基体,辅以其他聚合物或者无机材料制备无纺布复合隔膜,既保持了无纺布的优异性能,还极大地提高了隔膜的安全性。

PMMA 俗称有机玻璃,单体中的大分子官能团($O = C - O - CH_3$)使 PMMA 支链灵活性高。供电子官能团羰基($-C = O$)与碱土金属易形成络合物,并且 PMMA 密度小,其作为隔膜能够进一步提高电池的能量密度,无定形的结构适用于作为锂离子电池电解质的基体材料。

4. 聚酰亚胺

聚酰亚胺(polyimide,PI)是指分子结构含有酰亚胺基链节的芳杂环高分子化合物,主要由二元酐和二胺缩聚。图 2.18 为两步法制备聚酰亚胺的反应式以及各组分的结构式,因二酐和二胺种类多样,不同的反应物合成性质不同的 PI。PI 分子链上有稳定的芳杂环结构,芳香族比例高,分子刚性大且分子间具有很强的相互作用,使其具有较高的机械强度、稳定的电化学性能、较好的电解液浸润性、耐溶剂腐蚀分解和热分解温度高于 400℃等突出性能,被认为是特种高温动力电池隔膜的理想选择[33]。

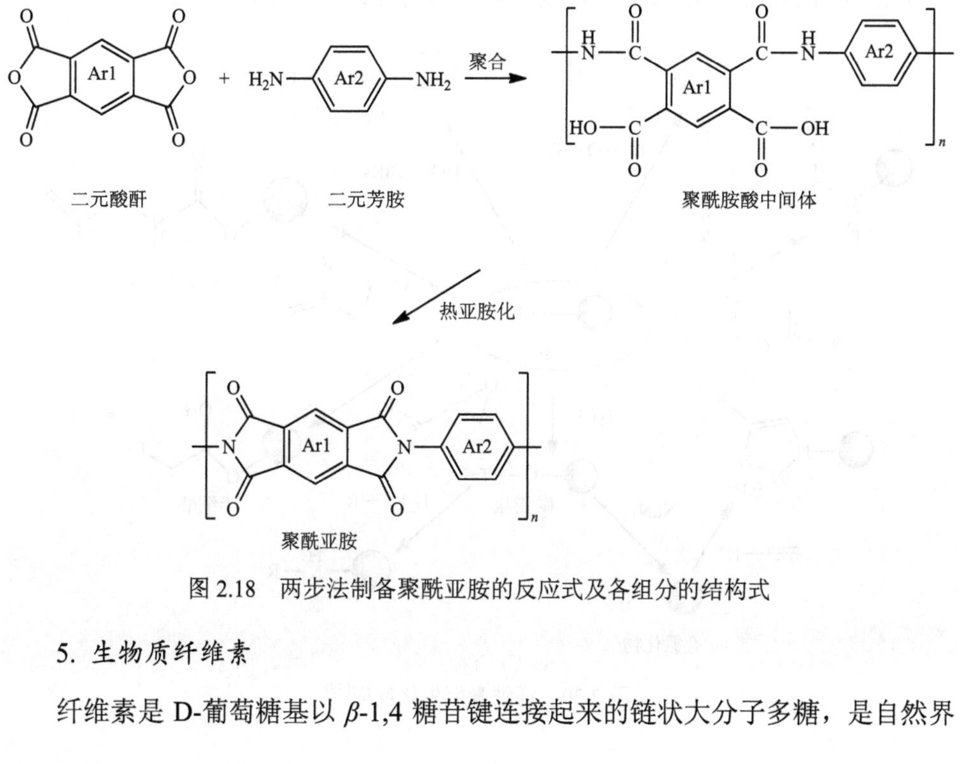

图 2.18 两步法制备聚酰亚胺的反应式及各组分的结构式

5. 生物质纤维素

纤维素是 D-葡萄糖基以 β-1,4 糖苷键连接起来的链状大分子多糖,是自然界中含量最多、分布最广的天然高分子材料（图 2.19）[34]。纤维素具有无毒、无污染、可完全生物降解、易于改性、生物相容性好、可再生等优势，被认为是未来能源化工的主要原料[35, 36]。纤维素不溶于水及一般有机溶剂，分子内具有特殊的氢键作用，可形成强劲的三维网络结构，从而增大隔膜的机械强度和电解液吸收率。同时，纤维素材料具有良好的耐热性能，其热分解温度达 270℃，耐化学溶剂和电化学稳定性好[37]。除上述优势外，其具有安全性高、成本低、易于加工等特点，可利用抄纸工艺开发低成本、高性能的纤维素隔膜。

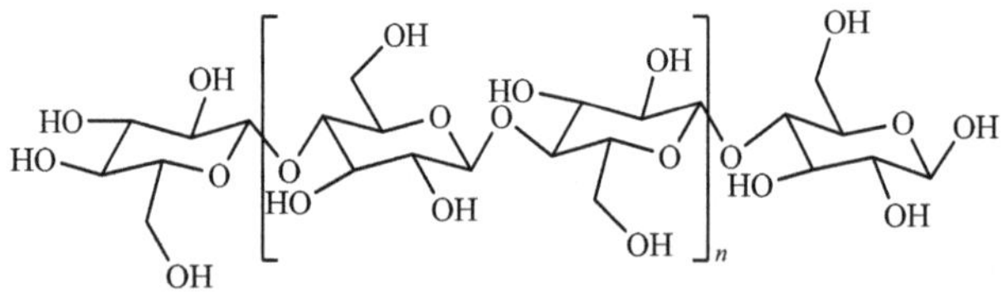

图 2.19　纤维素分子结构式[34]

纯纤维素作为隔膜最早应用在碱性电池中，因具有吸湿性、易燃性、低机械强度等缺点，并不能满足电池隔膜的综合要求。但是，纤维素含有大量的极性羟基，可以通过酰化、酯化、醚化、接枝共聚等纤维素衍生化反应使纤维素上的羟基转化为其他基团（图 2.20），得到性质不同的纤维素衍生物[34, 38]。

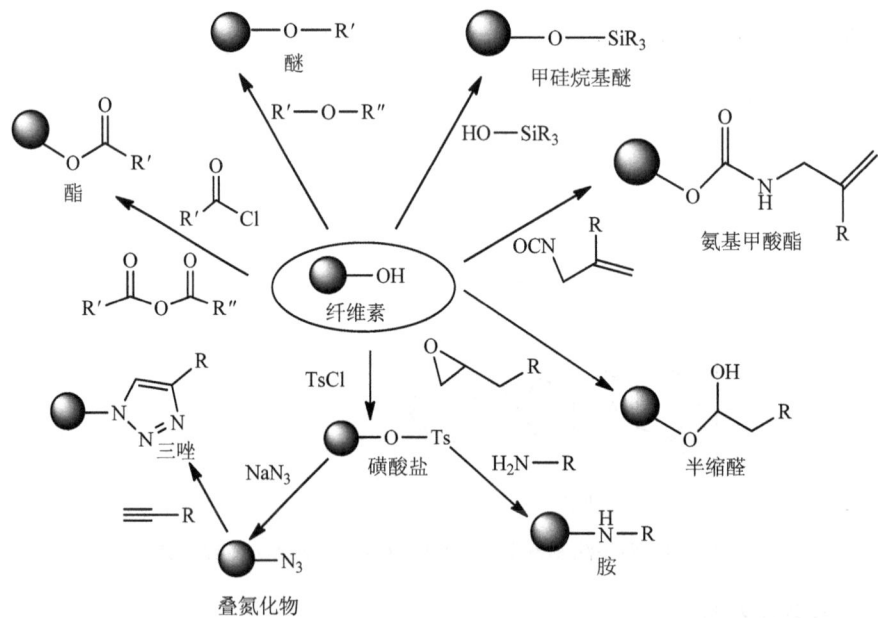

图 2.20　纤维素衍生化反应[38]

青岛储能产业技术研究院在锂离子电池纤维素隔膜方面做了大量开创性的工作，如通过表面涂覆、与其他材料复合或添加阻燃剂等方法来改善纤维素的疏水性能、力学性能和阻燃性能等，如今已成功实现技术的转移转化，并成立青岛中科威能新能源材料科技有限公司来推进纤维素隔膜的产业化。同时，在基础科研方面，青岛储能产业技术研究院紧紧围绕生物质材料应邀为多种刊物撰写了多篇综述，详细阐述了隔膜的制备成型方法以及影响制备成型的相关因素，为生物质隔膜的发展提供了一定的借鉴[21, 37]。

6. 芳砜纶

芳砜纶又称聚芳砜酰胺（polysulfonamide，PSA）纤维，学名聚（对苯二甲酰-4, 4′-二氨基二苯砜-co-3, 3′-二氨基二苯砜）纤维，是由酰胺基和砜基连接对位及间位苯基构成的无规则线型共聚物（图 2.21），其主链上的砜基（—SO_2—）具有强吸电子性及苯环具有双键共轭作用，使得芳砜纶材料具有优异的耐热性[39]。

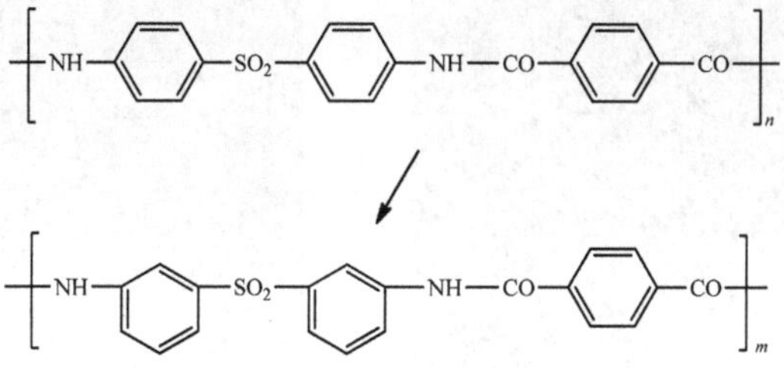

图 2.21 芳砜纶的化学结构式[39]

芳砜纶无熔点，具有很高的玻璃化转变温度（257℃）和软化温度（367℃）。除此之外，芳砜纶还具有优异的耐化学腐蚀性、电绝缘性、阻燃性等，主要应用在高温过滤材料、特种防护服、电绝缘材料和耐高温工程塑料等方面。

2.3.2 传统聚烯烃类隔膜及其制造工艺

传统聚烯烃隔膜制造工艺的主流路线有两条：一条是以美国 Celgard 公司为代表的干法单向拉伸工艺和干法双向拉伸工艺，主要生产聚丙烯（PP）隔膜；另一条是以日本旭化成（Asahi Kasei）、东燃化学（Tonen）和韩国 SK 集团为代表的湿法工艺，主要生产聚乙烯（PE）隔膜。锂离子电池对能量密度的要求越来越高，因此在保障安全性的前提下，隔膜越薄越好。而现有的技术水平下，干法的厚度不能太薄，而且一致性也较湿法差。所以，在中高端的电芯市场上，隔膜以湿法工艺制备的居多[40]。

1. 干法工艺

干法工艺即熔融拉伸法（melt-spinning-cold stretching，MSCS），包括挤出成

膜过程、单向或多向拉伸影响薄膜孔隙和增加拉伸强度的过程，关键技术在于聚合物熔融挤出铸片时要将黏流态的聚合物拉伸 300 倍左右，以便形成硬弹性体材料。干法工艺的难点在于拉伸温度的控制，要求拉伸温度高于聚合物的玻璃化转变温度而低于结晶温度。当前，应用在锂离子电池中的微孔聚合物隔膜都是基于半结晶的聚烯烃材料，通过生产硬弹性纤维的方法，将结晶度较低的高取向聚丙烯（PP）或超高分子量聚乙烯（UHMWPE）纤维在低温下进行拉伸形成微缺陷，经过高温退火、拉伸，获得高结晶度的取向微孔膜。干法工艺按制备方法可分为熔融挤出/拉伸/热定型法和添加成核剂共挤出/拉伸/热固定法[17]；按拉伸方式可分为干法单向拉伸和干法双向拉伸，图 2.22 是干法单向拉伸和干法双向拉伸隔膜的微观结构对比图。

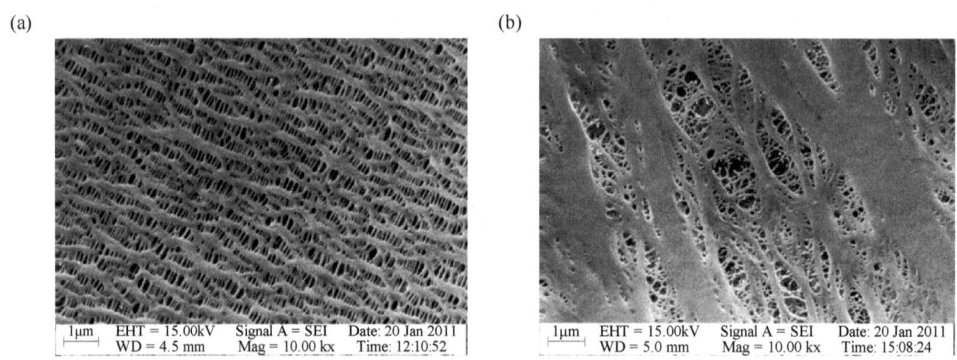

图 2.22　干法单向拉伸隔膜（a）和干法双向拉伸隔膜（b）微观结构对比

资料来源：星源材质

干法单向拉伸法制备原理是晶片分离，聚合物熔体在高应力场下退火结晶（推荐最佳退火温度：PE，125℃；PP，140℃；PP/PE/PP，127℃），形成具有垂直于挤出方向而又平行排列的片晶结构，然后经过热处理得到硬弹性材料[41]。具有硬弹性的聚合物膜拉伸后片晶之间分离，并出现大量微纤，由此形成大量的微孔结构，再经过热定型即制得微孔膜（图 2.23）。狭缝状的微孔隔膜适合于高功率密度的电池。影响膜结构的因素包括熔融挤出拉伸比、挤出温度（要将温度控制在尽可能低的温度，如 PP 推荐 200℃）、拉伸工艺参数（分冷拉和热拉两个阶段，冷拉"纹裂"成孔，热拉改变孔径大小和孔的分布）等。拉伸温度应高于聚合物的玻璃化转变温度而低于聚合物的结晶温度，如吹塑挤压成型的 PP 聚合物经热处理得到硬弹性膜，先冷拉 6%～30%，然后在 120～150℃热拉伸 50%～80%，再经过热定型即制得稳定性较高的微孔膜。

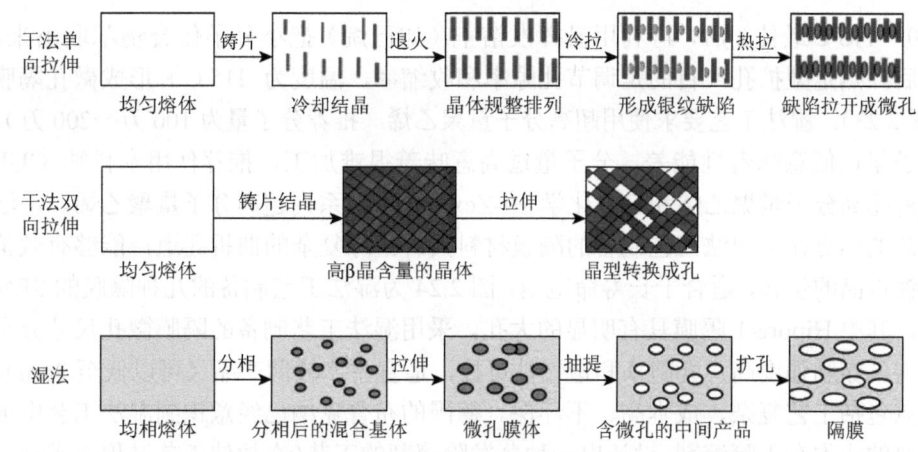

图 2.23 干法单向拉伸、干法双向拉伸和湿法隔膜原理示意图

资料来源：中兴新材

由于干法单向拉伸法只进行了单方向上的晶片拉伸分离，故横向上的机械强度相对较差，但正是由于没有结晶取向，所以在该方向上几乎没有热收缩现象。干法单向拉伸法可以生产 PP 单层膜、PE 单层膜（主要采用超高分子量聚乙烯）及 PP/PE/PP 多层复合隔膜（需要添加层压合或共挤出工序）。该方法制备的微孔膜尺寸分布均匀、导通性好、成本低、不需要使用溶剂（熔融工艺），是锂电池隔膜制备的常用方法，缺点是对加工条件的控制要求高，孔径及孔隙率较难控制，低温拉伸时容易导致隔膜穿孔，产品不能做得很薄。

干法双向拉伸采用的是晶型转换原理，先将聚烯烃树脂处于熔融状态，然后添加具有成核作用的改进剂（成核剂）共挤出，得到低结晶度薄膜，利用聚丙烯不同相态间密度的差异，在双向拉伸过程中发生晶型转变形成微孔（图 2.23）[41]。该工艺制备的微孔膜在所有方向的强度一致（各向同性），具备生产工艺简单、成本低、无环境污染等优点。缺点是产品孔径不均匀、稳定性差，只能生产单层双向拉伸聚丙烯（BOPP）隔膜。

2. 湿法工艺

湿法也称热致相分离法（thermally induced phase separation，TIPS），目前主要用来制造聚乙烯（PE）隔膜（其他聚合物很难找到合适的溶剂），主要的工艺步骤有挤出、双向拉伸、萃取抽提和热定型扩孔。具体来讲，湿法工艺采用双螺杆挤出机将高聚物（主要是聚乙烯）与某些高沸点的小分子化合物（石蜡油最佳）在较高温度（高于聚合物的熔化温度，一般为 200℃）下熔融形成均相熔体，降低温度时又发生固-液或液-液相分离，经同步双向拉伸（拉伸比例 7×7，温度在

110～115℃最佳）后，再利用易挥发溶剂（如己烷）把小分子化合物萃取出来，最后经热定型扩孔（目的是调节孔隙率和收缩率，温度为 115℃）形成微孔隔膜（图 2.23）。湿法工艺要求使用超高分子量聚乙烯（推荐分子量为 100 万～200 万），分子量过低意味着性能差，分子量过高意味着很难加工，推荐使用泰科纳 GUR 系列超高分子量聚乙烯和三井化学 Hi-Zex Million 系列超高分子量聚乙烯。湿法工艺的难点在于湿法工艺制备的隔膜材料具有错综复杂的曲折孔道，能够有效抑制锂枝晶的生长，适合于长寿命电池。图 2.24 为湿法工艺制备的几种隔膜的 SEM 图，其中 Hipore-1 隔膜具有明显的大孔。采用湿法工艺制备的隔膜微孔尺寸分布均匀，穿刺强度高，孔隙率和透气性可控，适宜生产较薄产品（可以低至 9μm）。缺点包括工艺复杂、成本高、不环保。德国的布鲁克纳已经意识到湿法工艺中最主要的成本在于除溶剂，设计出一种蒸发除溶剂的工艺（在拉伸工艺过程中进行），从而将湿法生产成本降低至与干法工艺相当，但该湿法隔膜的产品形态与通常湿法隔膜的形态有所不同。

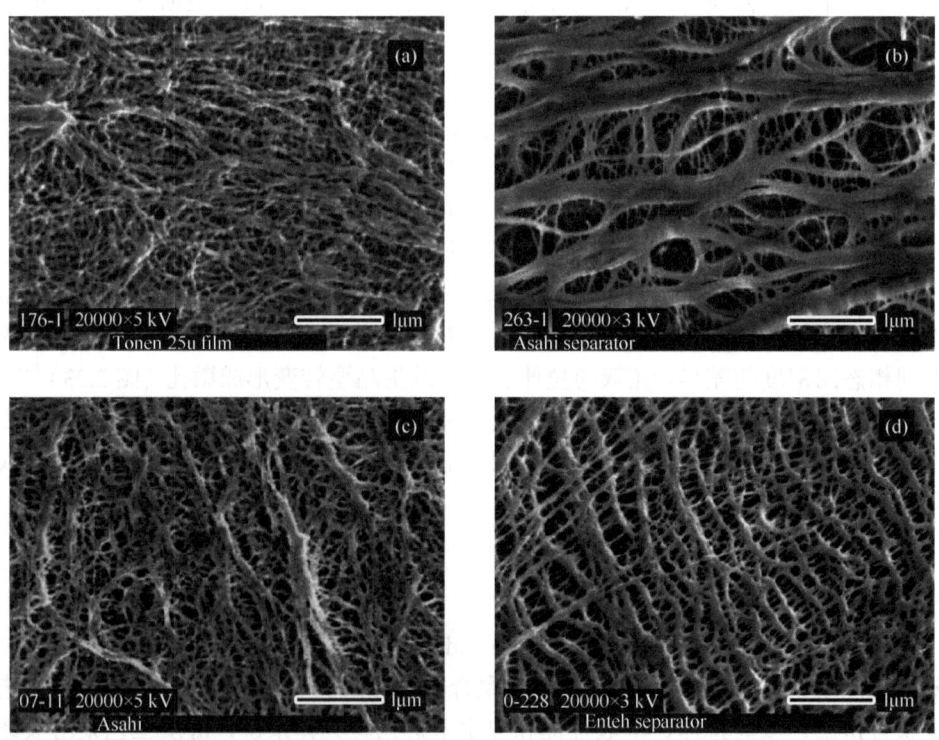

图 2.24　湿法制备的隔膜 SEM 图[1]

(a) Setela（Tonen）；(b) Hipore-1（Asahi Kasei）；(c) Hipore-2（Asahi Kasei）；(d) Teklon（Entek）

3. 干法工艺和湿法工艺对比

湿法工艺可以通过在凝胶固化过程中控制溶液的组成和溶剂的挥发，改变其性能和结构，使用的原料一般是超高分子量聚乙烯（PE）。该工艺适合生产较薄的 PE 单层膜，但投资成本较高。与干法工艺相比，湿法工艺生产的隔膜有更高的孔隙率和透气性，厚度高度可控，能够生产更轻薄的隔膜。缺点是需要使用溶剂、投资大、周期长、污染环境、成本高等。采用此法生产隔膜的代表企业为日本旭化成（Asahi Kasei）、东燃化学（Tonen）、韩国 SK 集团和中国金辉高科。干法工艺和湿法工艺的相关对比见表 2.7。

表 2.7 国产隔膜的三种不同制造工艺对比

生产方法	干法单拉	干法双拉	湿法工艺
工艺原理	晶片分离	晶型转换	热致相分离
方法特点	设备复杂、精度要求高、投资大、工艺复杂、控制难度大、环境友好	设备复杂、投资大、需成核剂辅助成孔、环境友好	设备复杂、投资大、周期长、能耗大、控制相对简单、工艺复杂、成本高、环境污染
产品	PP、PE 单层膜、PP/PE/PP 复合膜	双拉 PP 单层膜	PE 单层膜
产品优点	微孔尺寸分布均匀、导通性好、成本低、狭缝孔适用于高功率电池	生产工艺简单、成本低、各向同性、抗穿刺强度高、膜厚度范围宽、短路率低	微孔尺寸分布均匀、孔隙率和透气性可控、短路率低、适宜生产较薄产品、曲折孔适用于长寿命电池
产品缺点	产品不能做得很薄、横向拉伸强度差、短路率高	孔径分布不均匀、稳定性差、只生产双拉 PP 单层膜	耐热性较差、只能生产 PE 单层膜

资料来源：东北证券.锂电池隔膜行业深度报告：守望最后的胜利者.

动力和储能电池的放电倍率高，功率大，更注重安全性，需要使用厚膜，隔膜太薄，容易击穿从而导致电池短路，干法工艺制作的隔膜厚度通常在 20~40μm，且熔点高（主要采用聚丙烯原料），具有较强的安全性。便携式电池更注重能量密度，隔膜太厚会导致电池能量密度低，采用湿法工艺可将隔膜厚度降低至 9μm。此外，干法隔膜制作成本要比湿法工艺低，动力和储能领域使用的电池需要使用大量隔膜，对于成本更敏感，而便携式电池对于成本相对不敏感，因此，国内动力和储能电池主要采用干法隔膜，便携式电池主要采用湿法隔膜。

4. 代表性纯聚烯烃类隔膜商品

目前，市场上广泛使用的锂离子电池隔膜产品为聚烯烃微孔隔膜，主要制造商的隔膜产品信息见表 2.8[1]。其中，美国 Celgard 和日本宇部兴产（UBE Industries）公司生产的 PP 膜、PE 膜和 PP/PE/PP 三层复合膜的厚度均在 25~40μm，孔径小于

1μm，孔隙率在 30%～50%，机械强度、化学稳定性和成本方面都具有明显的优势，在开发研究锂离子电池的早期就被作为主流隔膜使用，生产技术成熟[42]。商品化锂离子电池隔膜材料主要是 PE、PP 微孔膜，PE 隔膜的自闭孔温度较低，且熔断温度也较低，而 PP 隔膜的自闭孔温度较高，熔断温度也较高。因此，可以集 PE 和 PP 两种材料的特性，通过两种隔膜复合，制造多层隔膜，赋予复合隔膜更优秀的力学性能和安全性。美国 Celgard 公司、日本宇部兴产公司生产的 PP/PE/PP 三层膜是其中的典型代表。

表 2.8　锂离子电池隔膜的主要生产商及其主要产品[1]

制造商	结构	组成	加工方法	商用名
Asahi Kasai	单层	PE	湿法，双向拉伸	Hipore
Celgard	单层	PP、PE	干法	Celgard
	多层	PP/PE/PP	干法	
	PVDF 涂覆	PVDF-PP、PE、PP/PE/PP	干法	
Entek	单层	PE	湿法，双向拉伸	Teklon
Mitaui Chemical	单层	PE	湿法	
Nitto Denko	单层	PE	湿法	
DSM	单层	PE	湿法	Solupur
Tonen	单层	PE	湿法，双向拉伸	Setela
UBE Industries	多层	PP/PE/PP	干法，单向拉伸	U-Pore

聚烯烃通常指乙烯、丙烯或高级烯烃的聚合物，是热塑性高分子材料，聚烯烃微孔膜以 PP 和 PE 最为重要。现有的聚烯烃隔膜存在耐热性差、电解质亲和性差等缺点，给动力电池带来很大的安全问题。动力电池的体积大，散热差，在高功率放电过程中，局部温度通常会达到 80～100℃，高温首先引起炭负极电解质界面膜分解，加剧有机电解液等物质的分解放热，并使电池内部温度进一步升高，聚烯烃类隔膜的熔点较低，从而导致隔膜发生破裂软化，引起电池短路，甚至着火爆炸。此外，动力电池需要经受碰撞试验，传统的聚烯烃类隔膜在电池碰撞中容易被刺穿破裂，导致电池短路。但聚烯烃隔膜有一个最大的优点，就是在高温环境下具备自闭孔性能，从而阻隔电流通过，使电池内阻升高，阻止了电池温度的进一步升高。多款典型商品化聚烯烃微孔膜的性能参数见表 2.9，可以看出，多层隔膜的开发相对于 PE 单层膜和 PP 单层膜具有更好的安全性和稳定性。图 2.25 为锂离子电池用隔膜（Celgard 2400、Celgard 2500 和 Celgard 2325）的 SEM 图[1]。

表 2.9 典型商品化聚烯烃微孔膜的性能参数

参数	Celgard 2400	Celgard 2500	Celgard A273	Celgard M825	Celgard C200	Celgard 2325	Hipore N9420G	Hipore NR209
结构	单层	单层	单层	三层	三层	三层	单层	单层
组成	PP	PP	PP	PP/PE/PP	PP/PE/PP	PP/PE/PP	PE	PE
厚度/μm	25	25	16	16	17	25	20	9
孔隙率/%	41	55	40	39	35	39	42	34
透气度（Gurley）/s	620	200	345	460	450	620	250	300
熔点/℃	165	165	165	135/165	135/165	135/165	135	135
孔径/μm	0.043	0.064	0.039	0.026	0.032	0.028	0.08	0.06
抗拉强度/(kg·cm^{-2})	1420 (MD) 140 (TD)	1055 (MD) 135 (TD)	1600 (MD) 130 (TD)	2100 (MD) 150 (TD)	2000 (MD) 180 (TD)	1700 (MD) 150 (TD)	1100 (MD) 1100 (TD)	1700 (MD) 800 (TD)
穿刺强度/g	450	335	300	300	245	380	400	300
热收缩率/%	5% (MD) 0 (TD) 90℃/1h	5% (MD) 0 (TD) 90℃/1h	3% (MD) 0 (TD) 90℃/1h	1% (MD) 0 (TD) 90℃/1h	5% (MD) 0 (TD) 90℃/1h	5% (MD) 0 (TD) 90℃/1h	2% (MD) 1% (TD) 100℃/1h	3% (MD) 1% (TD) 100℃/1h

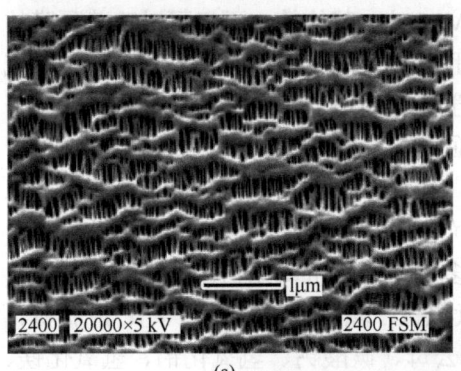
(a)

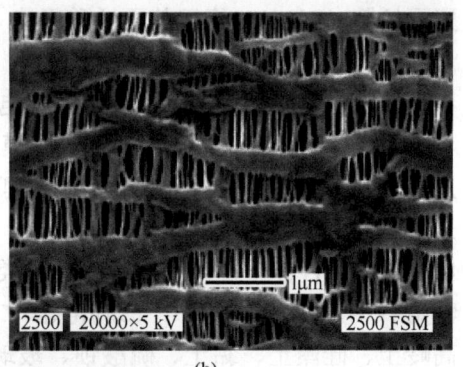
(b)

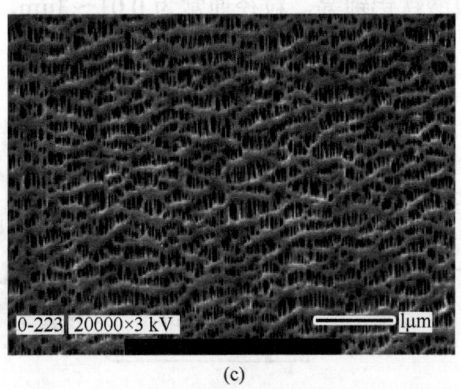
(c)

图 2.25 锂离子电池用隔膜的 SEM 图[1]

(a) Celgard 2400；(b) Celgard 2500；(c) Celgard 2325

5. 改性聚烯烃类隔膜基础研究

传统的被广泛使用的聚烯烃类（如聚乙烯和聚丙烯）隔膜存在着浸润性差、界面阻抗大、耐热温度低（一般不超过150℃）、受热易收缩、易燃等缺点，潜在的安全隐患正在凸显。目前，聚烯烃隔膜的改性包括表面修饰、表面包覆聚合物、表面涂覆陶瓷颗粒等[43-45]。

表面修饰法主要是通过物理法和化学法两种方式，利用润湿剂或者接枝亲水性官能团来改善聚烯烃类隔膜的浸润性和吸液率。物理法主要通过等离子体处理使亲水性基团接枝到隔膜上，通过选择不同的气体可以接枝氨基、羟基、羧基等亲水性基团[42]。化学法包括氟化、磺化、接枝聚合等方法，使聚烯烃类隔膜通过辐射诱导或者紫外光照射生成聚合物自由基，进而引发单体进行接枝聚合，无需添加剂且操作简单易行[46]。

表面聚合物包覆是通过表面浸渍或者喷涂的方法，在聚烯烃隔膜表面包覆一层聚合物，如聚偏氟乙烯（PVDF）、聚偏氟乙烯-六氟丙烯（PVDF-HFP）共聚物、聚丙烯腈（PAN）、聚甲基丙烯酸甲酯（PMMA）、芳纶等，不仅可以改善隔膜的浸润性及热性能，提高隔膜的吸液率，而且可以使隔膜和电极材料紧密接触，减小界面阻抗，从而进一步提高电池的电化学性能和安全性[47]。

目前，最受关注的是在聚烯烃隔膜表面涂布无机陶瓷颗粒涂层（图2.26），一是可提升隔膜的耐热性能（耐热温度可提高到200℃左右），改善其机械强度；二是增强隔膜吸收、保存电解液的能力，从而延长电池循环寿命；三是提升隔膜耐电化学氧化性能[48-50]。无机陶瓷的种类繁多，包括无机氧化物[如三氧化二铝、勃姆石（又称软水铝石）、二氧化硅、二氧化钛、氧化镁、氧化钙等]、滑石粉、高岭土、硅藻土、黏土、硫酸钡、玻璃、云母、碳酸钙、氢氧化铝、氢氧化镁、磷酸锂、磷酸钛锂、磷酸钛铝锂等，粒径通常为0.01～3μm。常用的黏结剂有聚

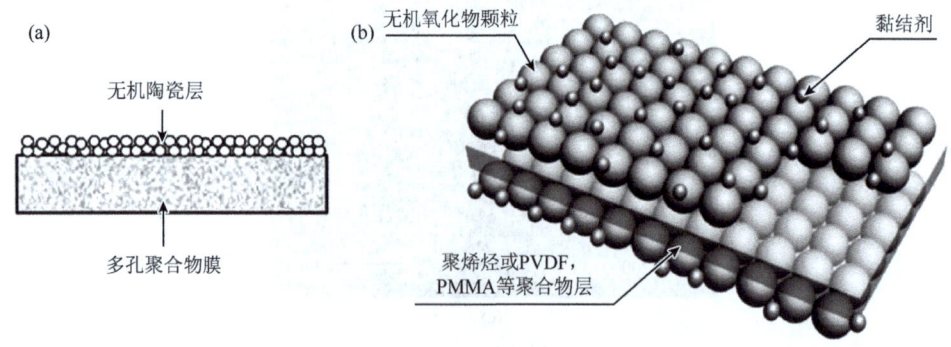

图 2.26 陶瓷隔膜示意图[51, 52]

（a）聚烯烃隔膜单面涂布；（b）双面涂布陶瓷粉体

四氟乙烯（PTFE）、聚偏氟乙烯（PVDF）、聚偏氟乙烯-六氟丙烯（PVDF-HFP）共聚物、聚丙烯酸类（acrylic polymers）聚合物、聚芳酰胺（polyaramid）、聚酰亚胺（PI）、聚环氧乙烷（PEO）、聚丙烯腈（PAN）、聚甲基丙烯酸甲酯（PMMA）、丁苯橡胶（SBR）、羧甲基纤维素钠（CMC）等。

电子束辐射是对微孔聚烯烃隔膜进行表面修饰的一种常用方法，有利于改善其对电解液的亲和性[53]。Gao 等[54]利用电子束辐射将甲基丙烯酸甲酯（MMA）接枝在 PE 隔膜的表面，可提高隔膜的电解液浸润率和增加保液量，从而使电化学性能得到很好的改善。等离子体表面修饰技术也可以很容易地引入极化基团，包括羟基、羧基、氨基、氰基等。Kim 等[55]使用等离子体处理技术将丙烯腈（AN）单体接枝在 PE 隔膜上，AN 单体的引入改善了电解液的浸润性和保液量。Jeon 等[56]也采用等离子体表面修饰技术将无机（Al_2O_3）/水溶性聚合物（CMC）复合涂层涂覆在疏水的聚烯烃微孔膜上，提高了聚烯烃隔膜对电解液的吸收和离子电导率，从而提升电池单体能量密度，并且电池表现出了更好的循环性能。Miltec UV 公司开发出陶瓷高速涂布中试线，采用紫外线固化工艺，这种新型的高速、涂布技术可以显著提高隔膜的闭孔性能、减少热失控和着火概率，提升锂离子电池安全性能，减少涂布成本。其产品适用于做各类电动汽车和电子产品应用的电池隔膜，这预示着拥有更先进涂布技术的企业将具有更大的竞争优势。

Ryou 等[15]通过在 PE 隔膜上涂覆一层多巴胺聚合物，有效地改善了 PE 隔膜对电解液的亲和性，降低了电池循环过程中的阻抗变化，并且其在大电流密度下倍率性能更加优异。Sohn 等[57]通过简单的涂布方法将 PVDF-HFP/PMMA 混合聚合物涂覆在 PE 隔膜上，结果表明，该复合隔膜具有较高的孔隙率、电解液浸润率、离子电导率，较好的倍率性能和循环性能。

Park 等[58]研制出一种新型凝胶聚合物复合隔膜，即将紧密排列的 PMMA 纳米颗粒矩阵涂覆在 PE 隔膜上，提供了高度有序的纳米多孔结构[图 2.27（a，c）]，可以提高电解液浸润性能、离子电导率，从而改善了倍率性能，其有望应用于高功率密度锂离子电池中。除此之外，他们又利用 SiO_2/PMMA 二元纳米颗粒涂覆 PE 隔膜，二元纳米颗粒涂层可以形成一个高度有序的多孔结构[图 2.27(b),(d)]，同时，SiO_2 纳米颗粒的引入能够有效抑制复合隔膜的热收缩，改善锂离子电池隔膜的热稳定性能和倍率性能[59]。

Fang 等[60]将聚乙二醇（MPEG）接枝在具有多巴胺功能化涂层的 PP 隔膜上制备了复合隔膜（图 2.28），结果表明，聚醚链段的引入可以有效提高隔膜对电解液的亲和性、减小界面阻抗和提高界面稳定性，提高其室温离子电导率。Liu 等[61]利用 PVDF-HFP 作黏结剂将 SiO_2 涂覆在 PP 隔膜上（图 2.29），与传统的 PP 微孔膜相比，该复合隔膜具有高度多孔结构，能够有效减小隔膜的热收缩，提高电解液浸润性和离子电导率，从而大大提高电池容量、倍率性能、循环性能和库仑效

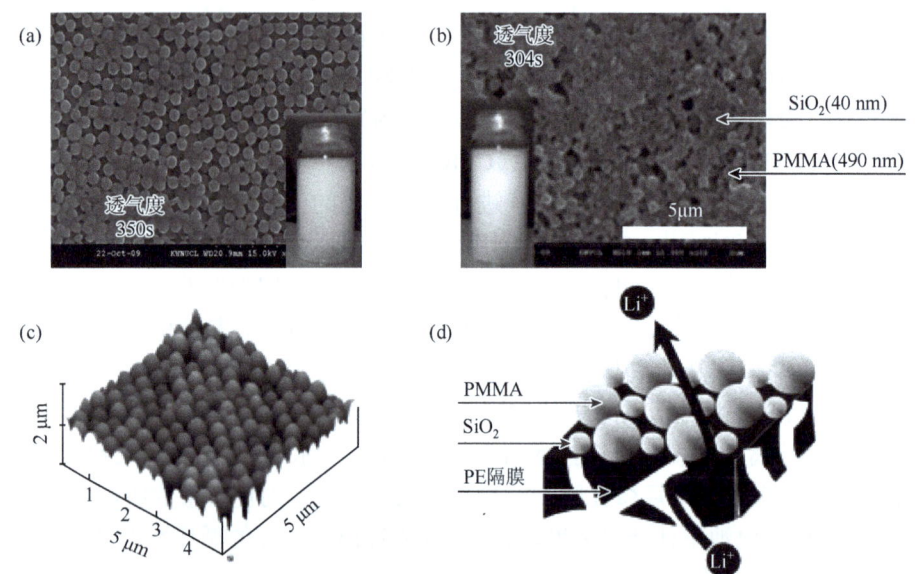

图 2.27 PMMA 纳米颗粒涂覆隔膜的 SEM 图（a）和 AFM 图（c）及 SiO_2/PMMA 二元纳米颗粒涂覆隔膜的 SEM 图（b）和离子传输机理（d）[58, 59]

率。Lee 等[62]利用聚酰亚胺（PI）将 Al_2O_3 涂覆在 PP 隔膜表面，该复合隔膜表现出了优异的热稳定性。

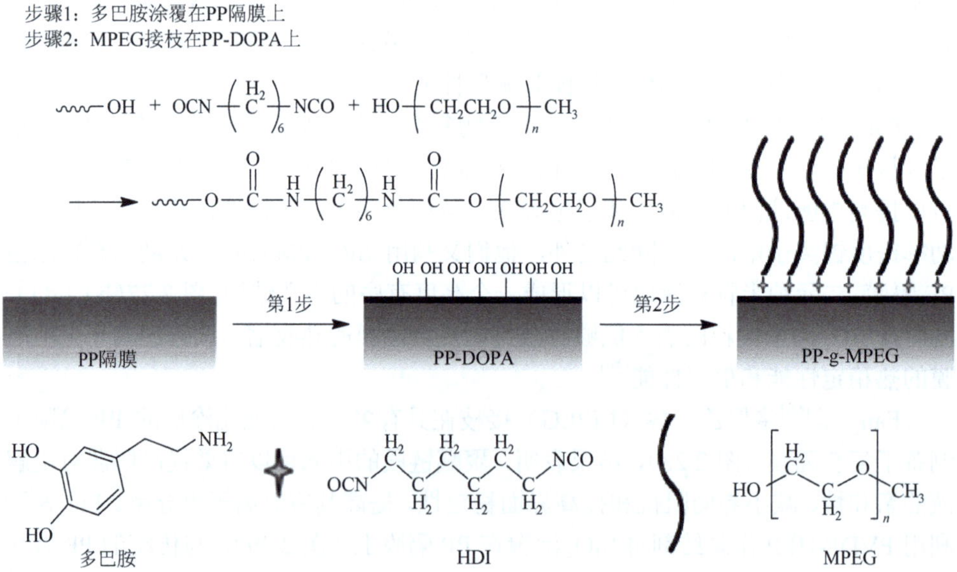

图 2.28 MPEG 接枝在多巴胺功能化的 PP 隔膜上的原理示意图[60]

图 2.29　SEM 图[61]

(a) 单纯 PP 隔膜表面；(b) PP/SiO_2-PVDF-HFP 隔膜表面；(c) PP/SiO_2-PVDF-HFP 隔膜断面

6. 改性聚烯烃类隔膜代表商品

改性聚烯烃隔膜对涂覆浆料（固含量、溶剂、无机陶瓷、聚合物黏结剂）、涂布设备精度、聚烯烃基材都有极高的要求。目前，在聚烯烃隔膜涂覆改性领域，最具代表性的是韩国 LG 公司 SRS 隔膜、日本三菱公司 SEPALENT 隔膜和日本帝人公司 LIELSORT 隔膜。

（1）早在 2004 年，韩国 LG 公司自主开发了陶瓷隔膜专利技术，并开发了 SRS（safety reinforced separator）隔膜产品，陶瓷涂层的主要作用是提高传统聚烯烃隔膜的安全性。LG 的 SRS 隔膜 [图 2.30（a）] 采用的陶瓷颗粒为 Al_2O_3（双面涂布陶瓷颗粒），采用的基材是湿法聚乙烯隔膜。电解液对 SRS 隔膜的浸润性好，比 PE 基材的穿刺强度增加了近 6 倍，而且表现出极其出色的热稳定性 [热收缩率小，能够防止电池内部短路，尤其是大面积内部短路，图 2.30（b，c）]，因此采用该 SRS 隔膜的电池表现出优异的滥用（如穿钉和挤压）适应性。最近，LG 公司向日本宇部万胜公司（Ube Maxell）和中国星源材质转让该专利技术，旨在推广该项技术。

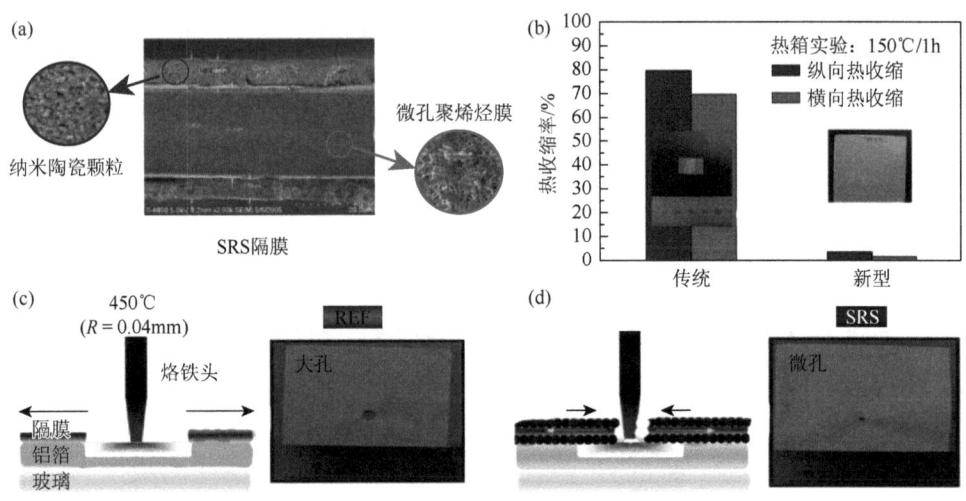

图 2.30 韩国 LG 公司 SRS 陶瓷隔膜及其热稳定性

资料来源：LG 公司

（2）表 2.10 列举了日本三菱公司 SEPALENT 耐热型陶瓷隔膜参数，其中有一款耐热型隔膜（型号 HS25S1）的特征是，在聚丙烯（PP，属于 SEPALENT 系列产品）基材上涂有耐热陶瓷涂层（不堵孔，不易掉粉，单面涂布陶瓷颗粒）（图 2.31）；即使是 200℃高温，电池也不会发生短路，可保证电池高温安全性能，孔隙率高（吸液率高，保液能力强，内阻低），适合电池快速充放电，而且还具备电池隔膜的全部功能。

表 2.10　三菱公司 SEPALENT 耐热型陶瓷隔膜参数

项目	单位	PP 单层膜（基材）	PP 陶瓷耐热隔膜
厚度	μm	20	25
面密度	g/m^2	7.9	14.6
透气度	s	150	180
穿刺强度	gf*	210	250
孔隙率	%	54	55
破膜温度	℃	约 180	大于 200
150℃热收缩率（MD/TD，1h）	%	5.0/25.0	1.4/1.3

*1N=102gf。

（3）日本帝人公司在全球范围内首次将芳纶、氟系化合物涂覆于自主开发的聚乙烯（PE）基材上，开发出了具有革命性的一类隔膜 LIELSORT［图 2.32（a，

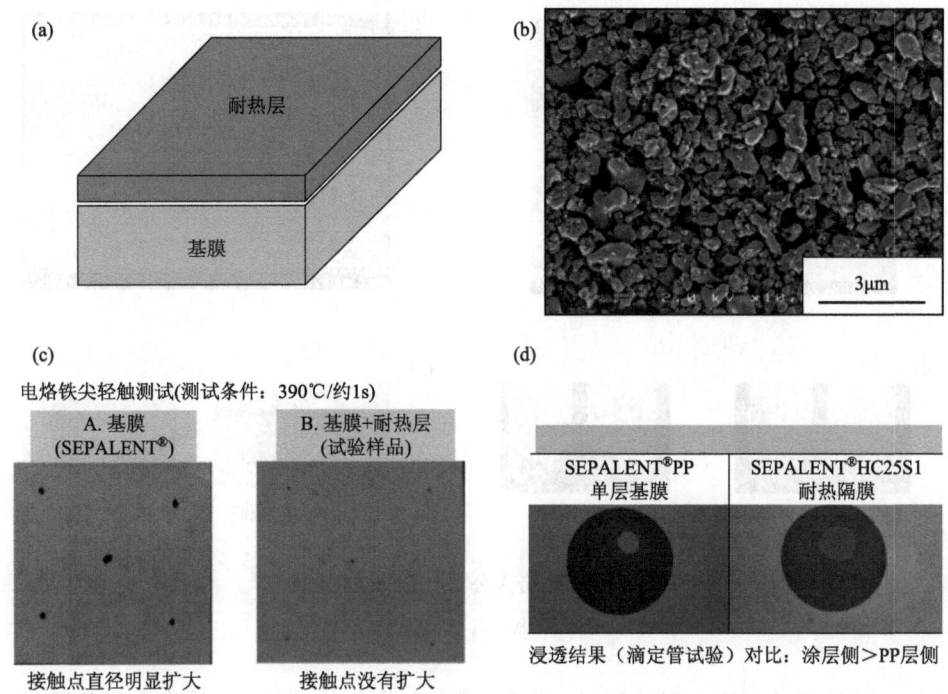

图 2.31 三菱公司 SEPALENT 耐热型陶瓷隔膜

资料来源：三菱公司

b）]，其无论在耐热性，还是在电极间的黏合性等方面都表现出优异的性能。其中，涂覆芳纶的 CONEX 隔膜将高耐热性芳纶树脂和无机填充物进行复合涂覆，使其耐热性能大幅提升，实现了闭孔特性和耐热性能的两者兼备。该隔膜即使在 250℃ 高温下仍可以保持原来的形状，在点加热试验中，即使在 400℃ 高温下，隔膜也没有出现破损，这有利于制造出具有高安全性的动力锂电池。另外，涂覆氟系化合物的隔膜和聚合物电解液之间的黏结性非常好，可以有效防止隔膜周围的电解液泄漏。另外，这两种具有革命性的隔膜还具有电解液的高浸润性 [图 2.32（c）]、较高抗氧化性能 [即使 PE 隔膜炭化变黑，LIELSORT 也没有发生变化，优秀的抗氧化性有助于提高高电压下的能量密度，图 2.32（d）] 等特点。LIELSORT 类隔膜采用了日本帝人公司多年积累的高分子化学技术，实现了世界首创的两面同时涂布及相当于原来 5 倍以上的高速涂布，实现了更高效化的生产。日本住友化学株式会社和日本东丽工业株式会社也有芳纶涂覆的聚烯烃隔膜，其中日本住友化学株式会社的芳纶涂覆隔膜已经被应用于特斯拉电动汽车的电池中。

国内企业，如金辉高科、中科科技、星源材质、中兴新材、沧州明珠、义腾新能源、上海恩捷等都生产陶瓷涂覆隔膜或聚合物涂覆隔膜，但发展较晚，在专

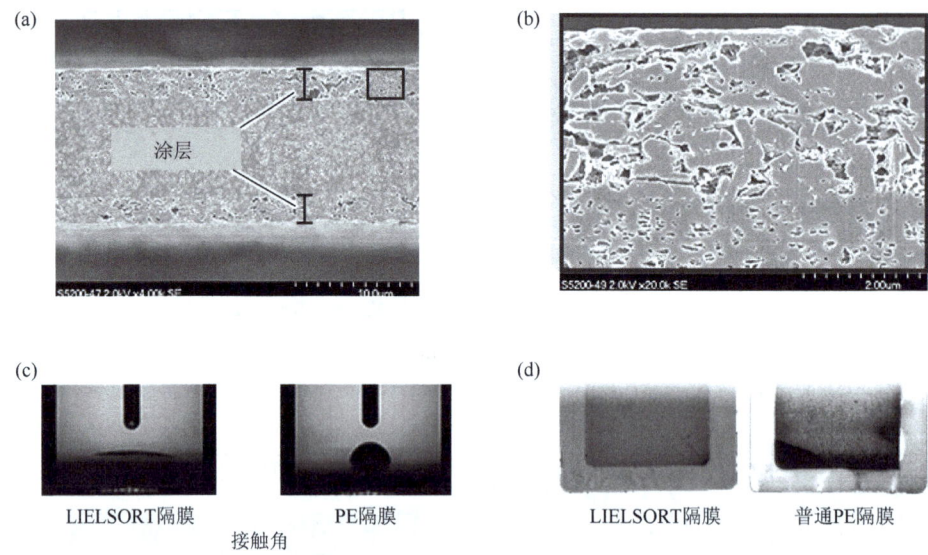

图 2.32　日本帝人公司 LIELSORT 隔膜

资料来源：日本帝人公司

利权方面受国外巨头公司的掣肘。最近，国内企业上海双奥能源技术有限公司（以下简称上海双奥公司）另辟蹊径，自主开发了无机陶瓷颗粒填充在 PE 主体中的共混膜 [图 2.33（a）]，在湿法生产工艺中预先将超高分子量 PE 与超细无机陶瓷颗粒混合，通过静态双向拉伸、萃取、热定型得到最后的产品。共混膜虽然在机械强度上比传统的聚烯烃隔膜低，但孔隙率高、热收缩率低 [图 2.33（b）]，能够有效地提高电池的倍率性能、循环性能和安全性能。

项目	PE	PP Celgard 2400	共混膜
孔隙率/%	38	41	68
穿刺强度/gf	631	450	365
115℃收缩率/%	3.8	3.0	0.5
150℃收缩率/%	66.7	71.8	1.1

注：样品规格25μm，热收缩测试时间为1h。

(a)　(b)

图 2.33　上海双奥公司 PE 与无机陶瓷颗粒共混膜

资料来源：上海双奥公司

2.3.3 新兴无纺布类隔膜及其制造工艺

目前，干法工艺和湿法工艺制备隔膜的技术成熟度高，但其仍然存在诸如孔隙率低、溶剂浸润性差、热稳定性差等缺点，阻碍了锂离子电池性能的进一步提升。另外，使用液态电解质的锂离子电池不仅存在漏液、燃烧和爆炸等安全问题，同时难以适应锂离子电池的不同形状的设计。因此，研发新的隔膜制备方法、对现有隔膜进行改性或创新隔膜材料体系非常有必要。无纺布又称非织造布，是将纤维进行随机或定向排列，形成网状结构，再用化学、热黏等方法加工而成。新兴的无纺布类隔膜通常基于静电纺丝、熔喷或纺粘、抄纸和相转移等工艺方法来制造，其通常采用各类新型的聚合物材料和无机陶瓷颗粒复合。无纺布隔膜技术有利于促进锂离子电池的安全性，近年来，该技术正在引起人们的关注[63]。目前，无纺布隔膜领域的研究还处于起步阶段，只有少数产品问世。

1. 熔喷或纺粘无纺布类隔膜

无纺布膜的制备方法有两大类，即干法和湿法，干法包括熔喷（melt-blown method）和纺粘（spun-bonded method）两种工艺，湿法主要是抄纸工艺（wet-laid method based on papermaking）。熔喷工艺采用高速加热气流对狭缝型模头喷丝孔挤出的聚合物熔体进行牵伸，形成超细纤维并收集在滚筒上，同时依靠自身黏合形成非织造材料，其生产工艺见图 2.34（a）[64]。纺粘工艺与熔喷工艺在设备上的不同主要是喷丝头，熔喷设备主要用狭缝型喷丝头［图 2.34（b）］，纺粘设备主要用喷丝板［图 2.34（c）］，两种工艺的主要区别见表 2.11。熔喷、纺粘和抄纸技术制备的非织造布已在过滤材料、医疗卫生材料、环境保护材料及服装材料等中得到广泛运用。现阶段采用的主要材料有聚酯类（如 PET）、聚酰胺（尼龙）类和聚烯烃类，制备的隔膜具有独特的网络孔道孔隙结构，能够为离子传递提供良好通道，能够对电解液进行充分吸收润湿和有效分散，降低电池电化学阻抗和电化学极化，有更高的机械拉伸强度，有望使电池容量以及大倍率循环性能得到极大提升。

目前，锂离子电池隔膜中应用较多的 PET 无纺布基材也有两大类，一类是基于熔喷或纺粘工艺制造的，另一类是基于抄纸工艺制造的，但应用在锂离子电池时，PET 无纺布基材的孔径较大，易导致电池大的自放电效应，且无纺布含水量比较高，影响电池的安全性。所以，在锂离子电池隔膜领域，通常选择 PET 无纺布（下面的介绍中不对 PET 无纺布的制造工艺进行区分）作为隔膜支撑基体，辅以其他聚合物或者无机材料制备复合隔膜，既保持了无纺布的优异性能，还极大地提高了隔膜的安全性。

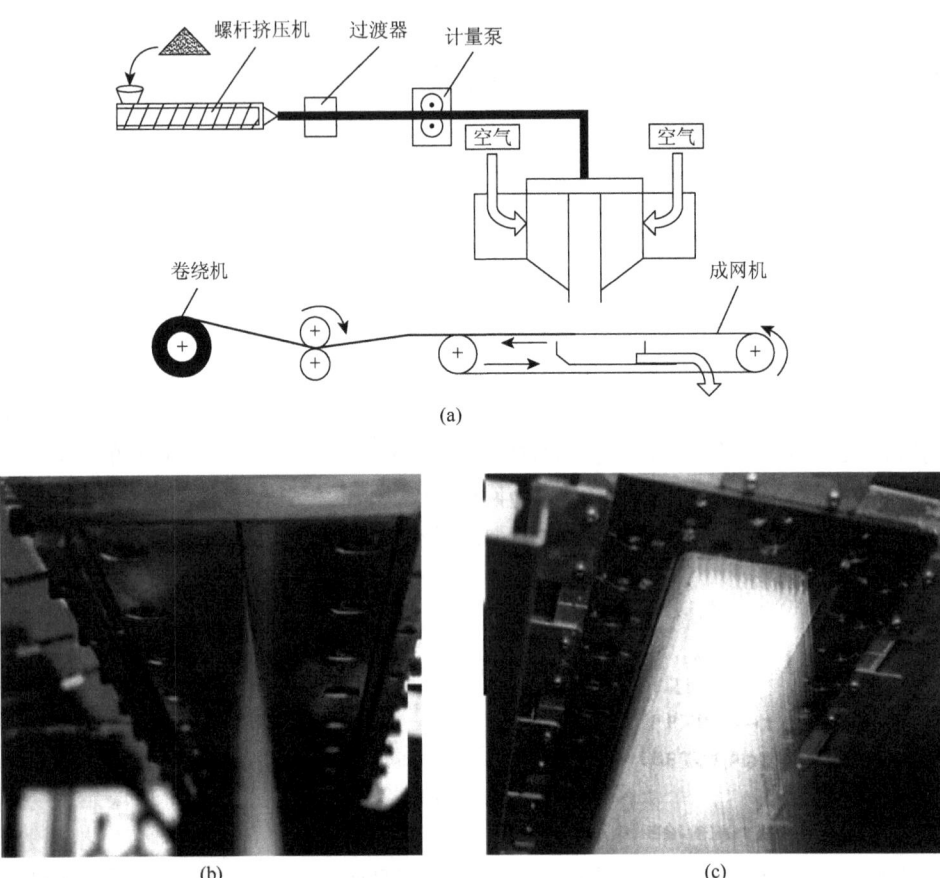

图 2.34 熔喷法生产工艺示意图[64]（a）及熔喷法用狭缝型喷丝头（b）和纺粘法用喷丝板（c）

表 2.11 熔喷法和纺粘法的区别

项目	熔喷法	纺粘法
原料熔融指数要求/(g/10min)	35～2000	25～35
能耗	较多	较少
纤维长度	长短不一的短纤维	连续长丝
纤维直径	粗细不一，平均小于 5μm	15～40μm
覆盖率	较高	较低
产品强度	较低	较高
加固方法	自身黏合为主	热黏合、针刺、水刺
设备投资	较低	较高

Li 等[7]通过简单的浸涂技术在 PET 基体上涂覆纳米 Al_2O_3 制得的复合隔膜有更高的孔隙率、离子电导率和电解液浸润性,且热稳定性好。将此隔膜组装电池后,电池具有更优异的充放电循环性能和高倍率性能。Jeong 等[65,66]利用相转移法制备了 PVDF-HFP/PET 多孔复合隔膜,该隔膜既具有较高的机械强度和热稳定性,又具有优异的电化学稳定性(图 2.35)。Choi 等[67]也成功地将 SiO_2/PVDF-HFP 涂覆在 PET 无纺布上,其具有更好的安全性能和电池性能。

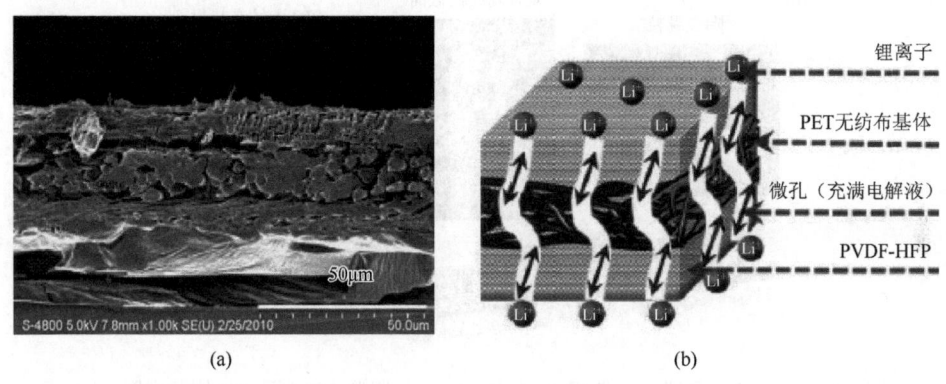

图 2.35 复合无纺布断面(a)及复合无纺布微孔结构和离子传输机制(b)示意图[65]

纳米颗粒在无纺布膜上呈高度有序的排列也是制备微米或纳米尺寸多孔材料的一个理想方法[68]。Cho 等[68]将 PMMA 胶体粒子紧密排列在 PET 无纺布上制备出新型纳米复合隔膜,自组装的 PMMA 胶体粒子提供高度有序的纳米结构,PET 无纺布提供较高的机械强度和热稳定性,该新型纳米复合隔膜成功应用在高安全性、高功率的锂离子电池中。

目前,代表性的商业化 PET 无纺布复合隔膜有:德固赛(Degussa)公司 Separion、科德宝(Freudenberg)公司无纺布陶瓷隔膜、三菱公司 NanoBaseX 及 Porous Power Technology 公司的 Symmetrix® HPX、HPXF、NC2020(不可燃性)等。

(1)德国德固赛公司通过浸渍涂布的工艺[图 2.36(a)],将无机陶瓷颗粒(如三氧化二铝、二氧化硅等)固定在 PET 无纺布上。图 2.36(b)为 Separion 隔膜的 SEM 图及结构示意图。该复合隔膜具有较高的孔隙率,可吸纳丰富的电解液;在 200℃下不会发生热收缩(小于 1%),高温安全性明显优于聚烯烃隔膜。优异的性能(表 2.12)使 Separion 无纺布陶瓷复合隔膜在动力电池中具有良好的应用前景。

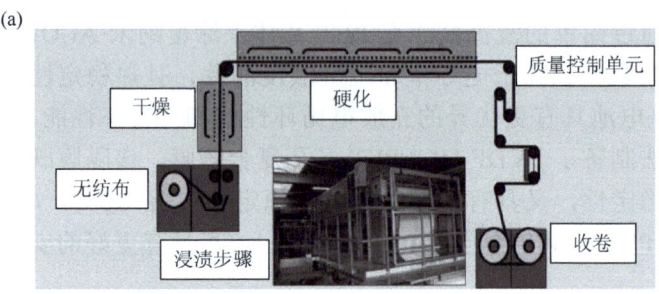

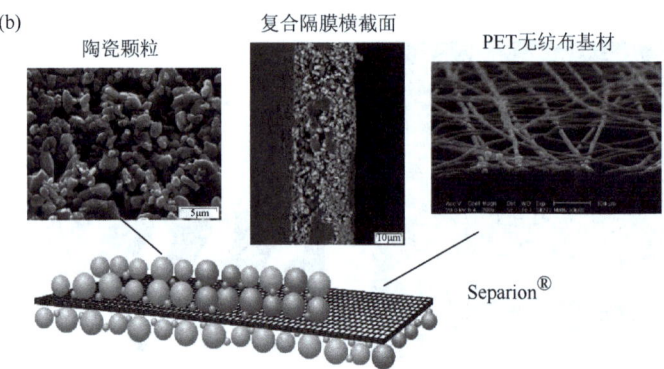

图 2.36 Separion 隔膜生产流程（a）及 Separion 隔膜 SEM 图和结构示意图（b）

资料来源：德固赛公司

表 2.12 德固赛 PET 无纺布陶瓷隔膜（Separion 标准型号）参数

项目	单位	S240P30（标准型号，涂覆三氧化二铝无机陶瓷颗粒）
厚度	μm	28
面密度	g/m^2	40
平均孔径	nm	240
透气度（Gurley）	s	22
孔隙率	%	46
热收缩率（200℃/24h）	%	横向和纵向都小于 1%；熔化温度大于 210℃
拉伸强度	N/cm	大于 6
浸润性		DMC、EC 和 PC 的浸润性非常好

（2）德国科德宝公司采用湿法 PET 超薄无纺布作为基材，将无机陶瓷嵌入其中，得到的无纺布陶瓷隔膜（图 2.37）适合常用的锂离子电池生产工艺（卷绕和 Z 形叠片），且具有极其出色的热稳定性和电池安全性（表 2.13）。

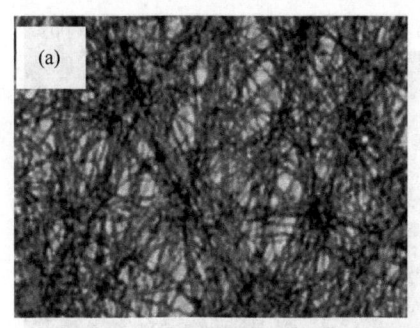 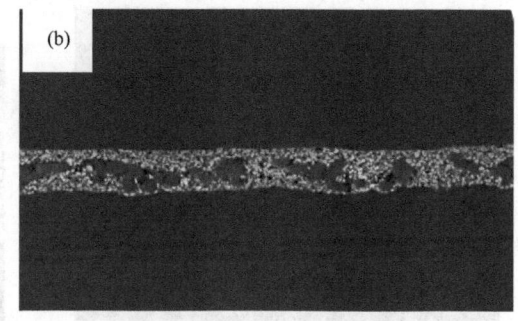

图 2.37 科德宝陶瓷隔膜所用 PET 无纺布（a）及科德宝陶瓷隔膜横截面（b）

资料来源：科德宝公司

表 2.13 科德宝 PET 无纺布陶瓷隔膜参数

项目	单位	隔膜		
		FS3002-23	FS3005-25	FS3006-25
厚度	μm	23	25	25
面密度	g/m²	33	35	33
透气度（Gurley）	s	100	100	75
孔隙率	%	56	55	49
混合穿刺强度	N	500	550	800
热收缩率（200℃/1h）	%	<1	<1	<1

（3）日本三菱公司基于抄纸工艺开发了 PET 无纺布膜（NanoBase0），并将无机陶瓷颗粒涂覆在 NanoBase0 的一面，开发出锂离子电池用 PET 无纺布陶瓷隔膜（NanoBaseX），其耐热性极好（图 2.38 和表 2.14）。相比 NanoBase0 基材，NanoBaseX 含水量低，机械强度高。NanoBaseX 和 NanoBase0 的耐热稳定性高（180℃保存 30min，热收缩率低于 5%），NanoBaseX 具有极好的电解液浸润性、电池循环性能和安全性。

（4）美国的 Porous Power Technology 公司采用 PET 无纺布作为支撑基材，推出数款 PVDF 隔膜产品（图 2.39 和表 2.15），包括 Symmetrix® HPX（PET 无纺布＋PVDF）、HPXF（PET 无纺布＋PVDF＋无机陶瓷颗粒）和新开发的 NC2020（具有阻燃特性的 PET 无纺布＋PVDF＋无机陶瓷颗粒）。Symmetrix® NC2020 不可燃，比传统的隔膜更抗热收缩。这使电池在受损或被滥用的情况下更稳定，并能防止或延迟热失控事故的发生。

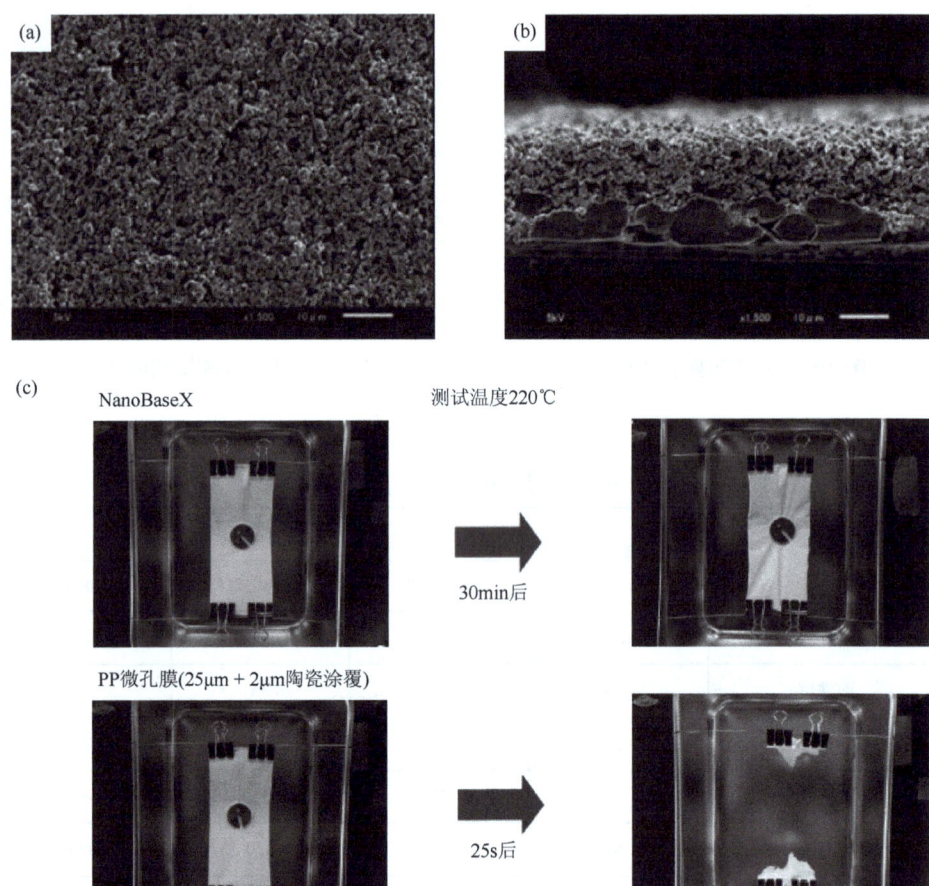

图 2.38　三菱 NanoBaseX 无纺布陶瓷隔膜表面形貌（a）、横断面形貌（b）和耐热性能测试（c）

资料来源：三菱公司

表 2.14　三菱 NanobaseX 无纺布陶瓷隔膜参数

项目	单位	NanoBase0 PET 无纺布基材	NanoBaseX 无纺布陶瓷隔膜
厚度	μm	15	31
面密度	g/m²	10	28
平均孔径	μm	4.6	0.8
透气度（Gurley）	s	0.2	8.3
孔隙率	%	57	55
热收缩率（180℃/30min）	%	横向和纵向都小于 5%	

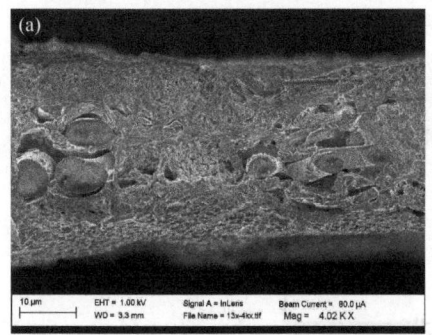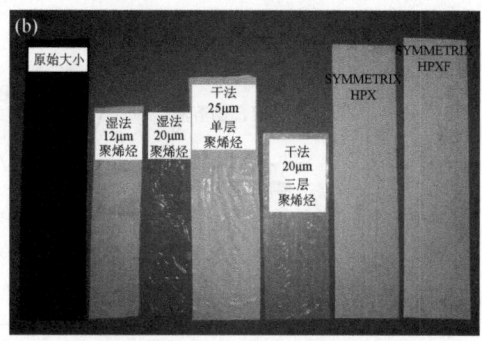

图 2.39 Porous Power Technology 公司 Symmetrix® HPX 隔膜横截面（a）和 Symmetrix®系列隔膜耐热性能（130℃，ASTM D1204）（b）

资料来源：Porous Power Technology 公司

表 2.15 Porous Power Technology 公司无纺布隔膜产品参数

项目	单位	Symmetrix® HPX	Symmetrix® HPXF	Symmetrix® NC2020
厚度	μm	25	27	22
面密度	g/m²	17.1	16.9	15
平均孔径	μm	0.019～0.17	0.3～0.6	0.29
透气度（Gurley）	s	45～60	12～18	41
孔隙率	%	60～65	65～70	62

2. 静电纺丝无纺布类隔膜

静电纺丝工艺是近些年来发展起来的较为理想的一种制备纳米纤维无纺布的重要方法之一，是对新型隔膜材料的创新性研究[69]。静电纺丝工艺又称聚合物静电喷射拉伸纺丝法（图 2.40），在强电场力的作用下将聚合物溶液或熔体加上高压静电，带电液滴形成泰勒（Taylor）锥，克服表面张力之后形成射流，最后溶剂挥发或固化，形成以均匀纳米纤维堆积的网状膜[19]。

该方法制备的纤维直径在纳米级，具有比表面积大、孔隙率高、吸液性好、离子电导率高、孔径小而均匀等特点[70]。使用静电纺丝纳米纤维隔膜组装的锂离子电池热稳定性能和循环性能都得到明显提高[71]。现阶段采用的主要材料有聚丙烯腈（PAN）、聚甲基丙烯酸甲酯（PMMA）、聚酰亚胺（PI）和聚偏氟乙烯（PVDF）及其共聚物等[70, 72-74]。静电纺丝装置主要由高压电源、注射器、喷丝头和接收板组成[75]。依据放置方法其可以分为立式和卧式两种，立式通过溶液本身重力作用进行电纺，而卧式是利用推进泵定速挤出溶液。

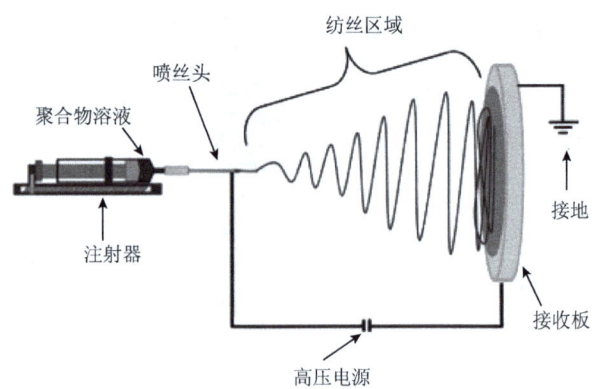

图 2.40　静电纺丝工艺示意图[19]

影响静电纺丝工艺的主要因素[76]包括以下几点。

（1）聚合物的浓度和黏度对于纤维的形态、直径及其分布具有重要作用。随着聚合物溶液浓度的增大，射流不稳定和形成含液珠或直径不均匀的纤维等不良现象会逐渐消失，在达到临界浓度时，形成均一直径的纤维，且随着浓度增加，纤维直径增大。但当浓度过高时，黏度进一步增大，表面张力也就增大，不容易形成纤维。

（2）随电压的增大，射流被拉伸得越长，形成的纤维越细；随喷丝头与接收板之间距离的增大，纤维直径减小；流动速率与纤维直径成正比。

（3）环境参数（溶液温度、空气温湿度、气流速度等）的影响，如溶液温度越高，纺丝纤维直径越小。温度过高时，纺丝纤维在喷出的瞬间进入低温空气中迅速冷却固化，难以形成连续的纤维。

采用静电纺丝法制得的 PVDF 或 PVDF-HFP 无纺布膜具有比表面积大、孔隙率高、孔径小、浸润性好等优点。另外，可以将两种以上聚合物溶解在共溶剂中，形成均相溶液，纺丝获得复合聚合物纤维。或者在含氟聚合物中加入无机材料形成无机复合隔膜，其具有良好的机械强度、热稳定性、电解液亲和性和化学稳定性，用于液态锂离子电池时，可发生溶胀形成凝胶电解质，保证了电池的循环性能和安全性。

Fang 等[77]利用静电纺丝法制备了不同含量蒙脱石（MMT）修饰的 PVDF 聚合物纳米复合隔膜，结果显示，PVDF/5%MMT 具有最高的离子电导率（4.2mS/cm）和最小的界面阻抗（97Ω）以及最优越的电化学稳定性。以 PVDF/5%MMT 组装的电池也展示了更高的容量和更稳定的循环性能。

Liang 等[78]利用静电纺丝和热处理过程制备的 PVDF 纤维膜具有较高的拉伸强度、电解液浸润性和热稳定性，室温离子电导率可达 1.35mS/cm。与 Celgard 2400 隔膜相比，热处理的 PVDF 纤维膜体现出更高的电化学稳定窗口和较低的界面阻抗，组装的 LiFePO$_4$/Li 电池有更好的充放电性能和稳定的循环性能。

Hao 等[79]利用静电纺丝工艺制备的 PET 纳米纤维膜具有较高的拉伸强度、热稳定性、电化学稳定性和离子电导率等，适合应用在高性能的锂离子电池中。PMMA 的脆性问题也可以通过与聚丙烯腈（PAN）共混来解决，PAN 溶剂化能力高，其官能团 CN 和 CO 与碳酸盐溶剂分子之间的相互作用可以增强离子导电性。但是，PAN 对电解液的保留率低，单独使用会出现漏液问题，而 PMMA 与液态电解液相容性好，两者优势互补，且易于制备，成本低。Mousavi 等[80]通过静电纺丝法获得的不同组分的 PMMA/PAN 纳米纤维膜，具有较高的孔隙率和对电解质的吸收率，优良的电解液吸收性能导致更高的离子电导率（7.02mS/cm）。

有研究表明，采用静电纺丝制备的 PAN 纳米纤维隔膜、PVDF-PAN 和 PAN-PVC 复合隔膜的纤维直径均匀，具有丰富的孔结构和较高的机械强度、离子电导率和电解液吸收率，良好的热稳定性和电化学稳定性等优异性能[81-84]。最近，Lee 等[85]通过静电纺丝法在 230℃对 PAN 进行部分氧化改性（oxy-PAN，图 2.41）。发现改性后的 oxy-PAN 具有高弹性强度，高电解液吸收下仍保持热稳定性，且室温下离子电导率较高，更重要的是，与锂金属负极和液态电解液相容性好，可延长电池的循环寿命。但是，PAN 在热解状态下，其线形分子链发生脱氢、脱氮环化，形成了导电的梯形环状结构及乱石墨层结构，既导离子又导电子，因此不能单独作为隔膜使用。

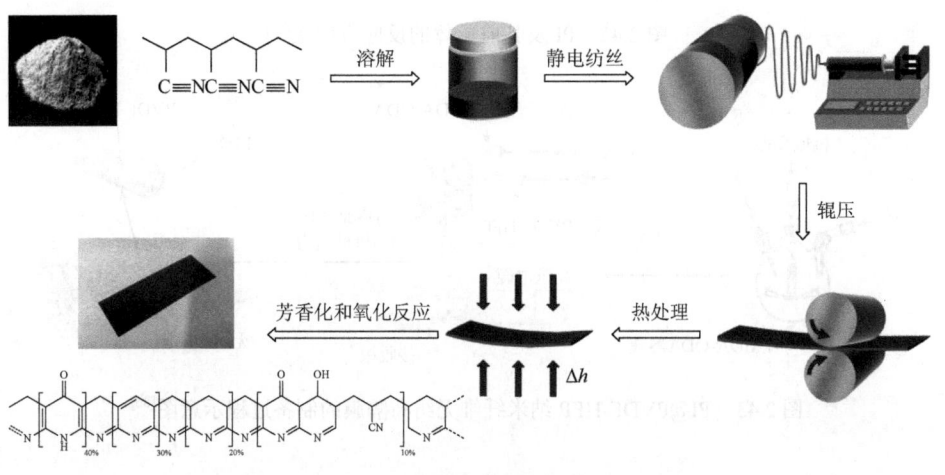

图 2.41 oxy-PAN 隔膜的制备过程示意图[85]

通过静电纺丝技术得到的纳米级 PI 纤维膜，具有很好的孔隙率和电解液浸润性。青岛储能产业技术研究院利用静电纺丝法和亚胺化处理分别制备了单轴 PI 隔膜和同轴 PI@PVDF-HFP 纳米纤维无纺布隔膜[72, 86]。图 2.42 为所制备的 PI 聚合物及其前驱体的反应方程式，图 2.43 为 PI@PVDF-HFP 纳米纤维无纺布隔膜的制备过程示意图。与聚烯烃隔膜相比，前两者都具有优异的热稳定性和电化学性能。

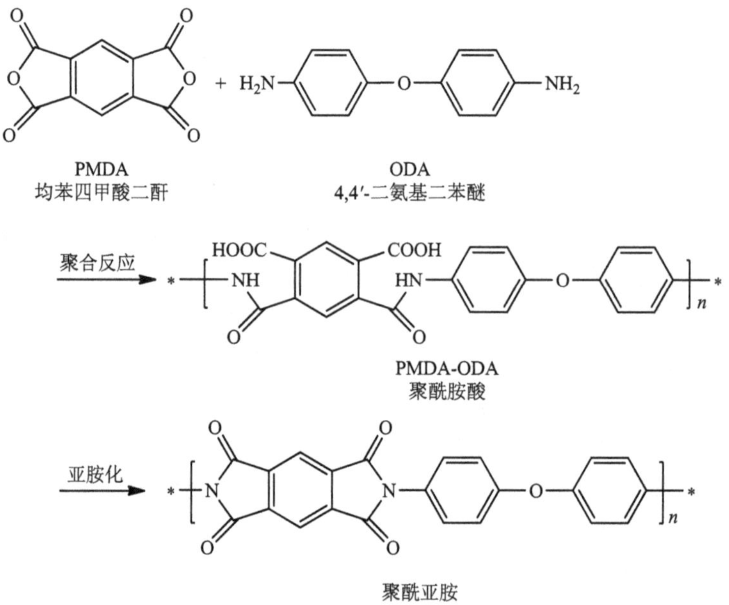

图 2.42　PI 及其前驱体的反应方程式[72]

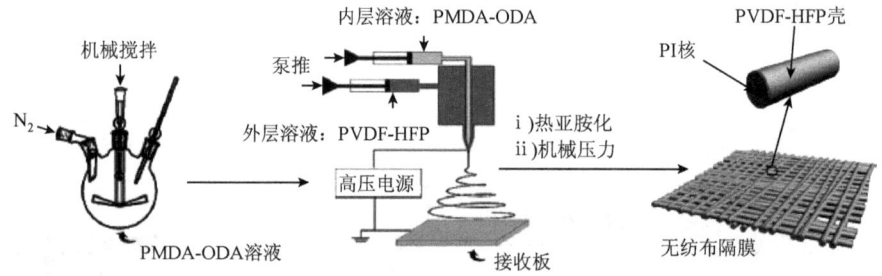

图 2.43　PI@PVDF-HFP 纳米纤维无纺布隔膜的制备过程示意图[86]

PI 聚合物也常被用作涂层材料来改善基体材料的性能，以满足电池隔膜的要求。有研究表明，通过简单的涂层方法使 PI 聚合物均匀地涂覆在 PE 基体上形成多孔结构，利用 PI 的高温热稳定性来有效改善 PE 无纺布的热收缩[87]。另外，采用静电纺丝工艺使 PAA 均匀涂覆在 PET 无纺布上,再进行亚胺化处理形成的 PI/PET 复合隔膜具有更高的热稳定性和离子电导率[88]。青岛储能产业技术研究院利用静电纺丝工艺制备的 PSA-SiO$_2$ 复合无纺布和同轴 PSA@PVDF-HFP 核壳结构的纳米纤维隔膜,具有优异的热稳定性和界面稳定性等综合性能[89, 90]。

目前,实验室静电纺丝隔膜的基础研究多采用小型的静电纺丝机,限制静电纺丝隔膜发展的一大难题是大型产业化设备的开发。在国际上捷克 Elmarco 公司的纳米蜘蛛大型静电纺丝设备垄断着市场。青岛储能产业技术研究院在国内率先开发出大型静电纺丝设备样机,打破国外垄断,成功实现聚酰亚胺静电纺丝膜的中试生产,这将为我国的静电纺丝产业注入新的活力(图 2.44)[91, 92]。

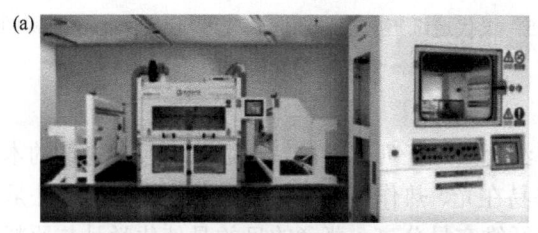

图 2.44 捷克 Elmarco 公司的纳米蜘蛛大型静电纺丝设备(a)(来源于 Elmarco 公司)及青岛储能产业技术研究院自主开发的大型静电纺丝设备样机(b)

3. 抄纸工艺

造纸技术是我国古代一项杰出的发明,图 2.45(a)为我国汉代造纸工艺流程图。造纸技术发展至今,已经具备简单、成熟、成本低、规模产量大等特点。现代的抄纸工艺源于造纸技术,是一种较有潜力的产业化生产隔膜的工艺技术,但是其制备的无纺布存在机械强度低的缺点,需要进一步改善[93, 94]。该技术主要分为制浆、调制和抄造等主要步骤 [图 2.45(b)]。

制浆主要有机械制浆法、化学制浆法和半化学制浆法。机械制浆法是通过机械研磨将木材或植物纤维等原料制成断碎的细纤维,其生产效率高达 90%~95%。

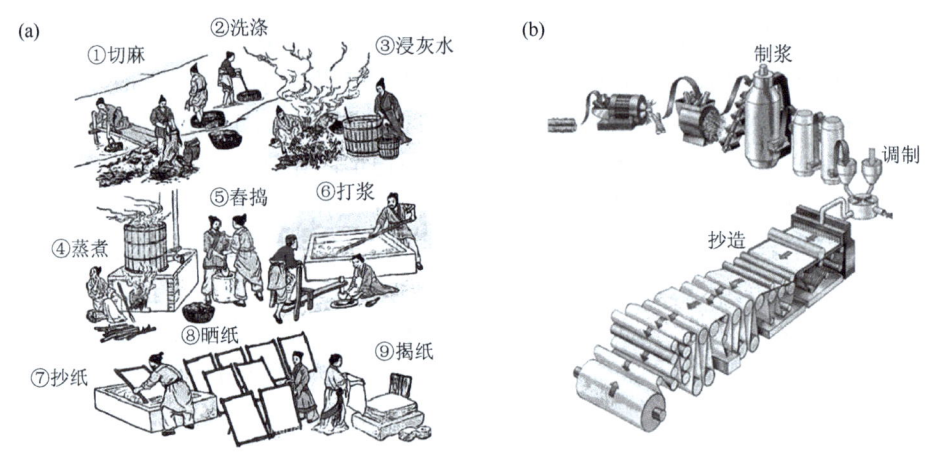

图 2.45　汉代造纸工艺流程图（a）及现代造纸工艺流程图（b）

资料来源：中国数字科技馆

同时，制浆过程中没有添加任何化学品，故纸浆内包含大量的木质素，所抄造的纸张比较难于漂白并易在光、热作用下变黄及发脆。化学制浆法是将化学品混入来蒸煮木材，使原料的纤维容易分离。蒸煮的目的是使化学品与原料产生化学反应，排除木质素，留下纤维素来作纸浆用料。在蒸煮过程中可加入不同的化学品，使制造出来的纸浆性质有所不同。纸浆可分为亚硫酸纸浆、碱法纸浆及硫酸盐纸浆。半化学制浆法是一种介于机械制浆与化学制浆的方法，先将原料里非纤维成分与纤维之间的结合力溶解，再用机械方法使纤维分离。半化学制浆法所用的化学品是 Na_2SO_3、$Ca(HSO_3)_2$，另加 Na_2CO_3、$NaHCO_3$ 充当缓冲剂，从原料中得到的纤维可达 65%～85%，得到的纸张较硬，用途广泛，使用弹性较大，成本比其他方法低。

因为纸浆本身含有大量的纤维素，如果直接用此纸浆来造纸，纸张的物理特性会十分弱，且表面会出现疏松多孔的现象，故调制过程是造纸的一个重要程序，与纸张完成后的强度、色调、印刷性的优劣、纸张保存期限的长短有直接关系。常见的调制过程大致可分为打浆和填料上胶。打浆就是利用机械方法处理纸浆中的纤维，使其帚化和适度切断，可增加纤维与纤维之间的氢键结合，更重要的是，纤维在打浆时吸水润胀，具有较高的弹性和塑性，满足造纸机生产的要求，可使生产的纸张达到预期的质量指标。填料程序是在纸浆中加入适量的矿物质和色料，可增加纸张的平滑度、提高不透明度和白度、增加厚度和密度、改善纸张的吸墨能力及印刷适应性等，常用的种类有白土、石棉、滑石、石膏、碳酸钙、硫化锌及碳酸镁等，以填冲纤维间的空隙。上胶程序主要是使纸张具有抵抗水分渗透的能力，而且可加强纸张的硬度、坚韧性、抗张力、抗湿性，提升纸张表面平滑度及减少起毛现象，同时也改善纸张的印刷适应性，常用的种类有松香、淀粉、蜡乳液等。

抄造过程是在制好的纸浆中加入大量的水，使其纤维产生水化作用，纤维随着水流分布在金属网上，形成纵向和横向的纤维方向性，其后进入造纸机，使纤维紧黏着在造纸毛毡上，以减去大部分水分，经过过滤、压榨、干燥、压光、卷取、复卷和分切等工序制成纸张。

有研究表明，采用湿法抄纸技术成功制备的纤维素/聚芳砜复合隔膜（图2.46）具有较高的拉伸强度、电解液浸润率和耐高温性能[95]。Chun等[96]在高压磨浆的条件下采用异丙醇-水（IPA-water）分散纤维素浆粕得到纳米纤维素隔膜（图2.47），该隔膜具有更好的电解液浸润性和保液性。另外，还可以使用胶体纳米SiO_2无机粒子来改善隔膜的界面稳定性，或者采用造孔剂来调控隔膜的孔隙率和孔结构，图2.48展示了SiO_2含量对复合隔膜的形貌变化和离子传输的影响[97]。

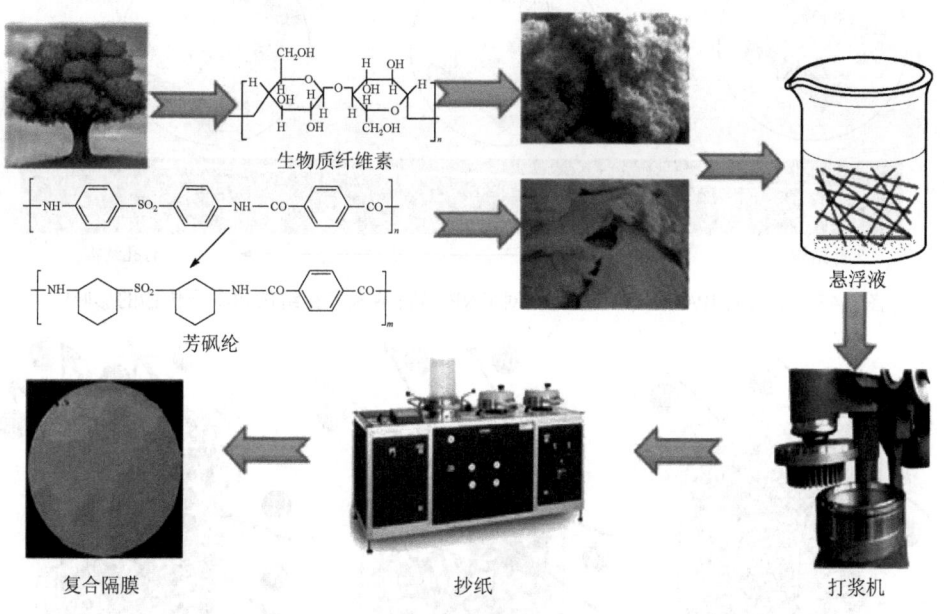

图2.46 纤维素/PSA复合隔膜的制备工艺流程图[95]

青岛储能产业技术研究院利用醋酸纤维素，通过静电纺丝和浸涂法得到的纤维素/PVDF-HFP纳米复合隔膜具有更小的孔径和孔径分布，有利于减少电池的自放电，提高电池的循环寿命[98]。此外，PVDF-HFP的加入有利于改善纤维素膜的吸湿性。该研究院还首次利用阻燃剂、海藻酸钠、SiO_2等制备了阻燃型纤维素隔膜（FCCN，图2.49），其具有优异的阻燃性能和热稳定性，对于提高电池的安全性能具有重要的意义[99]。

此外，该研究院还利用了聚多巴胺改性修饰纤维素隔膜，该隔膜能够提高电池的充放电性能、倍率性能和循环性能等[100]。其制备过程和复合隔膜结构见图2.50，多巴胺（3,4-二羟基-苯乙基氨）中的邻二酚基团和氨基具有很强的黏附能力，能够提高基体材料的机械强度，改善隔膜对电解液的浸润性和吸液率。

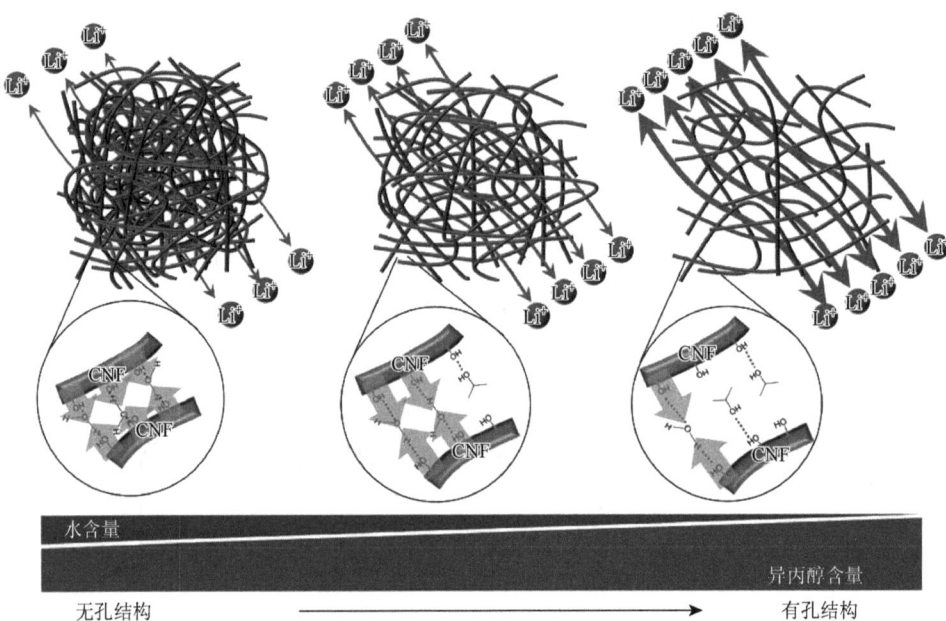

图 2.47　不同的 IPA-water 组成比例对 CNP 隔膜纳米多孔结构和离子传输的影响[96]

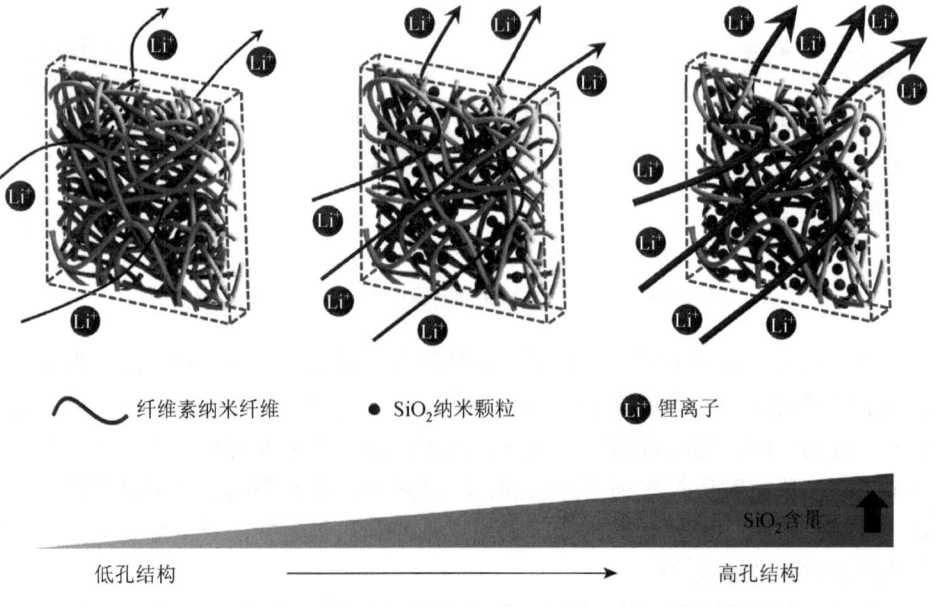

图 2.48　SiO_2 含量对复合隔膜的形貌变化和离子传输的影响[97]

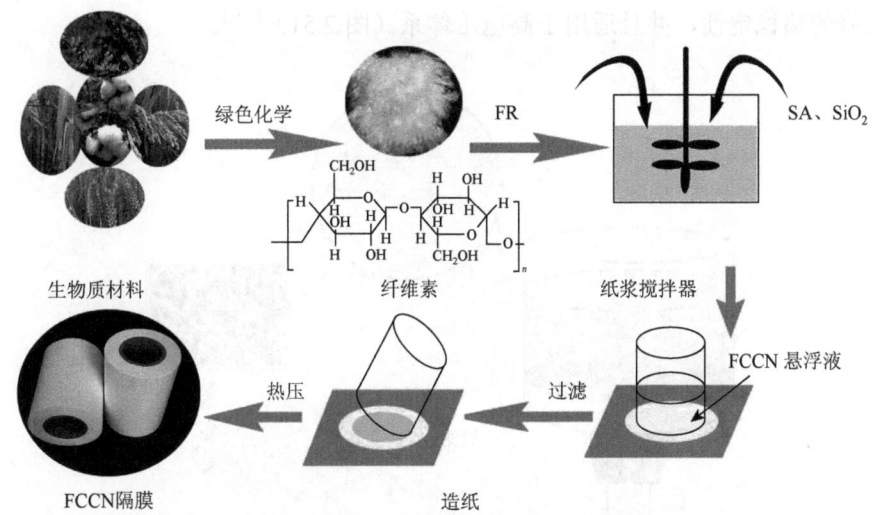

图 2.49　FCCN 隔膜的制备过程示意图[99]

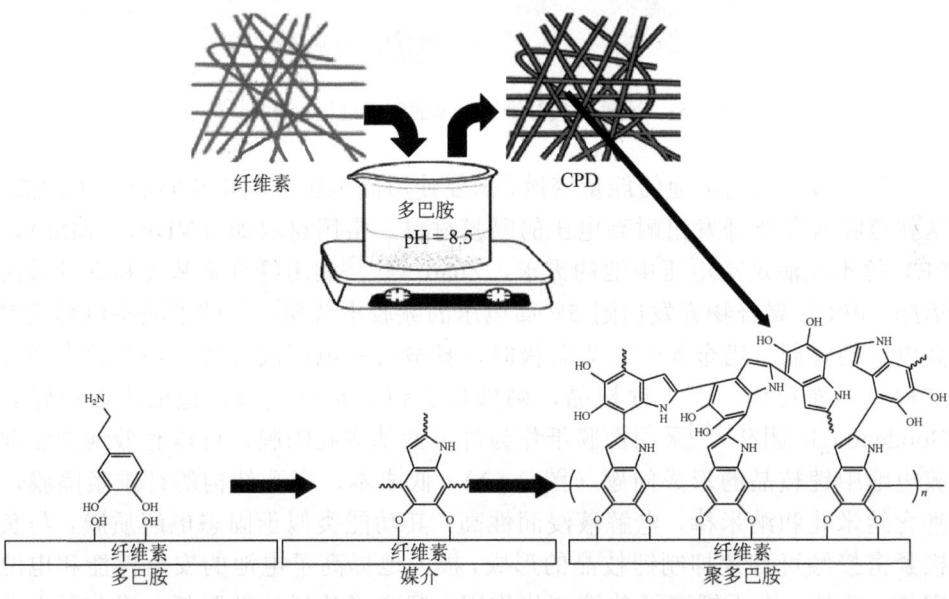

图 2.50　多巴胺涂覆纤维素复合隔膜的制备过程和结构示意图[100]

藻类中也富含纤维素，如刚毛藻类纤维素（CC）的结晶度高达 95%，使其在环境湿度下吸湿性极低，避免了水分对电池的影响。除此之外，它的另一个特点是干燥后可以保持更多的孔结构，而不会发生团聚，CC 作为锂离子电池的隔膜具有良好的热稳定性，并且适用于高电压体系（图 2.51）[101]。

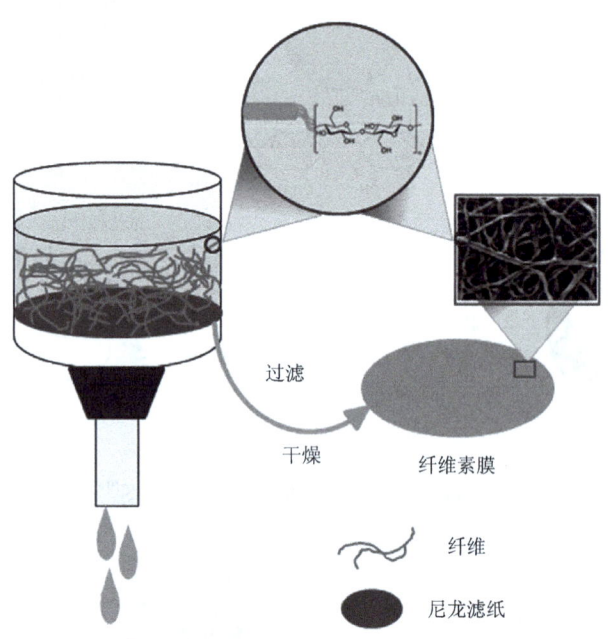

图 2.51　刚毛藻类纤维素隔膜的制备过程示意图[101]

为进一步提高电池的能量密度，需要使用高电压类的电极材料和电解液，这就意味着需要开发出耐高电压的隔膜材料。常用材料如 PVDF、PMMA、PET 等不能满足高电压电池的需求，Zhao 等[102]利用纤维素基体和聚碳酸丙烯酯（PPC）聚合物开发出耐 5V 高电压的凝胶电解质，突破了液态电解液对高电压的限制。当金属锂作为负极时，易被有机电解液腐蚀，在充放电循环过程中不断粉化，产生锂枝晶，刺破隔膜使正负极接触，造成内部短路。Goodenough 团队[103]采用面膜纸作为纤维素基多孔隔膜，可以有效地抑制锂硫电池中锂枝晶的形成问题（图 2.52）。低成本、多孔结构的纤维素隔膜，富含纳米孔和纳米棒，电解液浸润性高，其功能类似于固态电解质膜，与负极紧密接触可有效抑制锂枝晶的形成，极大地提高了电池的安全性能和电池容量。此外，由于锂离子的溶剂化作用，锂离子的迁移数降低，影响了电池的倍率性能，采用酒石酸硼酸锂盐（PLTB，图 2.53）单离子导体涂覆纤维素隔膜可使锂离子迁移数从 0.31 提高到 0.48，有效降低了由于阴离子在电极界面聚集而导致的浓差极化和副反应的发生，有利于提高倍率性能和循环寿命[104, 105]。

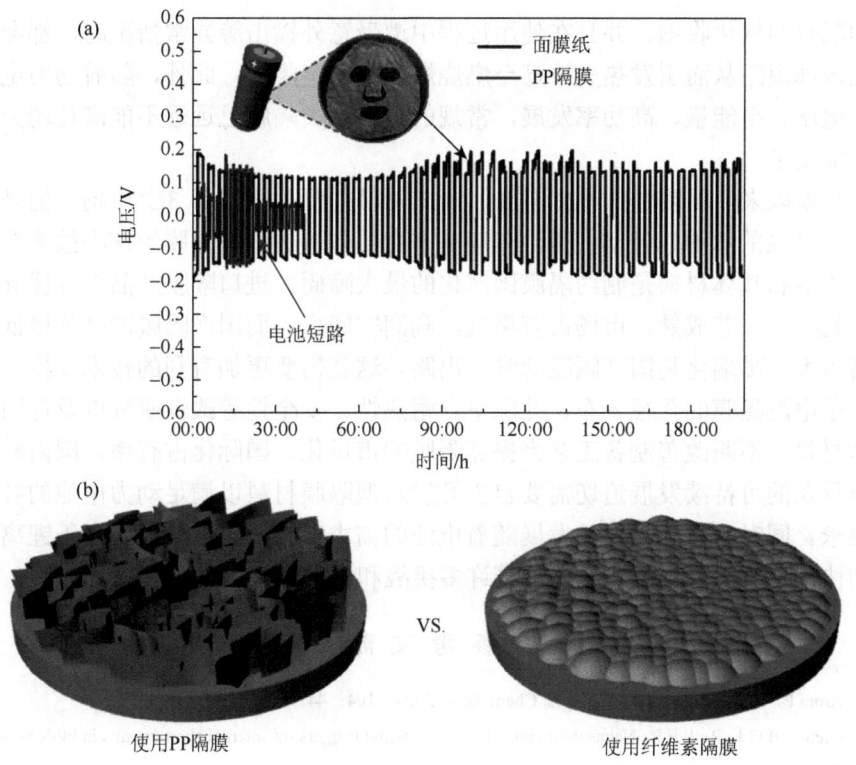

图 2.52 Celgard 2500 和纤维素基多孔隔膜的短路机制（a）及分别使用两种隔膜的电池在循环后 Li 金属表面形貌图（b）[103]

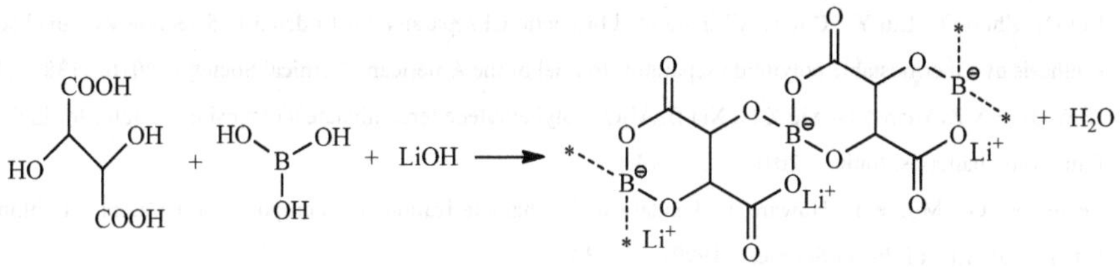

图 2.53 PLTB 的合成反应方程式[105]

2.4 结　语

随着化石能源短缺和环境污染问题的日益严峻，在政府与企业的双向推动下，电动汽车和清洁能源储能进入黄金发展期，成为锂离子电池发展的强大推动力。传统聚烯烃类隔膜材料一直是锂离子电池隔膜的主流材料，然而，相对于 3C 产品电池，动力电池的体积大，散热性能差，电池内部高温可引起有机电解液的分解和隔膜的软化收缩,并且在使用过程中遭受意外撞击等异常情况时,都会导致电池内部短路从而引发热失控甚至燃烧爆炸等安全隐患。此外,随着动力电池朝着高电压、高能量、高功率发展,常规的聚烯烃类隔膜已远远不能满足动力电池的性能要求。

长期以来,隔膜的国产化率低,国产隔膜主要占据低端 3C 市场,但是中高端 3C 产品的电池以及动力电池隔膜还是主要依赖进口。隔膜的核心技术专利、生产设备和基体材料是制约隔膜国产化的最大障碍。进口隔膜产品具有优异的性能,且生产工艺成熟,市场占有率高,利润空间大。而国产隔膜产品价格低、发展潜力大,高端化是国产隔膜的唯一出路。这就需要更加有利的技术支撑,如对锂离子电池隔膜的孔径分布、孔隙率、耐热性、安全性等改性研究以及选用新型基体材料,不断改善制备工艺来提高隔膜的市场化、国际化占有率。国内新能源汽车行业的可持续发展迫切需要自主开发新型隔膜材料以满足动力电池的各项性能要求。同时,电池隔膜的发展随着电池的需求变化而不断改变,对于锂离子电池的快速发展,隔膜行业正面临着许多挑战和机遇。

参 考 文 献

[1] Arora P, Zhang Z. Battery separators. Chem Rev, 2004, 104: 4419.

[2] Orendorff C J, Roth E P, Nagasubramanian G. Experimental triggers for internal short circuits in lithium-ion cells. Journal of Power Sources, 2011, 196: 6554.

[3] 汤雁, 苏晓倩, 刘浩杰. 锂电池隔膜测试方法评述. 信息记录材料, 2014, 15: 43.

[4] Zhang S S. A review on the separators of liquid electrolyte Li-ion batteries. Journal of Power Sources, 2007, 164: 351.

[5] 高昆, 胡信国, 伊廷锋. 锂离子电池聚烯烃隔膜的特性及发展现状. 电池工业, 2007, 12: 122.

[6] Lin D, Zhuo D, Liu Y, Cui Y. All-integrated bifunctional separator for Li dendrite detection via novel solution synthesis of a thermostable polyimide separator. Journal of the American Chemical Society, 2016, 138: 11044.

[7] Li W B, Li X Z, Yuan A B, Xie X H, Xia B. Al_2O_3/poly(ethylene terephthalate)composite separator for high-safety lithium-ion batteries. Ionics, 2016, 22: 2143.

[8] Venugopal G, Moore J, Howard J, Pendalwar S. Characterization of microporous separators for lithium-ion batteries. Journal of Power Sources, 1999, 77: 34.

[9] Balakrishnan P G, Ramesh R, Kumar T P. Safety mechanisms in lithium-ion batteries. Journal of Power Sources, 2006, 155: 401.

[10] Kim D W, Oh B, Park J H, Sun Y K. Gel-coated membranes for lithium-ion polymer batteries. Solid State Ionics, 2000, 138: 41.

[11] McCloskey B D, Bethune D S, Shelby R M, Girishkumar G, Luntz A C. Solvents' critical role in nonaqueous lithium-oxygen battery electrochemistry. J Phys Chem Lett, 2011, 2: 1161.

[12] McCloskey B D, Bethune D S, Shelby R M, Girishkumar G, Luntz A C. Supporting information for: the solvents' critical role in non-aqueous lithium-oxygen battery electrochemistry. J Phys Chem Lett, 2011, 2: 1161.

[13] Huang X. Separator technologies for lithium-ion batteries. Journal of Solid State Electrochemistry, 2011, 15: 649.

[14] Djian D, Alloin F, Martinet S, Lignier H. Macroporous poly(vinylidene fluoride)membrane as a separator for

lithium-ion batteries with high charge rate capacity. Journal of Power Sources, 2009, 187: 575.

[15] Ryou M H, Lee Y M, Park J K, Choi J W. Mussel-inspired polydopamine-treated polyethylene separators for high-power Li-ion batteries. Adv Mater, 2011, 23: 3066.

[16] Goodenough J B, Kim Y. Challenges for rechargeable Li batteries. Chemistry of Materials, 2010, 22: 587.

[17] 任小龙, 刘渝洁, 冯勇刚, 李爱新. 电池隔膜制造方法研究进展. 绝缘材料, 2007, 40: 36.

[18] 王艳, 何文, 张旭东, 张书振, 刘士坤. 锂离子电池隔膜的研究综述. 山东陶瓷, 2014, 37: 11.

[19] Lee H, Yanilmaz M, Toprakci O, Fu K, Zhang X. A review of recent developments in membrane separators for rechargeable lithium-ion batteries. Energy & Environmental Science, 2014, 7: 3857.

[20] 黄友桥, 管道安. 锂离子电池隔膜材料的研究进展. 船电技术, 2011, 11: 26.

[21] 张建军, 岳丽萍, 刘志宏, 段玉龙, 胡朴, 姚建华, 周新红, 崔光磊. 高安全性阻燃动力锂离子电池隔膜. 中国科学: 化学, 2014, 44: 1.

[22] 曹豫新, 王珂. 锂离子电池隔膜专用聚丙烯树脂的开发应用. 现代塑料加工应用, 2015, 27: 26.

[23] Costa C M, Silva M M, Lanceros-Méndez S. Battery separators based on vinylidene fluoride (VDF) polymers and copolymers for lithium ion battery applications. RSC Advances, 2013, 3: 11404.

[24] Liu F, Hashim N A, Liu Y, Abed M R M, Li K. Progress in the production and modification of PVDF membranes. Journal of Membrane Science, 2011, 375: 1.

[25] Kim K J, Kim J H, Park M S, Kwon H K, Kim H, Kim Y J. Enhancement of electrochemical and thermal properties of polyethylene separators coated with polyvinylidene fluoride-hexafluoropropylene co-polymer for Li-ion batteries. Journal of Power Sources, 2012, 198: 298.

[26] Gozdz A S, Schmutz C N, Tarascon J M, Warren P C. Method of making polymeric electrolytic cell separator membrane: US 5607485. 1997.

[27] Gozdz A S, Schmutz C N, Tarascon J M, Warren P C. Lithium secondary battery extraction method: US 5540741. 1996.

[28] Tarascona J M, Gozdz A S, Schmutz C, Shokoohi F, Warren P C. Performance of Bellcore's plastic rechargeable Li-ion batteries. Solid State Ionics, 1996, 86-88: 49.

[29] Pu W, He X, Wang L, Jiang C, Wan C. Preparation of PVDF-HFP microporous membrane for Li-ion batteries by phase inversion. Journal of Membrane Science, 2006, 272: 11.

[30] Zhang S S, Xu K, Foster D L, Ervin M H, Jow T R. Microporous gel electrolyte Li-ion battery. Journal of Power Sources, 2004, 125: 114.

[31] Lee Y M, Kim J W, Choi N S, Lee J A, Seol W H, Park J K. Novel porous separator based on PVdF and PE non-woven matrix for rechargeable lithium batteries. Journal of Power Sources, 2005, 139: 235.

[32] Zhu Y, Wang F, Liu L, Xiao S, Chang Z, Wu Y. Composite of a nonwoven fabric with poly (vinylidene fluoride) as a gel membrane of high safety for lithium ion battery. Energy & Environmental Science, 2013, 6: 618.

[33] Zhang B, Wang Q, Zhang J, Ding G, Xu G, Liu Z, Cui G. A superior thermostable and nonflammable composite membrane towards high power battery separator. Nano Energy, 2014, 10: 277.

[34] Carlmark A, Larsson E, Malmström E. Grafting of cellulose by ring-opening polymerisation-A review. European Polymer Journal, 2012, 48: 1646.

[35] Klemm D, Kramer F, Moritz S, Lindstrom T, Ankerfors M, Gray D, Dorris A. Nanocelluloses: a new family of nature-based materials. Angew Chem Int Ed Engl, 2011, 50: 5438.

[36] Zhang L, Liu Z, Cui G, Chen L. Biomass-derived materials for electrochemical energy storages. Progress in Polymer Science, 2015, 43: 136.

[37] 刘志宏，柴敬超，张建军，崔光磊. 高性能纤维素基复合锂离子电池隔膜研究进展. 高分子学报，2015，11：1246.

[38] Pinkert A, Marsh K N, Pang S, Staiger M P. Ionic liquids and their interaction with cellulose. Chem Rev, 2009, 109: 6712.

[39] 吴万涛. 聚芳砜酰胺纺丝工艺与纤维结构性能研究. 上海：东华大学硕士学位论文，2010.

[40] 樊孝红，蔡朝辉，吴耀根，叶舒展，徐冰. 锂离子电池隔膜的研究及发展现状. 中国塑料，2008，22：11.

[41] 姜玉珍. 锂离子电池隔膜生产技术现状. 电池，2014，44：180.

[42] Kim J Y, Lim D Y. Surface-modified membrane as a separator for lithium-ion polymer battery. Energies, 2010, 3: 866.

[43] 肖伟，巩亚群，王红，赵丽娜，刘建国，严川伟. 锂离子电池隔膜技术进展. 储能科学与技术，2016，5：188.

[44] Choi J A, Kim S H, Kim D W. Enhancement of thermal stability and cycling performance in lithium-ion cells through the use of ceramic-coated separators. Journal of Power Sources, 2010, 195: 6192.

[45] Fang J, Kelarakis A, Lin Y W, Kang C Y, Yang M H, Cheng C L, Wang Y, Giannelis E P, Tsai L D. Nanoparticle-coated separators for lithium-ion batteries with advanced electrochemical performance. Phys Chem Chem Phys, 2011, 13: 14457.

[46] Lee J Y, Bhattacharya B, Nho Y C, Park J K. New separator prepared by electron beam irradiation for high voltage lithium secondary batteries. Nuclear Instruments and Methods in Physics Research Section B: Beam Interactions with Materials and Atoms, 2009, 267: 2390.

[47] Chung Y S, Yoo S H, Kim C K. Enhancement of meltdown temperature of the polyethylene lithium-ion battery separator via surface coating with polymers having high thermal resistance. Ind Eng Chem Res, 2009, 48: 4346.

[48] Cho T H, Tanaka M, Ohnishi H, Kondo Y, Yoshikazu M, Nakamura T, Sakai T. Composite nonwoven separator for lithium-ion battery: development and characterization. Journal of Power Sources, 2010, 195: 4272.

[49] Jeong H S, Hong S C, Lee S Y. Effect of microporous structure on thermal shrinkage and electrochemical performance of Al_2O_3/poly（vinylidene fluoride-hexafluoropropylene）composite separators for lithium-ion batteries. Journal of Membrane Science, 2010, 364: 177.

[50] Jeong H S, Noh J H, Hwang C G, Kim S H, Lee S Y. Effect of solvent-nonsolvent miscibility on morphology and electrochemical performance of SiO_2/PVdF-HFP-based composite separator membranes for safer lithium-ion batteries. Macromolecular Chemistry and Physics, 2010, 211: 420.

[51] 张鹏，石川，杨婷婷，陈丽肖，赵金保. 功能性隔膜材料的研究进展. 科学通报，2013，31：3124.

[52] Kim M, Han G Y, Yoon K J, Park J H. Preparation of a trilayer separator and its application to lithium-ion batteries. Journal of Power Sources, 2010, 195: 8302.

[53] Sohn J Y, Gwon S J, Choi J H, Shin J, Nho Y C. Preparation of polymer-coated separators using an electron beam irradiation. Nuclear Instruments and Methods in Physics Research Section B: Beam Interactions with Materials and Atoms, 2008, 266: 4994.

[54] Gao K, Hu X, Yi T, Dai C. PE-g-MMA polymer electrolyte membrane for lithium polymer battery. Electrochimica Acta, 2006, 52: 443.

[55] Kim J Y, Lee Y, Lim D Y. Plasma-modified polyethylene membrane as a separator for lithium-ion polymer battery. Electrochimica Acta, 2009, 54: 3714.

[56] Jeon H, Jin S Y, Park W H, Lee H, Kim H T, Ryou M H, Lee Y M. Plasma-assisted water-based Al_2O_3 ceramic coating for polyethylene-based microporous separators for lithium metal secondary batteries. Electrochimica Acta, 2016, 212: 649.

[57] Sohn J Y, Im J S, Shin J, Nho Y C. PVDF-HFP/PMMA-coated PE separator for lithium ion battery. Journal of Solid State Electrochemistry, 2011, 16: 551.

[58] Park J H, Park W, Kim J H, Ryoo D, Kim H S, Jeong Y U, Kim D W, Lee S Y. Close-packed poly (methyl methacrylate) nanoparticle arrays-coated polyethylene separators for high-power lithium-ion polymer batteries. Journal of Power Sources, 2011, 196: 7035.

[59] Park J H, Cho J H, Park W, Ryoo D, Yoon S J, Kim J H, Jeong Y U, Lee S Y. Close-packed SiO_2/poly (methyl methacrylate) binary nanoparticles-coated polyethylene separators for lithium-ion batteries. Journal of Power Sources, 2010 195: 8306.

[60] Fang L F, Shi J L, Zhu B K, Zhu L P. Facile introduction of polyether chains onto polypropylene separators and its application in lithium ion batteries. Journal of Membrane Science, 2013, 448: 143.

[61] Liu H, Dai Z, Xu J, Guo B, He X. Effect of silica nanoparticles/poly (vinylidene fluoride-hexafluoropropylene) coated layers on the performance of polypropylene separator for lithium-ion batteries. Journal of Energy Chemistry, 2014, 23: 582.

[62] Lee Y, Lee H, Lee T, Ryou M H, Lee Y M. Synergistic thermal stabilization of ceramic/co-polyimide coated polypropylene separators for lithium-ion batteries. Journal of Power Sources, 2015, 294: 537.

[63] Kritzer P. Nonwoven support material for improved separators in Li-polymer batteries. Journal of Power Sources, 2006, 161: 1335.

[64] 倪冰选, 焦晓宁. 电池隔膜用聚丙烯非织造布改性研究. 非织造布, 2008, 16: 20.

[65] Jeong H S, Choi E S, Kim J H, Lee S Y. Potential application of microporous structured poly (vinylidene fluoride-hexafluoropropylene) /poly (ethylene terephthalate) composite nonwoven separators to high-voltage and high-power lithium-ion batteries. Electrochimica Acta, 2011, 56: 5201.

[66] Jeong H S, Kim J H, Lee S Y. A novel poly (vinylidene fluoride-hexafluoropropylene) /poly (ethylene terephthalate) composite nonwoven separator with phase inversion-controlled microporous structure for a lithium-ion battery. Journal of Materials Chemistry, 2010, 20: 9180.

[67] Choi E S, Lee S Y. Particle size-dependent, tunable porous structure of a SiO_2/poly (vinylidene fluoride-hexafluoropropylene) -coated poly (ethylene terephthalate) nonwoven composite separator for a lithium-ion battery. Journal of Materials Chemistry, 2011, 21: 14747.

[68] Cho J H, Park J H, Kim J H, Lee S Y. Facile fabrication of nanoporous composite separator membranes for lithium-ion batteries: poly (methyl methacrylate) colloidal particles-embedded nonwoven poly (ethylene terephthalate). Journal of Materials Chemistry, 2011, 21: 8192.

[69] Bhardwaj N, Kundu S C. Electrospinning: a fascinating fiber fabrication technique. Biotechnol Adv, 2010, 28: 325.

[70] Huang Z M, Zhang Y Z, Kotaki M, Ramakrishna S. A review on polymer nanofibers by electrospinning and their applications in nanocomposites. Composites Science and Technology, 2003, 63: 2223.

[71] Frenot A, Chronakis I S. Polymer nanofibers assembled by electrospinning. Current Opinion in Colloid & Interface Science, 2003, 8: 64.

[72] Jiang W, Liu Z, Kong Q, Yao J, Zhang C, Han P, Cui G. A high temperature operating nanofibrous polyimide separator in Li-ion battery. Solid State Ionics, 2013, 232: 44.

[73] Choi S S, Lee Y S, Joo C W, Lee S G, Park J K, Han K S. Electrospun PVDF nanofiber web as polymer electrolyte or separator. Electrochimica Acta, 2004 50: 339.

[74] Hwang K, Kwon B, Byun H. Preparation of PVdF nanofiber membranes by electrospinning and their use as secondary battery separators. Journal of Membrane Science, 2011, 378: 111.

[75] Cavaliere S, Subianto S, Savych I, Jones D J, Rozière J. Electrospinning: designed architectures for energy conversion and storage devices. Energy & Environmental Science, 2011, 4: 4761.

[76] Yu D G, Branford-White C J, Chatterton N P, White K, Zhu L M, Shen X X, Nie W. Electrospinning of concentrated polymer solutions. Macromolecules, 2010, 43: 10743.

[77] Fang C, Yang S, Zhao X, Du P, Xiong J. Electrospun montmorillonite modified poly (vinylidene fluoride) nanocomposite separators for lithium-ion batteries. Materials Research Bulletin, 2016, 79: 1.

[78] Liang Y, Cheng S, Zhao J, Zhang C, Sun S, Zhou N, Qiu Y, Zhang X. Heat treatment of electrospun polyvinylidene fluoride fibrous membrane separators for rechargeable lithium-ion batteries. Journal of Power Sources, 2013, 240: 204.

[79] Hao J, Lei G, Li Z, Wu L, Xiao Q, Wang L. A novel polyethylene terephthalate nonwoven separator based on electrospinning technique for lithium ion battery. Journal of Membrane Science, 2013, 428: 11.

[80] Mousavi M R, Rafizadeh M, Sharif F. Effect of electrospinning on the ionic conductivity of polyacrylonitrile/polymethyl methacrylate nanofibrous membranes: optimization based on the response surface method. Iranian Polymer Journal, 2016, 25: 525.

[81] Cho T H, Tanaka M, Onishi H, Kondo Y, Nakamura T, Yamazaki H, Tanase S, Sakai T. Battery performances and thermal stability of polyacrylonitrile nano-fiber-based nonwoven separators for Li-ion battery. Journal of Power Sources, 2008, 181: 155.

[82] Raghavan P, Manuel J, Zhao X, Kim D S, Ahn J H, Nah C. Preparation and electrochemical characterization of gel polymer electrolyte based on electrospun polyacrylonitrile nonwoven membranes for lithium batteries. Journal of Power Sources, 2011, 196: 6742.

[83] Gopalan A I, Santhosh P, Manesh K M, Nho J H, Kim S H, Hwang C G, Lee K P. Development of electrospun PVdF-PAN membrane-based polymer electrolytes for lithium batteries. Journal of Membrane Science, 2008, 325: 683.

[84] Zhong Z, Cao Q, Jing B, Li S, Wang X. Novel electrospun PAN-PVC composite fibrous membranes as polymer electrolytes for polymer lithium-ion batteries. Ionics, 2012, 18: 853.

[85] Lee J H, Manuel J, Choi H, Park W H, Ahn J H. Partially oxidized polyacrylonitrile nanofibrous membrane as a thermally stable separator for lithium ion batteries. Polymer, 2015, 68: 335.

[86] Liu Z, Jiang W, Kong Q, Zhang C, Han P, Wang X, Yao J, Cui G. A core@sheath nanofibrous separator for lithium ion batteries obtained by coaxial electrospinning. Macromolecular Materials and Engineering, 2013, 298: 806.

[87] Song J, Ryou M H, Son B, Lee J N, Lee D J, Lee Y M, Choi J W, Park J K. Co-polyimide-coated polyethylene separators for enhanced thermal stability of lithium ion batteries. Electrochimica Acta, 2012, 85: 524.

[88] Ding J, Kong Y, Li P, Yang J. Polyimide/poly (ethylene terephthalate) composite membrane by electrospinning for nonwoven separator for lithium-ion battery. Journal of the Electrochemical Society, 2012, 159: A1474.

[89] Zhang J, Yue L, Kong Q, Liu Z, Zhou X, Zhang C, Pang S, Wang X, Yao J, Cui G. A heat-resistant silica nanoparticle enhanced polysulfonamide nonwoven separator for high-performance lithium ion battery. Journal of the Electrochemical Society, 2013, 160: A769.

[90] Zhou X, Yue L, Zhang J, Kong Q, Liu Z, Yao J, Cui G. A core-shell structured polysulfonamide-based composite nonwoven towards high power lithium ion battery separator. Journal of the Electrochemical Society, 2013, 160: A1341.

[91] 崔光磊, 刘志宏, 江文, 姚建华, 韩鹏献, 徐红霞. 聚酰亚胺基纳米纤维膜及制法和应用: CN 102251307 B. 2013.

[92] 孔庆山, 崔光磊, 刘志宏, 徐泉, 张建军, 徐红霞. 一种超声辅助的静电纺丝纳米纤维制备装置: CN 203096243 U. 2013.

[93] Wang Y, Zhan H, Hu J, Liang Y, Zeng S. Wet-laid non-woven fabric for separator of lithium-ion battery. Journal of Power Sources, 2009, 189: 616.

[94] Zhang J, Kong Q, Liu Z, Pang S, Yue L, Yao J, Wang X, Cui G. A highly safe and inflame retarding aramid lithium ion battery separator by a papermaking process. Solid State Ionics, 2013, 245-246: 49.

[95] Xu Q, Kong Q, Liu Z, Wang X, Liu R, Zhang J, Yue L, Duan Y, Cui G. Cellulose/polysulfonamide composite membrane as a high performance lithium-ion battery separator. ACS Sustainable Chemistry & Engineering, 2014, 2: 194.

[96] Chun S J, Choi E S, Lee E H, Kim J H, Lee S Y, Lee S Y. Eco-friendly cellulose nanofiber paper-derived separator membranes featuring tunable nanoporous network channels for lithium-ion batteries. Journal of Materials Chemistry, 2012, 22: 16618.

[97] Kim J H, Kim J H, Choi E S, Yu H K, Kim J H, Wu Q, Chun S J, Lee S Y, Lee S Y. Colloidal silica nanoparticle-assisted structural control of cellulose nanofiber paper separators for lithium-ion batteries. Journal of Power Sources, 2013, 242: 533.

[98] Zhang J, Liu Z H, Kong Q S, Zhang CJ, Pang SP, Yue LP, Wang XG, Yao J H, Cui G L. Renewable and superior thermal-resistant cellulose-based composite nonwoven as lithium-ion battery separator. ACS Appl Mater Interfaces, 2013, 5: 128.

[99] Zhang J, Yue L, Kong Q, Liu Z, Zhou X, Zhang C, Xu Q, Zhang B, Ding G, Qin B, Duan Y, Wang Q, Yao J, Cui G, Chen L. Sustainable, heat-resistant and flame-retardant cellulose-based composite separator for high-performance lithium ion battery. Sci Rep, 2014, 4: 3935.

[100] Xu Q, Kong Q, Liu Z, Zhang J, Wang X, Liu R, Yue L, Cui G. Polydopamine-coated cellulose microfibrillated membrane as high performance lithium-ion battery separator. RSC Advances, 2014, 4: 7845.

[101] Pan R, Cheung O, Wang Z, Tammela P, Huo J, Lindh J, Edström K, Strømme M, Nyholm L. Mesoporous Cladophora cellulose separators for lithium-ion batteries. Journal of Power Sources, 2016, 321: 185.

[102] Zhao J, Zhang J, Hu P, Ma J, Wang X, Yue L, Xu G, Qin B, Liu Z, Zhou X, Cui G. A sustainable and rigid-flexible coupling cellulose-supported poly (propylene carbonate) polymer electrolyte towards 5 V high voltage lithium batteries. Electrochimica Acta, 2016, 188: 23.

[103] Yu B C, Park K, Jang J H, Goodenough J B. Cellulose-based porous membrane for suppressing Li dendrite formation in lithium-sulfur battery. ACS Energy Letters, 2016, 1: 633.

[104] Ding G, Qin B, Liu Z, Zhang J, Zhang B, Hu P, Zhang C, Xu G, Yao J, Cui G. A polyborate coated cellulose composite separator for high performance lithium ion batteries. Journal of The Electrochemical Society, 2015, 162: A834.

[105] Wang X, Liu Z, Zhang C, Kong Q, Yao J, Han P, Jiang W, Xu H, Cui G. Exploring polymeric lithium tartaric acid borate for thermally resistant polymer electrolyte of lithium batteries. Electrochimica Acta, 2013, 92: 132.

第3章 聚合物电解质

3.1 聚合物电解质简介

目前，商业化的液态锂离子电池普遍采用有机碳酸酯溶剂（碳酸乙烯酯、碳酸丙烯酯、碳酸二甲酯等）溶解锂盐（六氟磷酸锂、双氟草酸硼酸锂、三氟甲基磺酰亚胺锂等）形成液态电解质，因此存在易泄漏、易燃烧、易爆炸等潜在的安全隐患，极大地限制了该类液态电解质的进一步大规模应用。

聚合物电解质是一类能够传输锂离子并可以有效隔绝正负极接触短路的聚合物薄膜。聚合物电解质，根据它们的组成和形态可以分为两大类：固态聚合物电解质（SPE）和凝胶聚合物电解质（GPE）。固态聚合物电解质，不含有任何有机溶剂，因此用于锂电池时，安全性极高，特别适用于高能量密度、高安全动力电池。1973 年，Wright 等发现聚环氧乙烷（PEO）与碱金属盐掺杂时具有离子导电的性能[1]。之后，Armand 等发现聚环氧乙烷/锂盐体系可以被应用于电池等电化学器件中，这一重大发现为发展高性能锂电池开辟了新的方向。固态聚合物电解质，按其聚合物基体的不同，主要包括以下三类：聚环氧乙烷类、脂肪族聚碳酸酯类和硅基聚合物。

聚环氧乙烷基固态聚合物电解质，是研究最早，也是研究最多的一类固态聚合物电解质体系。其优点在于：与锂负极兼容性好，化学稳定性高。缺点是：结晶度高，导致室温锂离子电导率偏低，因此需要在相对高的温度（60~80℃）下运行；电化学稳定窗口较窄（≤4V），不能搭配高电压的正极材料，组装成的固态电池整体质量能量密度偏低；尺寸热稳定性不好（熔点为 55~64℃）；机械强度偏低（≤10MPa）。

脂肪族聚碳酸酯固态聚合物电解质，其研究相对较晚，但却是目前研究最热门的固态聚合物电解质体系。脂肪族聚碳酸酯固态聚合物电解质，主要包括聚三亚甲基碳酸酯、聚碳酸乙烯酯、聚碳酸丙烯酯和聚碳酸亚乙烯酯等四大类。相对于高结晶度的 PEO 体系，其优势在于：脂肪族聚碳酸酯为无定形结构，高分子链柔顺性高，更有利于锂离子的传输，室温离子电导率更高；另外，电化学稳定窗口更高（达到 4.45V）；尺寸热稳定性好（≥150℃）。其需要解决的主要问题是：与碱性电极材料的兼容性和稳定性。

硅基聚合物固态聚合物电解质，尺寸热稳定性好，电化学稳定窗口高。但由于主链为聚硅氧烷链,室温离子电导率偏低。如果在侧链位置接入聚硅氧烷,由于空间位阻以及链柔顺性的影响,其室温离子电导率将会得到巨大的提升。

固态聚合物电解质,其室温离子电导率相对于液态电解质仍然很低,并且固态电解质与正负极界面的高界面阻抗和兼容性差也是急需解决的问题。凝胶聚合物电解质,兼顾了液态电解质的高室温离子电导率和固态聚合物电解质的高安全性,是一类非常有前途的聚合物电解质体系。凝胶聚合物电解质主要由聚合物基体、锂盐和增塑剂(主要为有机碳酸酯溶剂,少部分为离子液体)三部分构成。常见的凝胶聚合物电解质的基体为聚丙烯酸酯、聚偏氟乙烯基聚合物、氰基聚合物(聚丙烯腈、含有氰基丙烯酸酯)、聚乙烯醇、马来酸酐基聚合物等。虽然凝胶聚合物电解质已经发展了很长时间,但动力锂电池和智能设备用锂电池不断发展,对凝胶聚合物电解质的性能要求越来越高。例如,进一步开发新型聚合物基体材料(生物质材料),丰富聚合物电解质的种类和可持续性;开发耐高电压的聚合物电解质,提高聚合物电解质的抗氧化性,进而搭配高电压正极材料;开发多功能(高电化学稳定窗口、与锂负极兼容性好)的聚合物电解质,制备高电压锂金属电池,提高电池能量密度;开发阻燃的凝胶聚合物电解质,提高其阻燃性;开发耐热冲击的凝胶聚合物电解质,提高其安全性;开发智能多重性能的聚合物电解质,如自修复的固态电解质,提高其在特殊环境和天气下的智能性;开发柔性可拉伸聚合物电解质,迎接可穿戴智能设备的挑战。

鉴于固态聚合物电解质和凝胶聚合物电解质的优势,由聚合物基体和锂盐组成的聚合物电解质体系,有希望成为高能锂二次电池的主流材料体系[2]。

3.2 聚合物电解质的基本性能要求及主要测试手段

3.2.1 聚合物电解质的基本性能要求

聚合物电解质夹在电池正负极之间,起到防止电池短路和传导锂离子的双重作用。因此,聚合物电解质的性能对锂电池的性能有重要的影响,性能良好的聚合物电解质一般需要满足以下几点要求:

(1)离子电导率。聚合物电解质在室温下需要具有尽可能高的离子电导率,保证锂电池具有较理想的大倍率充放电能力,缩短充电时间。

(2)锂离子迁移数。代表电解质传输锂离子的能力,高的锂离子迁移数可以有效降低电池充放电过程中的欧姆极化,抑制锂枝晶形成,是决定锂电池充放电性能的重要因素之一。

(3)电子绝缘性。聚合物电解质需具有隔绝正负电极、防止电池短路的作用,因此聚合物电解质必须具有优异的电子绝缘性。

（4）与锂负极兼容性。锂金属负极是发展高能量密度金属锂电池的潜在选择，要求聚合物电解质与锂金属负极具有良好的界面稳定性，进而实现锂离子的均匀稳定沉积和溶出。

（5）机械性能。聚合物电解质必须具有良好的机械性能：高拉伸强度、高杨氏模量以及极佳的柔韧性。高的拉伸强度会有利于聚合物电解质的加工，高的杨氏模量会有效抑制充放电过程中锂枝晶穿透聚合物电解质，极佳的柔韧性可以将聚合物电解质拓展应用于柔性可穿戴电池领域，同时，高的机械性能也是实现大规模卷对卷制备工艺的材料基础。

（6）热稳定性。包括化学热稳定性和尺寸热稳定性。化学热稳定性即材料在高温条件下保持稳定，不能发生分解或降解；尺寸热稳定性即聚合物电解质膜材料在高温储存时，尺寸收缩率要尽可能小（一般150℃条件下小于1%），高的尺寸热稳定性，会极大提升锂电池在高温运行或储存时的安全性。

（7）化学稳定性。聚合物电解质不能或尽可能少与电解液、正负极材料发生化学反应，包括电极偶合化学反应。

（8）电化学稳定性。即聚合物电解质在一定的充放电电压区间内不发生副反应，也不与正负极发生氧化还原反应。

（9）价格低廉，制备工艺简单，容易大面积成型制备，进而实现商业化推广。

3.2.2 聚合物电解质的主要测试手段

聚合物电解质的测试主要分为材料基本性能测试和电化学测试，其中，材料基本性能测试主要包括：扫描电子显微镜、X射线衍射、X射线光电子能谱、拉曼光谱、红外光谱、核磁共振谱、差示扫描量热法、热重分析法、力学拉伸测试等；电化学测试主要包括：循环伏安、电化学稳定窗口、离子电导率、离子迁移数、倍率充放电、长循环性能等。材料基本性能、循环伏安、倍率充放电等测试在隔膜和黏结剂两章中作详细介绍，故本章不做讨论。本部分重点介绍电化学稳定窗口、离子电导率、离子迁移数等关键参数的测定和固态核磁的应用。

1. 电化学稳定窗口

电化学稳定窗口，是聚合物电解质能够稳定工作的电压范围。锂电池的工作电压范围一般为 $3 \sim 4.5 \mathrm{V}$（$vs.$ Li/Li^+），这就要求聚合物电解质能够在该电化学稳定窗口内保证电池正常稳定工作。测试聚合物电解质电化学稳定窗口是通过在室温或使用温度下，一般情况下是以金属锂片为负极和参考电极、不锈钢片为正极，将聚合物电解质夹在锂片和钢片之间构成三电极体系，采用电化学工作站，进行线性扫描伏安法测试或循环伏安测试。通常测试范围在 0~6V，设定一个合适的电压扫速，对三电极体系进行测试。

2. 离子电导率

离子电导率通常通过电化学阻抗谱（electrochemical impedance spectroscopy，EIS）测试。电化学阻抗谱方法是一种以小振幅的正弦波电位为扰动信号的电测量方法。由于以小振幅的电信号对体系进行扰动，一方面可避免对体系产生大的影响，另一方面也使得扰动与体系的响应之间近似呈线性关系，这就使得测量结果的数学处理变得简单。通过 EIS 测试得到聚合物电解质的阻抗，再根据如下公式计算聚合物电解质的离子电导率：

$$\sigma = L/RS \tag{3-1}$$

式中：σ——离子电导率（S/cm）；L——电解质厚度（cm）；R——电解质阻抗（Ω）；S——电解质面积（cm^2）。

3. 离子迁移数

聚合物电解质锂离子迁移数的测试方法是，将聚合物电解质夹在两个锂片中间，组装电池，先用 EIS 测试初始阻抗值，再对其施加一个直流电压，得到一个初始电流和稳态电流。然后测试其稳态阻抗值，得到的数据按照如下公式计算锂离子迁移数。

$$t^+ = \frac{I_s(\Delta V - I_0 R_0^{el})}{I_0(\Delta V - I_s R_s^{el})} \tag{3-2}$$

式中：t^+——离子迁移数；ΔV——加在电池两端的电压（V）；R_0^{el}——初始阻抗值（Ω）；R_s^{el}——稳态阻抗值（Ω）；I_0——初始电流（A）；I_s——稳态电流（A）。

4. 固态核磁

固体高分辨核磁共振（solid-state high resolution nuclear magnetic resonance，固体 NMR）技术是一种重要的结构分析手段。它研究的是各种核周围的不同局域环境，即中短程相互作用，非常适用于研究固体材料的微观结构，能够提供非常丰富细致的结构信息，既可对结晶度较高的固体物质的结构分析，也可用于结晶度较低的固体物质及非晶质的结构分析。固体 NMR 与 X 射线衍射、中子衍射、电子衍射等研究固体长程整体结构的方法互为补充。特别是研究非晶体时，由于其不存在长程有序，固体 NMR 方法就更为重要。现在固体 NMR 已广泛用于研究无机材料（如分子筛、催化剂、陶瓷、玻璃等）和有机材料（如高分子聚合物、膜蛋白等）的微结构。

固态电池中电极-固态电解质的界面接触电阻更大，因此界面相容性问题主要影响了电池的电化学性能。而针对目前固态电池中的固-固界面的表征，有效的方法不多。固态核磁共振是一种材料无损的、高度选择性的测试方法，它主要通过固体核磁共振谱中的化学位移变化来考察原子核与原子核之间的相互作用及各原子的局部微环境，从而有效地检测电池材料（电极材料和固态电解质）中的体相信息。固态核磁共振可以探测含锂多相电池材料体系（如多种含锂的电极材料之间或者含锂的电极材料和含锂电解质之间）自发性的锂离子交换，从而获得电荷在多相界面中传输的选择性信息。

3.3 固态聚合物电解质

固态聚合物电解质（SPE）一般由聚合物基体和锂盐组成。体系中不含溶剂，是安全性能极高的干态聚合物电解质。制备过程一般是将聚合物和适量的锂盐溶于有机溶剂中，然后涂覆在支撑材料的两侧，烘干后得到固态聚合物电解质膜，这种方法也被称为溶液浇注法。除此之外，还有热压法、熔融挤出法、原位聚合法等。与传统的液态锂离子电池相比，选用 SPE 的固态锂电池具有较高的能量密度、高安全性、无电解液泄漏隐患、易被加工成各种形状、可被制成超薄电池、高温条件下工作不产气等诸多优点。但是，SPE 在室温下离子电导率较低，通常为 $10^{-8} \sim 10^{-5}$ S/cm[3]，很难满足室温条件下的实际应用（要求室温离子电导率达到 10^{-3} S/cm 数量级），固态锂电池一般需要在 60~80℃下运行。

目前，研究较多的聚合物电解质体系有聚环氧乙烷、氰基聚合物、脂肪族聚碳酸酯、硅基聚合物、氰基丙烯酸酯和聚偏氟乙烯等，本章主要针对以上几种聚合物体系进行分类讨论。

3.3.1 聚环氧乙烷基固态聚合物电解质

聚环氧乙烷（PEO）是研究最早和使用最广泛的固态聚合物电解质基体材料，Wright 教授等在 1973 年发现 PEO 与盐的络合物共混具有离子电导率[1]。1979年聚合物电解质应用到锂电池中，PEO 聚合物电解质传输锂离子的机理如图 3.1 所示[4]。

锂盐中解离出的 Li^+ 与 PEO 聚合物链段中无定形区域的 O 原子不断进行络合和解离，从而实现 Li^+ 在 PEO 链段中的传导[5-8]。因此，Li^+ 的传导速度与 PEO 链段运动快慢密切相关。但是，室温下 PEO 具有较高的结晶性，导致聚合物链段运动缓慢，因此 PEO 聚合物电解质的室温离子电导率较低（40~100℃离子电导率

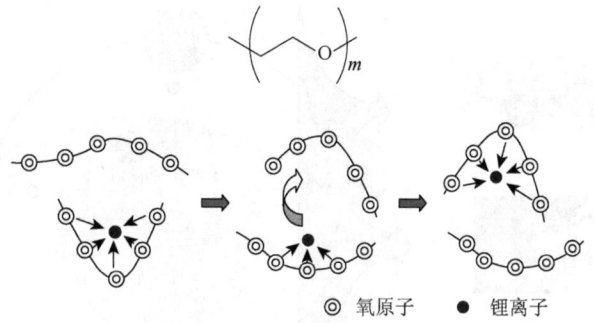

图 3.1　PEO 聚合物电解质传输锂离子的机理示意图[4]

为 $10^{-8}\sim10^{-4}$S/cm），这大大限制了 PEO 在锂电池中的实际应用。理想的聚合物电解质体系应该具备低的玻璃化转变温度，在室温下保持橡胶态，这样才能实现与液态电解质相当的离子电导率。为了进一步提高 PEO 聚合物电解质的离子电导率，通常会对 PEO 进行改性。其目的是增加链段柔顺性，降低 PEO 的结晶度。改性方法包括共混或共聚、引入侧链和添加填料等。

1. 共混或共聚

PEO 与其他一种或者几种聚合物共混或者共聚可以在一定程度上打乱 PEO 分子链的有序性，增加聚合物链的柔顺性，降低结晶度。同时也可以综合两种物质的优点，提高聚合物电解质的电化学性能和力学性能。青岛储能产业技术研究院在中国太极传统文化的启发下，借鉴"刚柔并济"的思想，通过共混手段得到了一种电化学性能和力学性能均大幅提升的复合型固态聚合物电解质[9]（图 3.2）。"刚"即采用刚性骨架支撑材料，如纤维素无纺布膜，提供力学支撑和安全性；"柔"即柔性聚合物离子传输材料，使锂离子快速输运并提供良好的界面相容性；"并济"即两种或多种材料达到优势互补，浑然天成，进而实现固态聚合物电解质综合性能的大幅度提升。具体方法是，将 PEO、聚氰基丙烯酸酯（PCA）和二草酸硼酸锂（LiBOB）按照质量比 10∶2∶1 共溶于溶剂后，再涂布于自制的纤维素基材膜上。该固态电解质薄膜中的纤维素基材具有优异的力学性能，为固态聚合物电解质提供刚性骨架，而其中的固态电解质复合物（PCA-PEO）则提供 Li^+ 输运通道。利用该固态聚合物电解质组装成的 $LiFePO_4$/Li 电池表现出优异的倍率性能和稳定的循环特性，并且大大提高了电池的安全性，甚至在 160℃条件下充放电仍比较稳定，安全性极高[10]。

为了有效降低 PEO 的结晶度，提升其离子电导率，Tanaka 等将 PEO 与聚乙烯亚胺（PEI）共混得到的新固态聚合物电解质体系[PEO/PEI（8∶2）]$_{10}$-LiClO$_4$ 在 30℃下的离子电导率为 10^{-4}S/cm。该固态聚合物电解质的离子电导率是不加溶

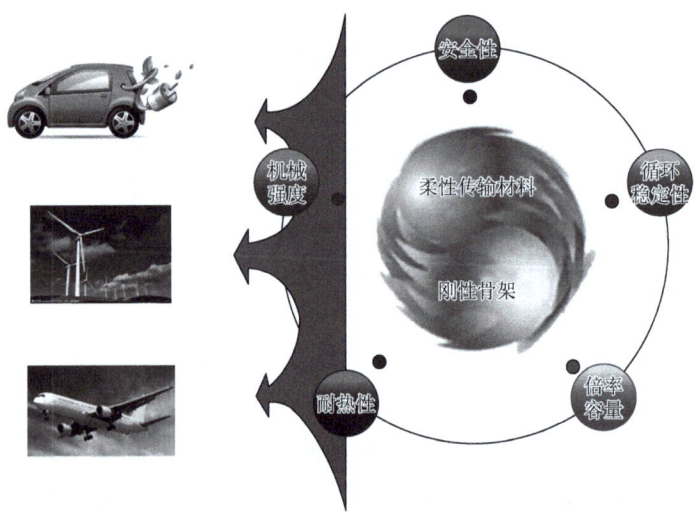

图 3.2 "刚柔并济"聚合物电解质的设计理念[9]

剂和低分子量的 PEO-LiClO₄ 体系中最高的。这也说明 PEO 和 PEI 共混能够降低彼此的结晶度,得到性能更优的聚合物电解质[11]。

PEO 的电化学稳定窗口较低,难以搭配高电位正极材料,因而限制了其在高电压锂电池中的应用,PEO 与聚丙烯腈(PAN)共聚得到的 PAN-PEO-LiClO₄ 电解质在 25℃下的离子电导率为 6.79×10^{-4}S/cm([EO]/[Li] = 10),并且该聚合物电解质的电化学性能得到大幅提高。此外,PAN 的加入也可以有效抑制循环过程中锂枝晶的产生。该文献也报道,PAN-PEO 交联的固态聚合物电解质有望适用于高电压锂电池体系(如采用高电压钴酸锂和镍锰酸锂正极材料)[12]。

2. 引入侧链

向 PEO 主链中引入侧链是另一种降低 PEO 氧乙烯链段结晶度的方法。例如,引入短醚侧链可以提高离子传输速率,获得更高的离子电导率;引入羟乙胺可以更好地溶剂化锂盐。在 PEO 主链引入 2-(2-甲氧基乙氧基)乙基缩水甘油醚(MEEGE)侧链形成梳状聚合物,可以有效降低 PEO 链段的结晶度,提高聚合物电解质的离子电导率。图 3.3 为该梳状聚合物 P(EO/MEEGE)的结构式和 P(EO/MEEGE)-LiTFSI([Li]/[O] = 0.06)固态聚合物电解质的结晶度和离子电导率与侧链 MEEGE 含量关系的曲线图。从图中可以看出,随着 MEEGE 摩尔分数的逐步升高,聚合物电解质体系的结晶度大大降低,同时,MEEGE 侧链的引入在一定程度上也可以提高聚合物电解质的离子电导率[13]。

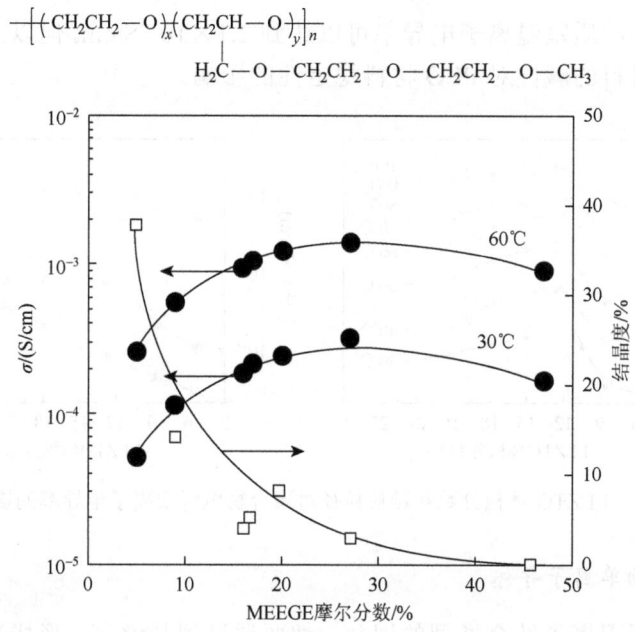

图 3.3 P(EO/MEEGE)的结构式以及电解质的结晶度和离子电导率与 MEEGE 含量的关系曲线图[13]

3. 添加填料

通常在固态 PEO 聚合物电解质中加入填料会提高其综合性能,主要有以下原因:填料的加入会降低 PEO 聚合物的结晶度,尤其是对 PEO 这种在室温下结晶度较高的聚合物来说,可以增大无定形相区,以利于 Li$^+$ 迁移;在 PEO 聚合物电解质中加入填料也可以在填料附近形成快速 Li$^+$ 通道;同时,也可以增加聚合物电解质的力学性能,如杨氏模量和界面稳定性[14-16]。

现在被广泛研究的填料主要有两种:一种是惰性填料,包括陶瓷氧化物(如 Al_2O_3、TiO_2、SiO_2 等)、铁电陶瓷材料(如 $BaTiO_3$ 等)、超强酸性氧化物(如酸性 ZrO_2、琥珀腈等)、黏土(如蒙脱土等)。

另一种填料是无机快锂离子导体,如马里兰大学胡良兵研究员将锂镧锆钽氧(LLZTO)纳米线和 PEO 共混,得到高室温离子电导率的固态聚合物电解质[17],但需要注意的是,结晶性好的 LLZTO 纳米线的大规模大面积制备仍是急需解决的关键问题。郭向欣研究员[18]通过将 PEO 与 LLZTO 纳米颗粒按照一定比例混合,结合渗流阈值理论详细阐述了 LLZTO 添加量和纳米粒子粒径对固态聚合物电解质电化学和电池性能的影响(图 3.4),并发现颗粒粒径为 43nm,LLZTO 与固态聚合物电解质的体积比为 12.7%时,得到的有机无机复合聚合物电解质室温离子电导率可以达到 2.1×10^{-4} S/cm，但以上材料复合时要注意无机材料的碱性对 PEO 材料稳定性的影响。

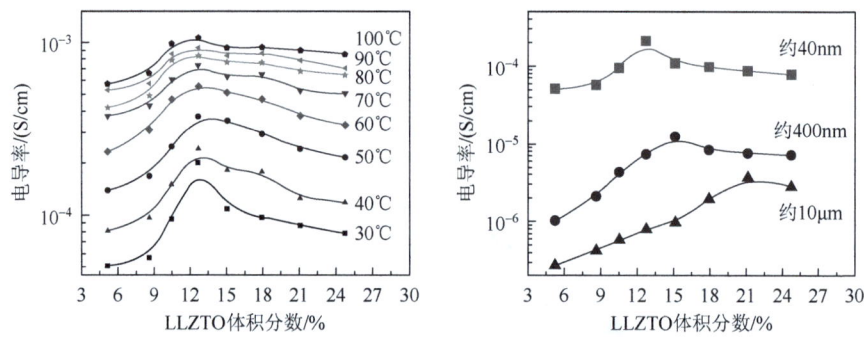

图 3.4　LLZTO 体积分数和颗粒粒径对聚合物电解质离子电导率的影响[18]

4. 聚合物单离子导体

传统的阴阳离子结合类型的锂盐，都要通过锂盐解离，形成自由游离的锂离子后才能进行锂离子的传输，通常具有较低的锂离子迁移数，严重影响电池的电化学性能。相比较而言，聚合物单离子导体电解质中阴离子几乎不发生迁移，锂离子迁移数较高，接近于 1，被认为是目前解决锂电池浓差极化的理想选择[19-21]。

1995 年，Armand 提出用强吸电子基团氟化烷基代替普通烃基基团可以促进锂离子的解离。图 3.5 所示为聚[(4-苯乙烯磺酰基)(氟磺酰基)酰亚胺锂](LiPSFSI) 的合成过程。将 LiPSFSI 与 PEO 共混制备的聚合物电解质展现出较高的离子导电性，锂离子迁移数为 0.9，在 4.5V 下具有较稳定的电化学稳定窗口[22]。

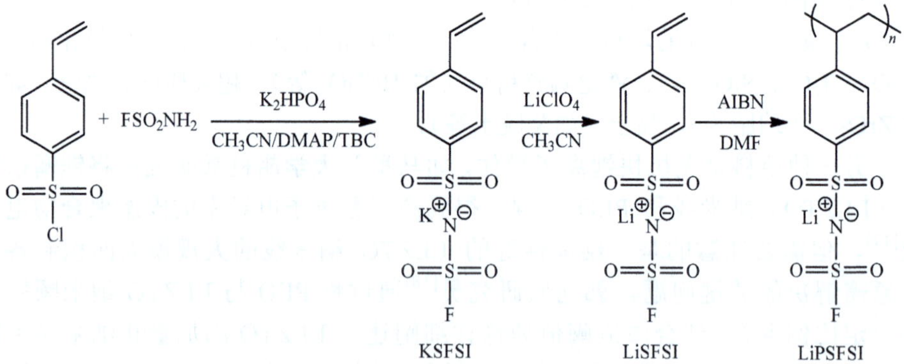

图 3.5　LiPSFSI 合成步骤图[22]

聚合物单离子导体通常是直接在聚阴离子的单体结构中引入离子传导区，一般通过将不含离子传导结构的阴离子锂盐单体与含离子传导结构的聚合物（如 PEO）或有机小分子单体（如含 EO 单元的丙烯酸类单体）共聚来实现。

如图 3.6 所示，Michel Armand 等制备出三嵌段共聚物单离子导体（LiPSTFSI-b-PEO-b-LiPSTFSI）[23]，其中，LiPSTFSI 用于提供 Li^+；PEO 中的 EO 链段用以增加主链的柔顺性，为 Li^+ 提供迁移途径，而且用 PEO 将 LiPSTFSI 结构单元间隔开，容易形成微相分离，有助于提高该聚阴离子盐的机械性能。并且，在 LiPSTFSI 的质量分数为 20%时（此时 EO/Li 约为 30）的离子电导率最大，60℃条件下为 1.3×10^{-5} S/cm，这在单离子导体聚合物电解质中已属于较高水平，嵌段共聚物

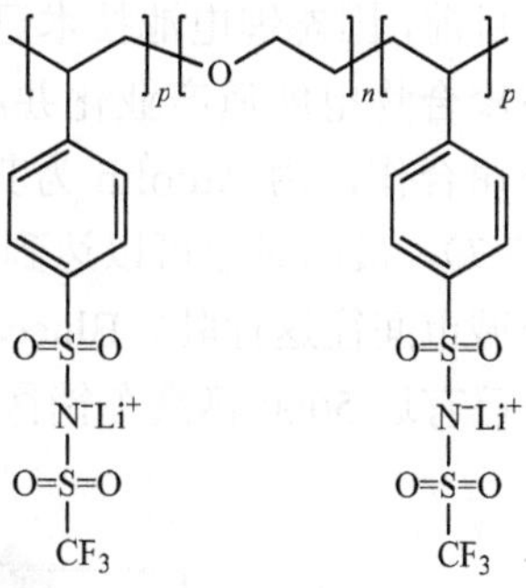

图 3.6 三嵌段共聚物单离子导体 LiPSTFSI-b-PEO-b-LiPSTFSI 结构图[23]

电解质具有较高的离子电导率和较好的机械性。最常用的是双嵌段或者三嵌段结构，其中锂盐-聚合物作为一个嵌段为离子传导提供通道。此类聚合物电解质的优点是由两种低玻璃化转变温度的无定形嵌段构成，在不牺牲链段的流动性的同时又能保持电解质良好的机械性能，这也利于提高电解质的离子电导率并抑制锂枝晶的产生。

5. 国内外应用现状及专利分析

锂电池是电动汽车的动力来源，但传统液态锂离子电池存在极大安全隐患以及能量密度低等问题。如何进一步提升电动汽车的安全性和续航里程，也是设计者和厂商面临的首要问题。采用固态聚合物电解质（SPE）的固态锂电池可以从根本上解决上述瓶颈问题。

PEO 在固态聚合物电解质中被研究得最早、最多，产业化最快，由于其与锂负极良好的兼容性，以及相对较好的化学稳定性，采用 PEO 固态聚合物电解质生产固态锂电池的公司包括收购 SEEO 的德国 Bosch 集团、法国 Bollore 公司以及加拿大的魁北克公司。

欧洲磷酸铁锂固态锂电池技术来源于加拿大魁北克水电研究院。加拿大魁北克水电研究院从 1979 年开始开展 PEO 固态电解质基固态锂电池的研究，累计投入 15 亿美元。第一代固态技术已经转让给法国 Bollore 公司，该公司固态锂电池的能量密度可达 200W·h/kg。目前，第二代固态技术也已经成熟，能量密度可达 250W·h/kg（80A·h，3.5V 平台），循环（100%DOD）2000 次容量保持 80%，显示出极佳的循环稳定性。电池的技术路线：电池负极是锂，厚度为 39μm；正极是磷

酸铁锂（LiFePO$_4$），厚度为 66μm；聚合物电解质为 PEO/LiTFSI 聚合物电解质体系。充放电速率为 1/3C，工作温度区间为 60～80℃，电池组能量密度为 150W·h/kg，充一次电续航里程为 250km，设计寿命为 11 年（按每天行驶 100km 计算）。

目前，固态锂电池技术已在法国成功商业化。法国的 Bollore 公司率先将 PEO 固态聚合物电解质产业化并应用于固态电池。宾夕法尼亚已经和法国 Autolib 汽车公司合作，由 Autolib 为其生产 Bluecar。Bluecar 采用锂金属聚合物固态电池（图 3.7），最高时速可以达到 130km/h，而续航里程高达 250km，足以供这款车在两个城市间往返行驶。Bluecar 于 2011 年 10 月正式进入法国巴黎汽车租赁市场，现在已有近 5000 辆汽车徜徉于巴黎的大街小巷。

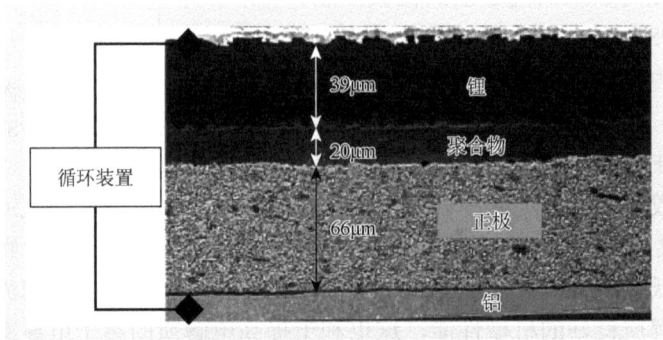

图 3.7　法国 Bluecar 使用的固态电池的组成图

资料来源：法国 Bollore 公司

美国的 SEEO 公司研发固态锂电池样品，2015 年被德国 Bosch 集团收购。其技术路线也是基于 PEO 基的固态聚合物电解质，电池单元能量密度为 220W·h/kg，电池组能量密度为 130～150W·h/kg，输出电压为 3.42V。图 3.8 是德国 Bosch 公司生产的固态电池样品和固态电池生产线。

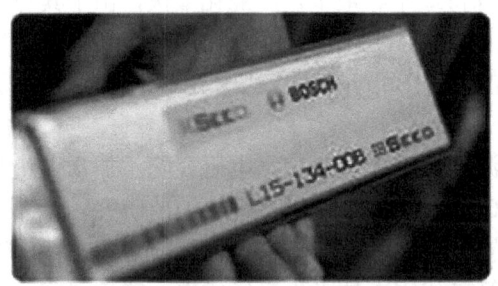 

图 3.8　德国 Bosch 公司生产的固态电池样品和固态电池生产线

资料来源：德国 Bosch 公司

SEEO 公司申请了多项关于 PEO 基固态聚合物电解质的发明专利。在 US 20160336620 A1 中，申请者通过在 PEO 链段上引入含氟官能团，降低了 PEO 的熔点，甚至在室温下可以与液态电解质媲美。与传统电解质相比，该固态聚合物电解质具有更高的安全性能和更优异的阻燃性能。该共聚物可以被用于锂电池聚合物电解质领域[24]。

专利 US 20170092983 A1 报道了相对于聚二甲基苯氧烷/锂盐聚合物电解质，PS-PEO 嵌段共聚物电解质的电池性能得到了明显改善[25]。专利 US 20160301101 A1 采用全氟聚醚末端接枝环状碳酸酯，进而与双三氟甲基磺酰亚胺锂结合，用作高性能的碱金属电池的阻燃聚合物电解质，其中通过调控锂盐的含量（质量分数为 5%～30%），可以实现不同的离子电导率[26]。

固态锂电池在高温条件下具有非常好的应用前景，如用作深海钻井电源。国际 PCT 专利 WO 2011146670 A1 报道了一种可用于高温锂电池的固态聚合物电解质，该电解质是以聚二甲基苯氧烷及其他高软化点（大于 201℃）的聚合物为基材，与此同时，这些材料具有微相结构，一相提供离子传导，另一相提供力学强度，保证安全性[27]。采用该电解质组装的锂电池可以在高温（>110℃）下安全运行。

国内企业中，宁德时代新能源科技有限公司（CATL）在固态锂电池方面有较好的工作基础。2016 年第十二届国际电池技术交流会上梁成都博士报告了 CATL 在固态电池研究方面的最新进展（图 3.9）。专利 CN 106299470 A[28] 报道了一种可用于聚合物电解质（包括 PEO）的硼笼形阴离子锂盐，该锂盐含有负电荷，离域

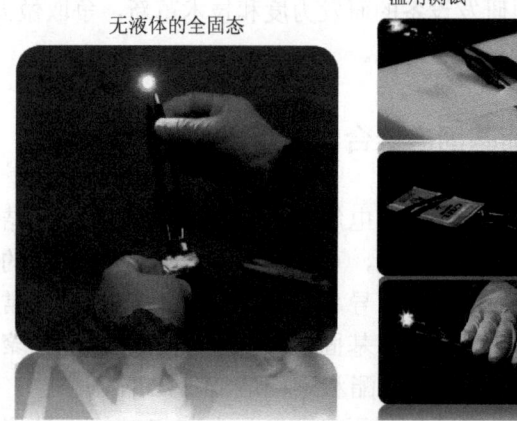

图 3.9 CATL 聚合物固态锂电池性能测试

资料来源：CATL 公司

程度高，体积大，柔顺性好，与 PEO 混合可得到固态电解质，并用于组装固态锂电池。与现有技术相比，采用该锂盐的固态电解质，可同时具有较高的离子电导率和锂离子迁移数。

6. 小结

作为目前研究最早、最多的固态聚合物电解质，PEO 的优势在于化学稳定性高，与锂负极的兼容性和相容性好。但其结晶度较高，导致锂离子在聚合物电解质中的迁移速度较慢，室温离子电导率偏低，因此在固态电池实际应用中，只能在较高温度下使用；并且由于其特殊的主链结构，电化学稳定窗口较窄，不能匹配高电位的正极材料，因此制备得到的固态电池质量能量密度较低；与此同时，其熔点在 52~63℃，尺寸热稳定性不好。针对 PEO 的这些缺点，虽然经过科研工作者的持续努力，其离子电导率、电化学稳定窗口和热尺寸稳定性得到了一定程度的提高和改善，但其综合性能仍然难以满足固态电池不断发展的苛刻要求。结合以上因素，PEO 未来的发展趋势和方向主要集中在以下几个方面：①进一步提升 PEO 基固态聚合物电解质的室温离子电导率；②通过引入刚性多孔支撑骨架和阻燃剂，开发阻燃、耐热兼顾的高性能 PEO 基固态聚合物电解质；③开发柔性可拉伸 PEO 基聚合物电解质，满足可穿戴电子器件的不断发展。

与此同时，在产业化方面，国内科研院所应加强固态 PEO 聚合物电解质基体材料的原始创新，并应加大专利布局，尤其是国际 PCT 的布局和掌控，与此同时，应加强和国内外知名企业的合作和交流，不断革新技术和深入交流；在企业层面，应加大聚合物固态锂电池研发设备的研发力度和技术革新，争取做大做强，使我国的固态电池在国际上占有一席之地。

3.3.2 脂肪族聚碳酸酯基固态聚合物电解质

脂肪族聚碳酸酯基固态聚合物电解质，由于其特殊的分子结构（含有强极性碳酸酯基团）以及高介电常数，可以有效减弱阴阳离子间的相互作用，提高载流子数量，从而提高离子电导率，因此被认为是一类非常有前途的聚合物电解质体系。脂肪族聚碳酸酯基固态聚合物电解质，包括聚三亚甲基碳酸酯、聚碳酸乙烯酯、聚碳酸丙烯酯和聚碳酸亚乙烯酯等[29, 30]。相关结构式和玻璃化转变温度（T_g）等参数列于表 3.1。本节将对每一种聚碳酸酯基固态聚合物电解质的制备流程、电化学性能、优缺点及改性手段等进行阐述，并归纳其离子配位-解配位过程和离子扩散机制，并对其未来研究趋势进行展望。

表3.1 聚三亚甲基碳酸酯、聚碳酸乙烯酯、聚碳酸丙烯酯和聚碳酸亚乙烯酯的结构式和玻璃化转变温度

样品	结构式	玻璃化转变温度/℃
聚三亚甲基碳酸酯		−15
聚碳酸乙烯酯		5
聚碳酸丙烯酯		33
聚碳酸亚乙烯酯		16

1. 聚三亚甲基碳酸酯基固态聚合物电解质

聚三亚甲基碳酸酯（PTMC）因具有良好的生物相容性和生物降解性，广泛用于药物控制释放材料、体内植入材料和体内支持材料等领域。PTMC是一种在室温下呈橡胶态的无定形聚合物，其开始失重的温度可达280℃以上，尺寸热稳定性能好。对PTMC的研究主要是在生物医学方面，在固态聚合物电解质方面研究得比较少[31-34]。表3.2为不同聚三亚甲基碳酸酯固态聚合物电解质的离子电导率和电化学稳定窗口数据，从表中可以看出，PTMC基聚合物电解质电化学稳定窗口在4.5V以上，可以考虑被应用在高电压锂电池领域。但室温离子电导率相对较低。

Sun等[40]以三亚甲基碳酸酯（TMC）为单体，辛酸亚锡为催化剂，通过开环聚合反应制备了聚三亚甲基碳酸酯（PTMC）。制备得到的PTMC为无定形聚合物，玻璃化转变温度远低于室温，具有较强的机械强度。研究还发现，当[Li$^+$]：[碳酸酯]为1:13和1:8时，60℃时电导率可达到10^{-7}S/cm，25℃

表 3.2　不同聚三亚甲基碳酸酯固态聚合物电解质的离子电导率和电化学稳定窗口[35-39]

聚合物电解质成分	离子电导率/(S/cm)	电化学稳定窗口
P(TMC)₅LiClO₄	3.00×10⁻⁴（95℃）	—
P(TMC)₅LiSbF₆	3.16×10⁻⁵（85℃）	5.0V
P(TMC)₅LiPF₆	4.79×1⁻⁶（98℃）	4.5V
PTMC：LiTFSI＝8∶1 和 13∶1	10⁻⁹（25℃）	5.0V
P（TMC：CL＝6∶4）+28%LiTFSI	7.9×10⁻⁵（25℃）	5.0V

时离子电导率可达到 10^{-9} S/cm。为了研究不同锂盐对聚三亚甲基碳酸酯聚合物电解质性能的影响规律，Silva 等[41]将聚三亚甲基碳酸酯与锂盐混合得到了透明的固态聚合物电解质，发现添加六氟砷酸锂（LiSbF₆）相比于高氯酸锂（LiClO₄）具有更好的增塑效果，并且随着 LiSbF₆ 浓度的升高，玻璃化转变温度和离子电导率都会逐渐降低，电化学稳定窗口大于 5V，但该固态聚合物电解质在室温下的离子电导率较低（图 3.10），限制了它在高倍率电池器件中的使用和推广。

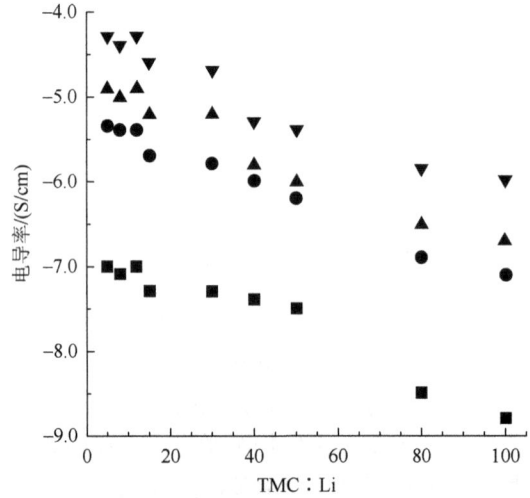

图 3.10　不同比例的 TMC 和 Li 的 PTMC-LiSbF₆ 固态电解质体系在不同温度下的离子电导率[41]
■30℃；●60℃；▲70℃；▼85℃

锂盐添加量的多少，会影响固态聚合物电解质的诸多性能。Barbosa 等[36]将 PTMC 与六氟磷酸锂（LiPF₆）在溶剂中溶解，再经制膜干燥，得到了机械强度高、电化学稳定窗口宽（4.5V）、透明和完全无定形的固态聚合物电解质。对玻璃化转变温度进行研究发现，当 $n>15${P(TMC) nLiPF₆}时，玻璃化转变温度变化不显著，只有当 $n<15$ 时，随着锂盐含量的增加，玻璃化转变温度才会显著增加，当 $n=5$ 时，玻璃化转变温度（T_g）可达到最小值，低的玻璃化转变温度意味着聚合物电解质在更低的温度达到无定形态，并且说明锂离子和聚合物链之间的相互作用主要发生在锂盐浓度较高时。通过热失重曲线可以得出：随着锂盐的增加（n 减少），聚合物电解质的热稳定性会逐渐降低，说明锂盐起到了不稳定的作用。Barbosa 等[36]对其离子电导率进行了研究，发现当温度达到 98℃ 时，离子电导率可以达到最大值，即 4.79×10^{-6}S/cm，室温下可达到 1.78×10^{-8}S/cm。对比文献报道的 PEO-nLiPF$_6$ 基电解质体系，离子电导率在室温下明显高于 PEO 基电解质。

可以将 PTMC 与其他聚酯进行共聚来提高离子电导率。将三亚甲基碳酸酯（TMC）与己内酯开环聚合得到新的聚合物电解质，此研究添加了一定量的聚己内酯（PCL）[42]，因为 PCL 的玻璃化转变温度（-60℃）比 PTMC 低，可以增加 PTMC 链的柔顺性，进而达到增加离子电导率的作用，并且所得材料完全是无定形的，机械性能相比于纯 PTMC 的更好。当添加 60% 的三亚甲基碳酸酯（TMC）单体和 40% 的己内酯（CL）单体（28% 的锂盐）时，离子电导率最大，25℃ 时是 7.9×10^{-7}S/cm，60℃ 时是 1.65×10^{-5}S/cm。经过共聚合成的电解质是无定形态，且与纯 PTMC 电解质相比，机械性能、离子电导率和充放电性能均有显著提高[40]。

聚醚类（如 PEO）固态聚合物电解质的配位-解配位过程和离子传输机制得到了比较广泛的研究，但是对脂肪族聚碳酸酯基固态聚合物电解质的离子传输方面的研究少之又少。因此，Sun 等[43]通过理论计算和实验相结合的方法深入探究了 PTMC-PCL 固态聚合物电解质的离子传输特性。

图 3.11 是不同比例的 PTMC 和 PCL 与 LiTFSI 混合时测得的 FTIR 光谱图，可以看出，锂离子会优先与 PCL 上的羰基氧配位，作者从分子动力学模拟的原子尺度视角进行剖析，也证明了这一结果。

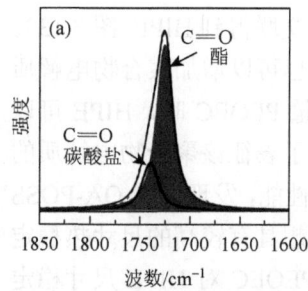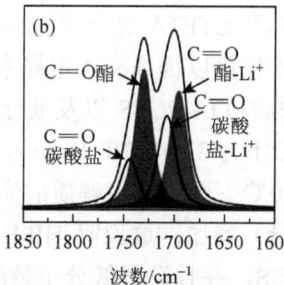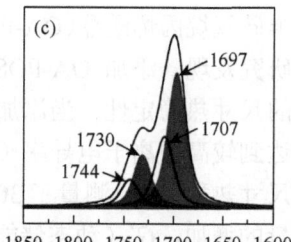

图 3.11 P(TMC$_{20}$CL$_{80}$)（a）、P(TMC$_{20}$CL$_{80}$)$_{6.6}$LiTFSI（b）和 P(TMC$_{20}$CL$_{80}$)$_{4.6}$LiTFSI（c）的 FTIR 谱图[43]

综合来说，聚三亚甲基碳酸酯（PTMC）固态聚合物电解质的机械强度和尺寸热稳定性比较高，但是，较低的室温离子电导率严重抑制了其实际应用。在接下来的工作中，为了进一步提高 PTMC 固态聚合物电解质在室温下的离子电导率，一方面，可以在聚合物电解质中添加无机纳米颗粒，如三氧化二铝（Al_2O_3）、二氧化硅（SiO_2）、二氧化钛（TiO_2）以及无机快离子导体，如锂镧锆氧（LLZO）等，来改变锂离子的传输路径；另一方面，可以通过共聚等方式来构建功能化的 PTMC 固态聚合物电解质。

2. 聚碳酸乙烯酯基固态聚合物电解质

碳酸乙烯酯（ethylene carbonate，EC）是一种性能优良的有机溶剂，在电池工业上，常用作电解液的优良溶剂。碳酸乙烯酯聚合得到的聚碳酸乙烯酯与锂盐复合可以作为固态聚合物电解质。表 3.3 给出了聚碳酸乙烯酯基固态聚合物电解质的离子电导率和电化学稳定窗口性能参数。

表 3.3　PEC 基固态聚合物电解质的电化学性能[44-47]

聚合物电解质组成	离子电导率/(S/cm)	电化学稳定窗口
$P(EC)_nNaCF_3SO_3$	10^{-5}（55℃）	—
$PEC_{0.53}LiFSI-TiO_2$（1wt%）	4.3×10^{-4}（60℃）	—
10wt.%OA-POSS + 低分子量的 $PEOEC-LiSO_3CF_3$	3.74×10^{-5}（30℃）	4.0V
$PEC-Pyr_{14}TFSI-LiTFSI$ PEC：LiFSI = 1：4（质量比）	10^{-5}（80℃） 10^{-5}（30℃）	4.3V 5.0V

注：wt%表示质量分数。

聚碳酸乙烯酯是由将碳酸乙烯酯（EC）通过阴离子开环聚合得到大分子化合物 PEOEC，并改性得到大分子单体 M-PEOEC[44]。PEOEC 主要由 EC 的开环聚合得到[45]（图 3.12），其后将 PEOEC、锂盐（$LiClO_4$）、光引发剂（HMPP）、聚倍半硅氧烷丙烯酸酯（OA-POSS）和 ETPTA 混合，经光固化交联得到 HIPE（图 3.13）。研究发现，添加 OA-POSS 不仅可以提高离子电导率，也可以增加聚合物电解质的尺寸热稳定性。当添加 10%的 OA-POSS 以及低分子量 PEOEC 时，HIPE 可以达到较高的离子电导率（30℃下为 3.74×10^{-5} S/cm）。为了表征该聚合物电解质的尺寸热稳定性，测量了 30~80℃下聚合物电解质的流变性能，发现随着 OA-POSS 量的增加，G'（动态储能模量）增加，这说明 HIPE 要想具有较高的尺寸热稳定性，必须含有较多的 OA-POSS，并且发现低分子量的 PEOEC 对 HIPE 尺寸稳定性的影响较小。因此，为了保持固态聚合物电解质具有较高的尺寸热稳定性，设计时应含有较高含量的 OA-POSS 以及低分子量 PEOEC。

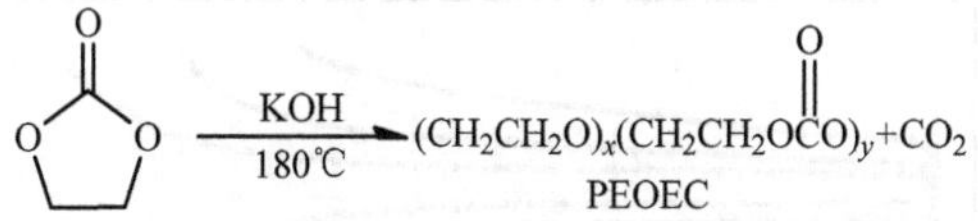

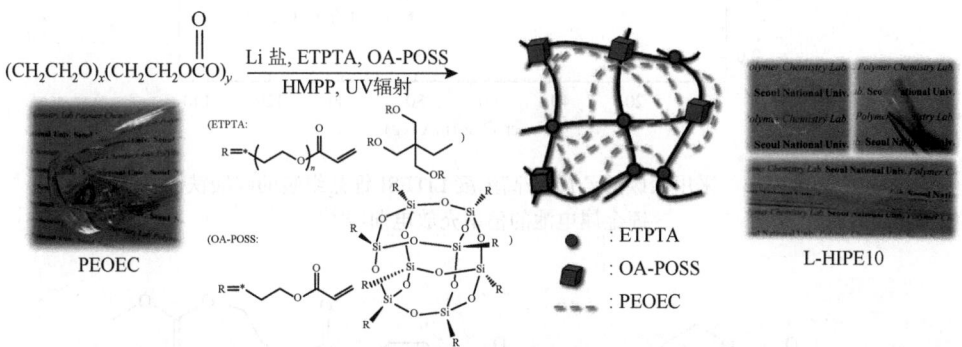

图 3.12　PEOEC 的合成[45]

图 3.13　基于 PEOEC 和 POSS，经光引发形成复合固态聚合物电解质[45]

与此同时，Kimura 等[46]将利用 CO_2 和环氧化合物交替共聚得到的聚碳酸乙烯酯（PEC）与双三氟甲烷磺酰亚胺锂（LiTFSI）混合，然后加入一定量的离子液体 N-甲基-N-丙基吡咯二（三氟甲基磺酰）亚胺（$Pyr_{14}TFSI$），得到了较高离子迁移数的聚合物电解质。选择一定量的 $Pyr_{14}TFSI$ 作为增塑剂，是因为 $Pyr_{14}TFSI$ 具有理想的离子电导率以及较宽的电化学稳定窗口。当温度为 80℃时，该聚合物电解质的离子电导率为 10^{-5}S/cm，离子迁移数可达到 0.66。高离子迁移数可以降低电池充放电过程中浓差极化，因而可以提供较大的功率密度。热失重分析（TGA）测试结果发现，该聚合物电解质在 150℃时基本没有质量损失，表明该聚合物电解质具有优异的热稳定性。

在一定条件下，高浓度锂盐有利于固态电解质离子电导率的提升。Kimura 课题组[47]报道了一种聚酰亚胺多孔膜支撑的聚碳酸乙烯酯/高浓度 LiTFSI 锂盐（质量比为 1∶4）固态聚合物电解质，并将其用于聚合物固态锂电池。该固态聚合物电解质在室温时离子电导率为 10^{-5}S/cm。采用该固态电解质组装的 $LiFePO_4$ 半电池在倍率为 C/20 时放电比容量为 120~130mA·h/g（图 3.14）。

深刻解析固态聚合物电解质的锂离子传输机制与聚集态结构的关系，将有助于合理设计合成理想的聚合物电解质基体材料。图 3.15 为 PEC 传输 Li^+ 机理图，在 PEC 固态聚合物电解质体系中，锂离子和羰基氧发生配位作用，正是羰基氧的存在使得 PEC 的链段运动更活跃，从而导致了离子电导率更高。这也是与聚醚基固态聚合物电解质相比，室温锂离子电导率更高的原因之一[48]。

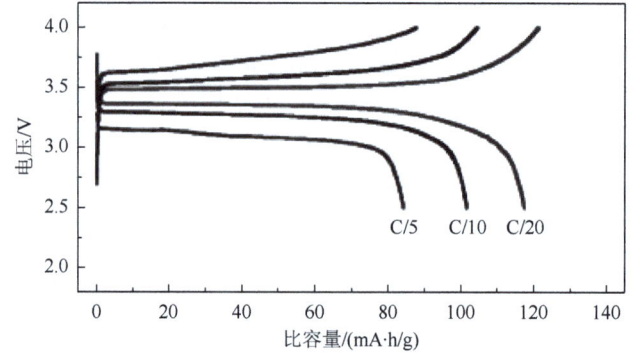

图 3.14　采用聚碳酸乙烯酯/高浓度 LiTFSI 锂盐组装的磷酸铁锂/锂金属电池的倍率充放电曲线[47]

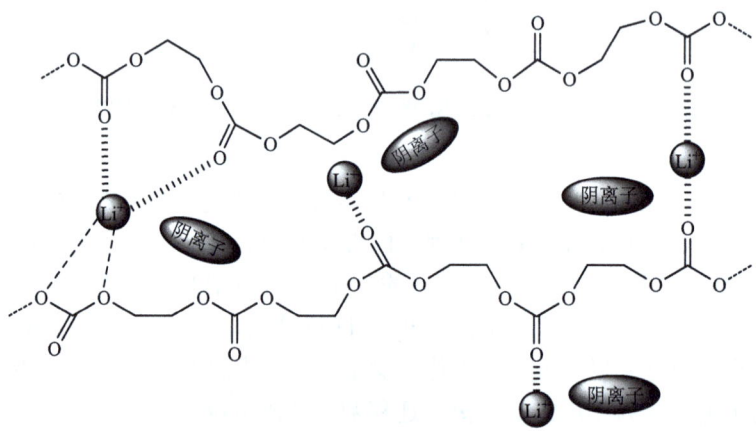

图 3.15　PEC 传输 Li^+ 机理图[48]

从新型聚合物电解质的分子动力学角度来讲，宽谱介电常数谱是研究离子传输特性的有效工具之一。Motomatsu 等[49]利用宽谱介电常数谱研究了 PEC 固态聚合物电解质中介电弛豫和离子传导之间的关系。在 PEC 固态聚合物电解质中存在两种松弛行为，即 α 和 β，分别对应链段的运动和 PEC 链的局部运动。该体系的离子电导率随锂盐浓度呈现指数式的增长，原因在于两个方面：一是锂盐浓度的增加会降低分子间的相互作用；二是分子内的相互作用降低了偶极矩（图 3.16）。

虽然 PEC 的离子电导率高于 PEO，但仍不能满足锂电池的需求。因此，经常会对 PEC 进行改性或者加入无机填料来提高聚合物电解质的综合性能[50, 51]。例如，PEOEC 与聚倍半硅氧烷丙烯酸酯（OA-POSS）、乙氧基化三羟甲基丙烷三丙烯酸酯（ETPTA）交联而成制备半互穿网络结构的聚合物电解质。该电解质的离子电导率

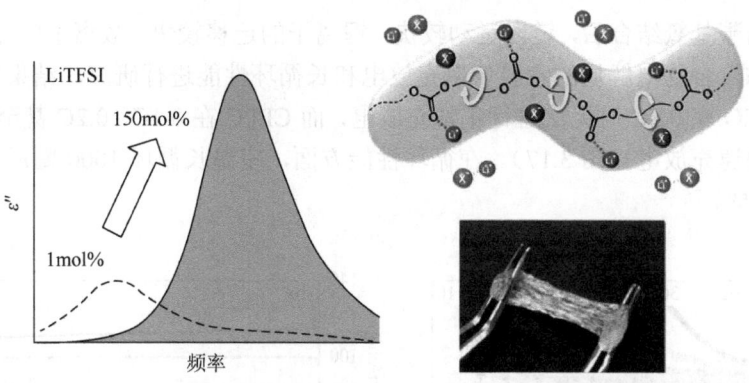

图 3.16 聚碳酸乙烯酯-双三氟甲烷磺酰亚胺锂（LiTFSI）的介电常数和局域结构示意图[49]

mol%表示摩尔分数

在 30℃条件下为 3.74×10^{-5}S/cm，60℃条件下为 3.26×10^{-4}S/cm，而电化学稳定窗口在 25℃条件下为 5.0V，60℃条件下为 4.7V。并且在力学性能和热性能等方面也有显著提高。60℃时，在 $PEC_{0.53}LiFSI$ 电解质中添加无机材料 TiO_2 后，电解质的离子电导率从 2.2×10^{-4}S/cm 增加到 4.3×10^{-4}S/cm[45]。PEC 基固态聚合物电解质的离子电导率随锂盐浓度增加而增加，然而，其机械性能也会随之降低，这严重影响了其构成的锂电池的安全性能。如何进一步提升 PEC 基固态聚合物电解质的离子电导率，而不影响其机械性能，将成为研究 PEC 基固态聚合物电解质的关键。

3. 聚碳酸丙烯酯基固态聚合物电解质

聚碳酸丙烯酯（PPC）是一种由二氧化碳和氧化丙烯共聚反应得到的新型可降解脂肪族聚碳酸酯，具有可生物降解性、玻璃化转变温度低、热尺寸稳定性高等诸多优点，并且其结构为无定形结构，介电常数高，每一个重复单元中也都有一个极性很强的碳酸酯基团。因此，从结构上来讲，PPC 十分适合作为固态聚合物电解质的基体[52]。

受中国传统文化太极的启发，青岛储能产业技术研究院[53]提出了"刚柔并济"的设计理念[9]来设计和制备固态聚合物电解质，即用刚性的无纺布多孔膜负载柔性的聚合物离子传输材料聚碳酸丙烯酯（PPC）得到"刚柔并济"的复合固态聚合物电解质（CPPC-SPE）。与传统的 PEO 固态聚合物电解质（PEO-SPE）相比，在室温下该固态电解质电化学稳定窗口可以达到 4.6V。CPPC-SPE 的室温离子电导率可达到 4.2×10^{-4}S/cm，是目前已报道的室温离子电导率最高的固态聚合物电解质。其原因在于：PPC 是无定形结构且分子链极易发生内旋转，锂离子与主链上的羰基氧结合后,链段运动较快,锂离子的迁移较快,故离子电导率较高。对该固态聚合物电解质的室温倍率充放电和长循环性能进行研究,结果表明:室温下,PEO 在 0.2C 时无法进行正常充放电,而 CPPC 在 0.1C、0.2C 甚至 2C 下都能完成快速充放电(图 3.17)。在循环性能方面,室温长循环 1000 圈后,容量保持率为 95%。

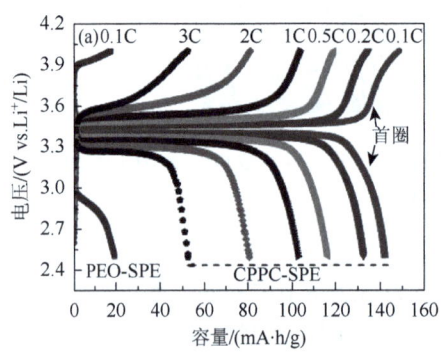
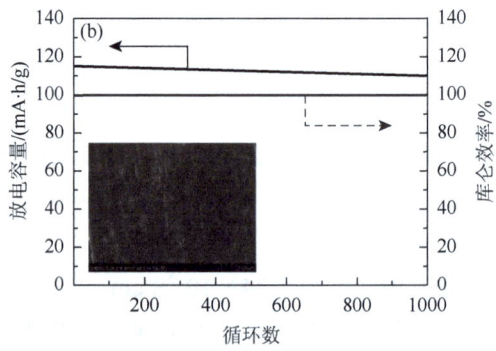

图 3.17　CPPC-SPE 组装的 LiFePO$_4$/Li 半电池在室温下的倍率循环图[53]

旨在进一步优化 PPC 固态聚合物电解质的电化学等性能,研究者发展了有机/无机复合固态电解质,通过复合锂镧锆钽氧(LLZTO)无机快离子导体,设计构筑了 PPC/LLZTO 复合固态电解质[54]。通过表征发现,复合固态电解质离子迁移数为 0.75,电化学稳定窗口达到 4.6V,并结合分子动力学模拟(图 3.18),进一步证明了有机无机复合固态电解质的优势。

近年来,复合固态聚合物电解质在离子电导率、机械性能和电化学稳定性等方面显示出良好的综合性能。制备复合聚合物电解质的方法中比较常见的是添加增塑剂,如碳酸乙烯酯、碳酸丙烯酯和碳酸二甲酯等有机溶剂,但这些有机溶剂容易挥发和燃烧,存在潜在的安全隐患。离子液体是仅由阴阳两种离子组成的有机液体,也称低温下的熔盐。离子液体具有低蒸气压、良好的离子导电导热性、液体状态温度范围广和可设计等优点。正是由于离子液体所具备的这些其他液体无法比拟的性质,Zhou 等[55]在 PPC 基聚合物电解质中加入了离子液体(ILs)BMIM$^+$BM$_4^-$(图 3.19),实验数据表明,随着 BMIM$^+$BM$_4^-$ 含量的增加,PPC 基复合聚合物电解质的玻璃化转变温度逐渐降低,热稳定性逐渐提高,离子电导率也逐渐提高。当 PPC/LiClO$_4$/BMIM$^+$BM$_4^-$ 的比例为 1∶0.2∶3 时,室温离子电导率最高可达到 1.5mS/cm。

PPC 作为一种新型固态聚合物电解质基体,具有较高的离子电导率和较宽的电化学稳定窗口,能够满足其在更高能量密度锂电池中的应用,具有极大的

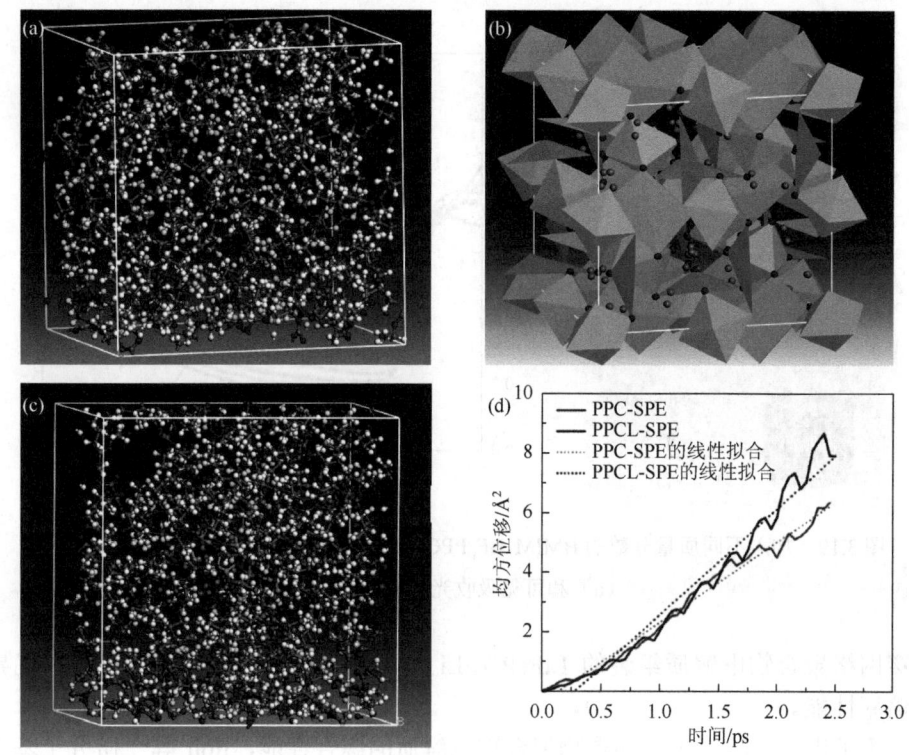

图 3.18 PPC/LLZTO 复合固态电解质的分子动力学模拟[54]

(a) PPC 固态电解质的三维构象；(b) PPC/LLZTO 复合固态电解质的三维构象；
(c) LLZTO 的晶体结构；(d) 理论计算得到的两种固态电解质均方位移和时间的依赖关系

应用前景。然而，作为储能器件的电解质，还需能够在不同环境下实现锂离子的快速传输。尽管 PPC 基锂电池能够在室温下充放电，其放电比容量较液态锂电池还是有一定的差距。因此，可以添加无机粒子或共聚共混的方法进一步提高 PPC 固态聚合物电解质的室温离子电导率。此外，作为酯类化合物，其在碱性电极材料表面化学稳定性差，在使用该化合物时，一定要注意降低电极材料表面的碱性。

4. 聚碳酸亚乙烯酯基固态聚合物电解质

碳酸亚乙烯酯（VC）经常被用作电解液的添加剂（SEI 成膜剂）来提高锂电池的性能[56]。因为碳酸亚乙烯酯的特殊结构与性质，其聚合物可以被用作固态聚合物电解质。Lu 等[57]制备了基于交联聚(乙二醇)-碳酸亚乙烯酯/PVDF-HFP 共混的复合聚合物电解质。采用该制备工艺制备的半互穿网络聚合物电解质，离子电导率高、电化学稳定窗口宽，对锂负极的界面稳定性好。而且采用该半

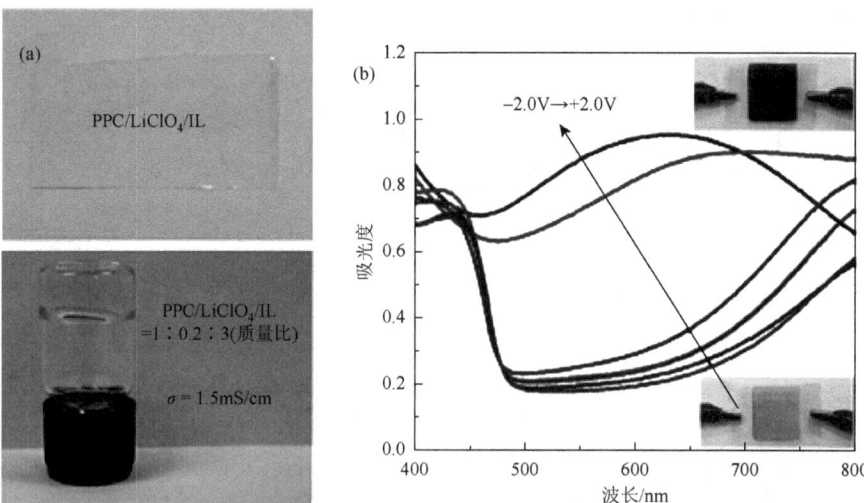

图 3.19　加入不同质量分数的 $BMIM^+BF_4^-$ PPC/LiClO$_4$/$BMIM^+BF_4^-$ 电解质的数码照片（a）和可见吸收光谱图（b）[55]

互穿网络聚合物电解质组装的 LiFePO$_4$/Li 电池显示出极佳的长循环性能和优异的倍率性能。

为了进一步改善 VC 共聚物聚合物电解质的综合性能，Itoh 等[58]研究了基于甲氧基乙烯基醚低聚物和碳酸亚乙烯酯的交替共聚物的固态聚合物电解质（图3.20）。测试结果表明：随着侧链长度的增加，固态聚合物电解质的离子电导率会增加。当侧链乙烯基长度为 23.5 时，离子电导率最高可达到 1.2×10^{-4} S/cm（30℃），并且该类固态聚合物电解质的尺寸热稳定性好，电化学稳定窗口宽，显示出极佳的应用前景。

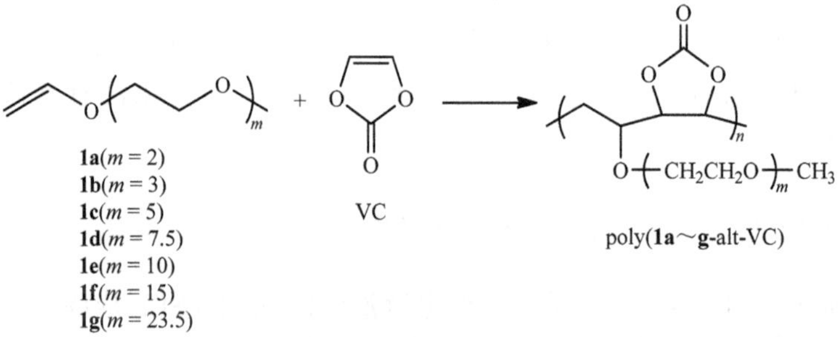

图 3.20　碳酸亚乙烯酯和乙烯基醚嵌段共聚物的合成[58]

固-固接触阻抗过大，也是固态电池亟待解决的一个问题。青岛储能产业技研究院[59]以碳酸亚乙烯酯（VC）为单体原位聚合制备了聚碳酸亚乙烯酯基固态聚合物电解质（PVCA-SPE）（图 3.21）。由于采用原位聚合技术，PVCA-SPE 与电极之间具有良好的界面相容性和较低的界面阻抗。此外，聚碳酸亚乙烯酯中的酯基与锂离子的相互作用有利于锂离子在电解质中的传递，使得 PVCA-SPE 在室温下具有较高的离子电导率（2.23×10^{-5}S/cm），在 50℃时，PVCA-SPE 的离子电导率可达 9.85×10^{-5}S/cm，高于传统 PEO 体系的固态聚合物电解质；并且 PVCA-SPE 具有较宽的电化学稳定窗口（4.5V），可以满足高电压固态锂电池的需求。同时，他们组装了以 PVCA-SPE 为电解质的 $LiCoO_2$/Li 半电池，在 50℃测试了 $LiCoO_2$/PVCA-SPE/Li 半电池的充放电性能。在 0.1C 下，该电池具有 146mA·h/g 的放电比容量，经过 150 次长循环测试，容量保持率为 84.2%，表明 PVCA 在锂电池中具有较高的应用价值。

图 3.21　聚碳酸亚乙烯酯基固态聚合物电解质的原位共聚合成[59]

PVC 基固态聚合物电解质可以通过原位聚合工艺制备，这将极大地提高电解质与电极之间的相容性，有效地解决电解质与电极的界面相容性问题。同时，原位聚合方法无需其他溶剂溶解，避免了固态电解质烦琐的制备工艺，同时不改变现在锂电池的生产工艺，降低了固态锂电池的制作成本。

5. "刚柔并济"聚合物电解质及固态电池产业化示范应用

受中国传统文化太极的启发，青岛储能产业技术研究院提出了"刚柔并济"

的固态聚合物电解质的设计理念："刚柔并济"就是使用"刚"性多孔骨架支撑材料，如聚酰亚胺、芳纶、聚芳砜酰胺、玻璃纤维、阻燃纤维素和海藻酸盐隔膜等无纺布材料，改善电池的力学性能和尺寸热稳定性，从而提高安全性能；"柔"性离子传输材料，如聚环氧乙烷（PEO）、聚偏氟乙烯-六氟丙烯（PVDF-HFP）、聚甲基丙烯酸甲酯（PMMA）、氰基丙烯酸酯、聚碳酸丙烯酯（PPC）和聚碳酸亚乙烯酯（PVCA）等赋予优异的离子传导性和界面稳定性，"并济"即两种或多种材料复合达到多赢的效果，实现综合性能的大幅提高，进而满足动力电池的要求。在此理念指导下，该院开发出一系列新型聚合物电解质体系，很好地解决了上述瓶颈问题,同时大幅提升了安全使用性能。青岛储能产业技术研究院探究"刚柔并济"的复合聚合物电解质体系，实现"刚"、"柔"的对立统一，来实现力学强度、耐热性能、电位窗口、界面稳定性和离子电导率等综合性能的提升。另外，在高能量密度固态电池技术方面，青岛储能产业技术研究院已经布局数十项中国发明专利以及国际 PCT 专利，形成了良好的专利保护群，具有完全的自主知识产权[60-64]。

浸涂法通常用来制备具有多孔支撑材料的聚合物电解质体系。该方法是把预先配好的涂膜液（包含聚合物基体、锂盐和溶剂）浸涂或刮涂到多孔支撑材料上（如纤维素无纺膜、聚对苯二甲酸乙二醇酯多孔膜等），再加热蒸发溶剂，干燥后形成复合聚合物电解质薄膜。除此之外，为了解决固态电解质的固固接触阻抗过大的瓶颈问题，原位共聚方法被广泛采用。该方法是将可聚合单体、锂盐和引发剂（如偶氮二异丁腈、过氧化二苯甲酰、光引发剂等）共混，配成溶液，加入电池内部，组装电池，经引发剂引发（热引发、紫外光引发等），最终形成聚合物固态锂电池。例如，将碳酸亚乙烯酯（VC）在热引发作用下发生原位聚合反应，生成聚碳酸亚乙烯酯（PVCA）基固态聚合物电解质[59]。该原位聚合方法无需其他溶剂溶解，避免了固态电解质烦琐的制备工艺，同时不改变现在的锂电池生产工艺，降低了固态锂电池制作成本。

借助上述制备方法得到的固态聚合物电解质或原位聚合工艺，搭配高电压三元正极材料，研制出高性能固态锂电池：能量密度超过 300W·h/kg、循环寿命超过 500 次，通过了多次穿钉测试（图 3.22），固态电池表现出了一定的自修复功能和很好的安全性。

在全海深固态电池示范应用方面，青岛储能产业技术研究院开发的固态电池通过了国家深海基地管理中心的 11000m 深海压力舱检测。2017 年 3 月，青岛储能产业技术研究院开发的"青能-Ⅰ"固态电池随中国科学院深渊科考队远赴马里亚纳海沟，为"万泉"号着陆器控制系统及 CCD 传感器提供能源，累计完成 9 次下潜，深度均大于 7000m，其中 6 次超过 10000m，最大工作水深 10901m，累计水下工作时间 134h，最大连续作业时间达 20h，顺利完成万米全深海示范应用（图 3.23）。这标志着中国科学院突破了全海深电源技术瓶颈，掌握了全海深电源系统的核心技术。该技术示范受到国家领导人的批示和中央电视台的报道。

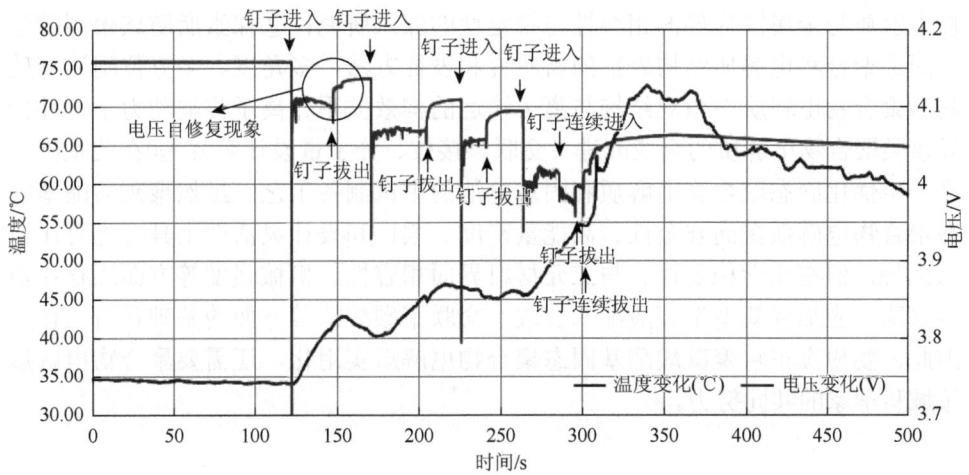

图 3.22　固态电池五次穿钉实验的电压、温度变化曲线图

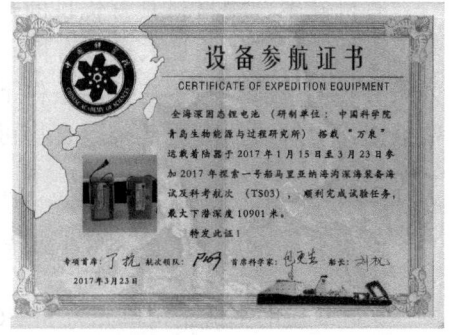

图 3.23　"青能-Ⅰ"固态电池为"万泉"号着陆器提供能源及设备参航证书

6. 小结

传统聚环氧乙烷基固态聚合物电解质存在室温离子电导率低和电化学稳定窗口窄的缺点，而聚碳酸酯基固态聚合物电解质，由于其特殊的分子结构和性能，是一类极具发展潜力的固态聚合物电解质材料。其优势在于室温离子电导率较高，电化学稳定窗口宽、尺寸热稳定性好。虽然聚碳酸酯基固态聚合物电解质的研究起步较晚，但经过近几年的发展，聚碳酸酯基固态聚合物电解质材料已成为新一

代聚合物电解质的明星材料,成为该领域的研究热点,经过青岛储能产业技术研究院和其他科研机构的努力,现已经取得了长足的进步。

美中不足的是,聚碳酸酯基固态聚合物电解质仍然存在一些基础性问题亟待解决:①聚碳酸酯基聚合物电解质和锂负极的兼容性,应加强该类固态聚合物电解质与金属锂片界面相容性与稳定性的深入研究;②探索脂肪族聚碳酸酯基固态聚合物电解质结构表征的新研究和表征方法,多角度、全方位阐述聚碳酸酯聚合物电解质中微观结构与离子输运的构效关系、离子传输动力学,并指导该类聚合物电解质的合成改进(交联、接枝、分子量设计等);③在此基础上进一步优化固态聚合物电解质和固态电池的中试制备工艺。虽然聚碳酸酯基固态聚合物电解质在高安全性、高能量密度、柔性和设计灵活性上具有无可比拟的优势,但在化学稳定性、与三元材料界面相容性、机械强度等方面还存在很多缺陷,应加强新型聚碳酸酯的合成、交联聚碳酸酯等方面的基础科研工作。因此,要想真正将聚碳酸酯基固态聚合物电解质实用化,还需要聚合物电解质领域科学家的共同努力。

3.3.3 硅基固态聚合物电解质

有机硅聚合物材料具有优良的热稳定性、较高的离子电导率、低可燃性以及无毒性等优点,并且大多数有机硅材料具有较低的玻璃化转变温度,使其作为聚合物电解质有希望在低温条件下快速传导锂离子,从而快速充放电。目前,常被用作电解质的有机硅类聚合物可以分为聚硅氧烷、聚倍半硅氧烷和硅烷类三个体系。

1. 聚硅氧烷基固态聚合物电解质

聚硅氧烷的主链结构单元为 Si—O 链节,受 Si—O 键长(约为 16.40nm)和 Si—O—Si 键角(约为 143°)的影响,链段易于旋转,分子链柔顺性好,该聚合物的玻璃化转变温度普遍偏低。与其他类型的高分子相比,聚硅氧烷类材料具有优良的耐温性和耐候性、较高的介电常数以及较低的表面张力,可以满足其作为聚合物电解质材料的使用需求。

1)含有硅氧烷与氧化乙烯的聚硅氧烷固态聚合物电解质

早期关于聚硅氧烷作为电解质材料的研究中,大多将硅氧烷链段与具有较高离子传导特性的低聚氧化乙烯链段结合进行分子设计,使聚合物兼具无机聚合物和有机聚合物的特性,以提高聚合物电解质的综合性能。Nagaoka 等[65]和 Macfarlane[66]等从降低聚合物电解质玻璃化转变温度的角度出发,设计合成了一系列主链为—Si—O—(CH$_2$CH$_2$O)$_n$的硅氧烷类聚合物 DMS-nEO，结构如表 3.4 所示。研究发现，该聚合物的玻璃化转变温度介于聚硅氧烷和聚氧化乙烯之间，且该聚合物电解质体系的离子电导率高于聚氧化乙烯类电解质体系。研究者还详细地研究了聚合物电解质中氧化乙烯链段的数量对离子电导率的影响，发现当 EO 链段中 n 等于 4 时所得到的聚合物电解质的电导率最高[65]，该聚硅氧烷电解质体系的室温离子电导率约为 $1\times10^{-4}\sim3\times10^{-4}$S/cm[66,67]，详细数据列于表 3.4 中。

表 3.4 线型聚硅氧烷电解质的化学结构及其电化学性能

聚合物结构	聚合物重均分子量	电解质表示式及物质的量比	室温离子电导率/(S/cm)	参考文献
DMS-4EO	约 3000	DMS-4EO/LiClO$_4$ [LiClO$_4$]/[DMS-4EO] = 3%（质量分数）	1.5×10^{-4}	[65]
DMS-nEO (n = 2, 3, 4, 5, 6.4, 8.7, 13.3)	4000~5500	DMS-3EO/NaBF$_4$ [NaBF$_4$]/[DMS-3EO] = 0.534 mol/kg	3×10^{-4}	[66]
PMMS	17000	PMMS/LiClO$_4$ [Li]/[EO] = 1:25	7×10^{-5}	[68]
POEM-g-PDMS	480000	POEM-g-PDMS/LiCF$_3$SO$_3$ [Li]/[EO] = 1:20	7×10^{-5}	[69]
PAGS	约 8000	PAGS/LiClO$_4$ [Li]/[EO] = 1:25	7.6×10^{-5}	[70]
PS-PBOEM-3	约 12000	PS-PBOEM-3/LiTFSI [Li]/[EO] = 1:40	3.9×10^{-4}	[71]

续表

聚合物结构	聚合物重均分子量	电解质表示式及物质的量比	室温离子电导率/(S/cm)	参考文献
PS-PBOEM-n	约 15000	PS-PBOEM-n/LiTFSI [Li]/[EO] = 1∶40	4.5×10^{-4}	[72]
PSP	约 13000	PSP/LiPF$_6$ [Li]/[EO] = 1∶40	1.2×10^{-3}	[73]

Fish[68]等将聚硅氧烷作为主链，聚氧化乙烯链段作为侧链，设计合成了结构如表 3.4 所示的 PMMS 聚合物体系，其室温离子电导率最高为 7×10^{-5}S/cm。近年来，研究人员将硅氧烷链段和聚氧化乙烯链段分别作为侧链，制备了结构如表 3.4 所示的 POEM-g-PDMS 聚合物体系[69]。该聚合物室温下为固态，玻璃化转变温度为–123℃，在 17~87℃范围内的电导率接近液态聚氧化乙烯电解质体系的电导率。Li/POEM-g-PDMS/VO$_x$ 电池体系表现出了优异的循环性能和耐温特性，电池在室温以 2/3C 循环 200 圈后容量未衰减，且该电池体系能够在 0℃条件下进行充放电循环。

2）含有硅碳键的聚硅氧烷固态聚合物电解质

虽然以上所研究的聚硅氧烷电解质体系表现出了较为优异的离子导电性和电池循环性能，但是，Si—O—Si 和 Si—O—C 键的存在使得聚硅氧烷体系存在着易吸水的隐患。为此，研究人员采用 Si—C 键取代聚合物中的 Si—O—C 键，设计合成了结构如表 3.4 所示 PAGS 聚合物体系，经对比发现，PAGS 的最高室温离子电导率略高于 PMMS 电解质体系[70]。West 等设计合成了多种双梳状的聚硅氧烷类化合物[71, 72]，结构如表 3.4 所示的 PS-PBOEM-n。由于聚合物中的低聚氧化乙烯侧链是通过 Si—C 键与主链相连，聚合物兼具较高的化学稳定性和较低的玻璃化转变温度。研究者发现，与单梳状的聚硅氧烷相比，双梳状硅氧烷类聚合物电解质具有更高的室温离子电导率。且离子电导率随着聚合物 PS-PBOEM-n 中聚氧化乙烯链节数 n（$n<6$）的增加而增大，当低聚氧化乙烯链节数 n 等于 6 时，室温电导率达到最大值，为 4.5×10^{-4}S/cm。2007 年，Walkowiak 等设计合成了侧链

含一半三甲氧乙氧基硅丙基的聚硅氧烷类化合物,结构如表3.4所示的PSP聚合物[73]。研究发现,PSP和六氟磷酸锂盐复合后具有自组装倾向,沿聚合物主链可形成传输锂离子的通道,室温离子电导率可高达10^{-3}S/cm,同时该聚合物电解质易于形成尺寸稳定的柔性膜。

3) 含有功能基团的聚硅氧烷固态聚合物电解质

随着研究的深入,研究人员开始将功能性基团引入到聚硅氧烷中,以进一步提升硅氧烷类聚合物电解质的综合性能。其中,为了提高硅氧烷电解质体系对锂盐的解离能力,研究人员将环状碳酸酯基团作为侧链引入到聚硅氧烷化合物中,制备了表3.5所示的C-PHMS聚合物[74]。该聚合物的玻璃化转变温度约为-30℃,介电常数在22~44。但是,由于碳酸酯基团之间强的偶极作用,聚合物黏度较大,导致电解质的室温离子电导率仅为5×10^{-7}S/cm。此外,为了降低该聚合物的玻璃化转变温度,研究人员将聚氧化乙烯链段作为侧链引入到聚合物体系中,得到了结构如图3.24所示的聚合物体系[75]。人们发现,聚氧化乙烯链段的引入同时降低了聚合物的玻璃化转变温度和介电常数,通过调节聚合物中聚氧化乙烯链段和碳酸酯链段的相对含量可以进一步调整聚合物体系的玻璃化转变温度和介电常数,作者预测,将该聚合物作为增塑剂,有望进一步提高电解质的离子导电性。中南大学刘晋教授课题组以三甲氧乙氧基硅丙基和碳酸丙烯酯基为侧链,设计合成了结构如表3.5所示的VC-PHMS聚合物[76]。当该聚合物中碳酸丙烯酯基与甲氧乙氧基的比例为6∶4时,电解质体系的室温离子电导率为1.55×10^{-4}S/cm,100℃测试条件下电导率为1.5×10^{-3}S/cm。由该聚合物电解质组装的LiFePO$_4$/Li电池在25℃和100℃条件下均表现出良好的长循环稳定性能,1C恒流充放电条件下的首次充电容量分别为88.2mA·h/g和140mA·h/g。

表3.5 含有功能性基团的聚硅氧烷的化学结构及其电化学性能

聚合物结构	聚合物重均分子量	电解质表示式及物质的量比	室温离子电导率/(S/cm)	参考文献
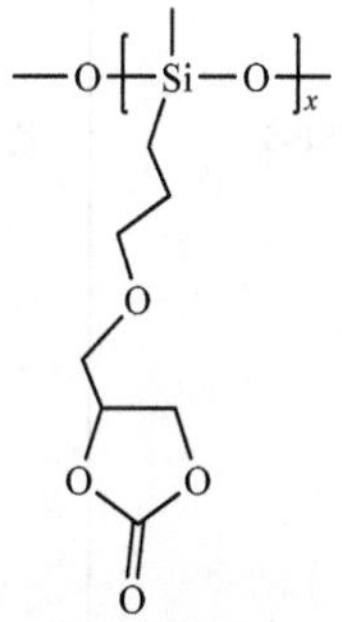 C-PHMS	约6000	C-PHMS/LiTFSI [Li]/[Carbonate]=1∶60	5×10^{-7}	[74]

聚合物结构	聚合物重均分子量	电解质表示式及物质的量比	室温离子电导率/(S/cm)	参考文献
VC-PHMS	未提及	VC-PMHS/PVDF/LiTFSI [VC-PMHS]∶[PVDF]∶[LiTFSI] = 1∶0.2∶0.3 （质量比） PC/PEO = 6∶4	1.55×10^{-4}	[76]
PS-TFSI	约 8000	PS-TFSI [Li]/[EO] = 1∶26	1.3×10^{-6}	[77]
PS-PTAS	未提及	PS-PTAS [Li]/[EO] = 1∶33	2.5×10^{-6}	[78]
FSP-5	约 13000	FSP-5	约 $10^{-6.9}$	[79]

锂离子迁移数低和浓差极化是聚合物电解质存在的普遍问题。为了解决这一问题，研究人员将单离子导体引入到硅氧烷聚合物电解质中，以束缚阴离子的迁移来提高锂离子迁移数，从而有效降低电解质体系的浓差极化。Shriver 团队[77]将单离子导体—N—SO$_2$—CF$_3$ 结构引入到聚硅氧烷的侧链上，设计合成了表 3.5 所示的 PS-TFSI 聚合物体系，该聚合物的玻璃化转变温度可达–67℃。该团队继续将含有强吸电子的全氟烷基链引入到聚硅氧烷单离子导体侧链上[78]，以促进磺酸锂的解离，他

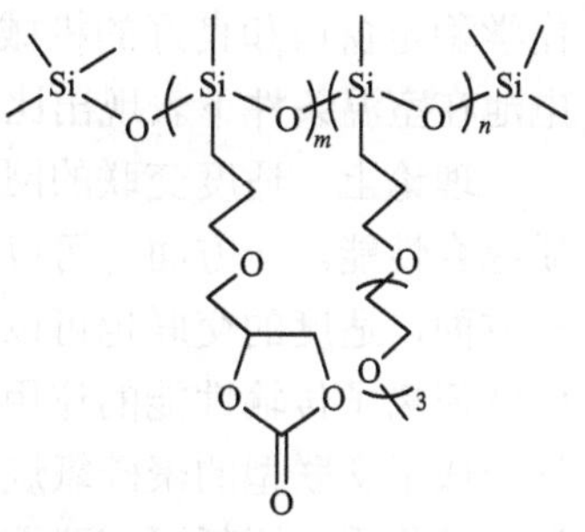

图 3.24 以碳酸丙烯酯和聚氧化乙烯链段为侧链的聚硅氧烷[76]

们发现，当电解质中氧化乙烯链段与锂盐的比例为 33 时，电解质体系的玻璃化转变温度约为–60℃[78]。以上两种电解质的室温电导率约为 10^{-6}S/cm，由于大体积阴离子的存在，电导率普遍低于不含单离子导体的聚硅氧烷电解质体系的电导率。

近年来，研究人员将弱配位的四全氟苯基硼酸阴离子引入到聚硅氧烷侧链中，制备了结构如表 3.5 所示的 FSP-5 聚合物[79]，期望通过引入弱配位阴离子加快 Li$^+$ 与阴离子的解离速率。但是，研究发现，该聚硅氧烷电解质体系的室温离子电导率最高为 10^{-7}S/cm，这主要是由于较大体积的阴离子以及氟代苯环的存在限制了聚合物链的运动，降低了聚合物电解质体系的离子电导率。

4）网状聚硅氧烷固态聚合物电解质

基于聚硅氧烷的网络状聚合物电解质可分为两类：互穿网络聚硅氧烷电解质和交联型聚硅氧烷电解质。其中，互穿网络聚合物可形成双连续的相态结构，且每种相态均可呈现各自的性能。理论上讲，该类型的聚合物体系能够做到既有利于离子传输性能的提高，又有利于聚合物机械性能的提高。因此，研究人员利用图 3.25 所示的两种聚硅氧烷类化合物制备了具有互穿网络结构的电解质体系[80]，测试结果显示，该聚合物电解质的室温离子电导率可达 10^{-4}S/cm，利用该电解质组装成的 LiNi$_{0.8}$Co$_{0.2}$O$_2$/SPE/Li 半电池在初次循环中容量未衰减，表现出良好的循环特性。Noda 等利用单梳状硅氧烷接枝聚醚和聚乙氧丙氧基三丙烯酸酯制备了具有半互穿网络结构的聚合物电解质体系[81]。该聚合物电解质表现出了优异的低温性能，在–10℃至室温下的离子电导率范围为 $10^{-5}\sim10^{-4}$S/cm，同时具有较宽的电

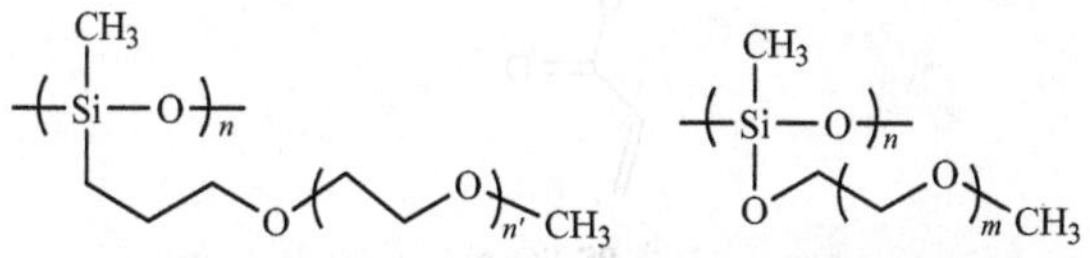

图 3.25 形成互穿网络的两种聚硅氧烷化合物[80]

化学稳定窗口和良好的机械性能。利用此聚合物电解质组装而成的 $LiCoO_2/Li$ 半电池在室温条件下表现出比传统聚氧化乙烯基锂离子电池更好的循环性能。

理论上,适度交联的网络状聚硅氧烷化合物作为电解质可以提高聚合物电解质综合性能。一方面,可以利用聚合物的交联程度提高聚硅氧烷的机械性能;另一方面,适度的交联也可以降低聚合物的结晶度,以达到保持甚至提高聚硅氧烷电解质离子传输性能的作用。为此,研究人员利用三异氰酸酯基作为交联剂,设计合成了交联型的聚硅氧烷化合物[82]。聚合物中的低聚氧化乙烯链段可起到内增塑剂的作用,降低了交联聚合物的玻璃化转变温度,提高了锂盐的溶解性及锂离子的迁移数,80℃条件下该聚合物电解质的离子电导率为 $10^{-4.1}\sim10^{-3.0}$S/cm。West 等利用二烯丙基聚乙二醇醚作为交联剂,与含硅氢键的低聚二醇甲基醚接枝聚硅氧烷制备了新型的交联聚硅氧烷化合物[83],该交联体系与 LiTFSI 复合形成的电解质具有较高的离子传输能力,其室温离子电导率最高可达 1.33×10^{-4}S/cm。

Kang 等设计合成了一系列如图 3.26 所示的 PS-g-OEO[84, 85]和 PS-EO-A[86]交联型聚硅氧烷化合物,并详细地研究了聚合物电解质体系的组成与电导率之间的关系。研究发现,在交联聚硅氧烷体系中加入聚乙二醇二甲醚作为增塑剂可进一步提高电解质的离子电导率;两种聚合物电解质体系的最高室温离子电导率分别为 8×10^{-4}S/cm

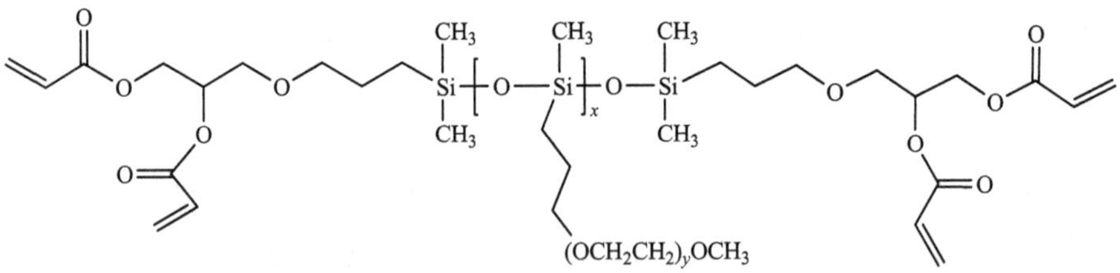

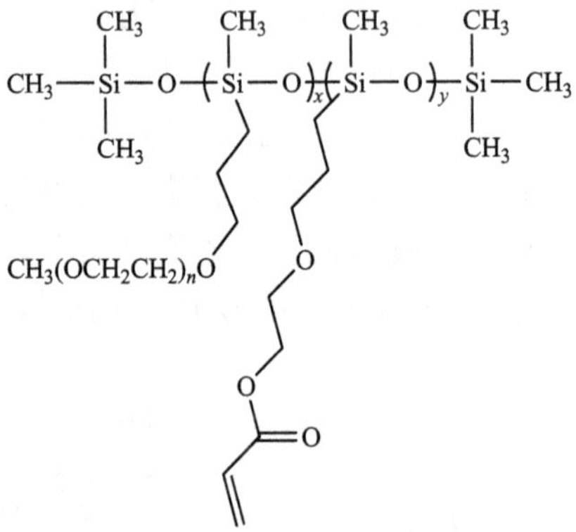

图 3.26 聚硅氧烷交联剂结构示意图[84, 85]

和 7.13×10^{-4}S/cm。此外，研究者还将不饱和酯基引入到含有腈基的聚硅氧烷末端，通过紫外光固化反应得到了结构如图 3.27 所示的交联态聚硅氧烷化合物[87]。该聚合物电解质体系中腈基的存在加速了锂离子的解离和传导，并降低了聚合物的玻璃化转变温度。当聚合度为 55 时，聚合物电解质的室温离子电导率为 3.38×10^{-5}S/cm。

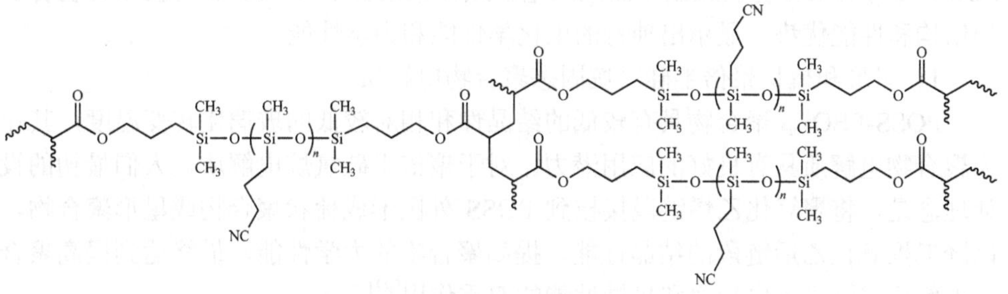

图 3.27 含有腈基的聚硅氧烷交联剂[87]

5) 共混聚硅氧烷固态聚合物电解质

硅氧烷类复合电解质体系是一种以聚硅氧烷为基体，与其他类型的聚合物或增塑剂复合得到的电解质体系。这种聚硅氧烷基的共混体系具有较高的室温离子电导率、优异的加工性能和良好的尺寸稳定性。研究人员将壳聚糖添加至聚氨丙基硅氧烷中，并以高氯酸锂作为锂盐制备出层状透明的纳米复合聚合物电解质体系，该电解质体系的最高室温离子电导率为 5.5×10^{-6}S/cm[88]。1992 年，Huang 等报道了结构如图 3.28 所示的聚硅氧烷单离子导体 PLPMS，并通过与聚合物 PMSEO 共混制备而成了共混电解质体系[89]。研究发现，当体系中 PLPMS 的含量为 10%时，室温离子电导率为 5×10^{-6}S/cm，Li^+迁移数为 0.91，具有单离子导体的特性。由于聚氨酯材料具有优良的力学性能，人们采用聚氨酯和聚硅氧烷进行共混[90, 91]，以提高电解质体系的综合性能。研究发现，共混体系的电导率比纯聚氨酯体系的电导率高一个数量级，同时电解质也表现出了良好的机械性能和尺寸稳定性，但是两种聚合物相容性较差，共混体系出现了相分离现象。

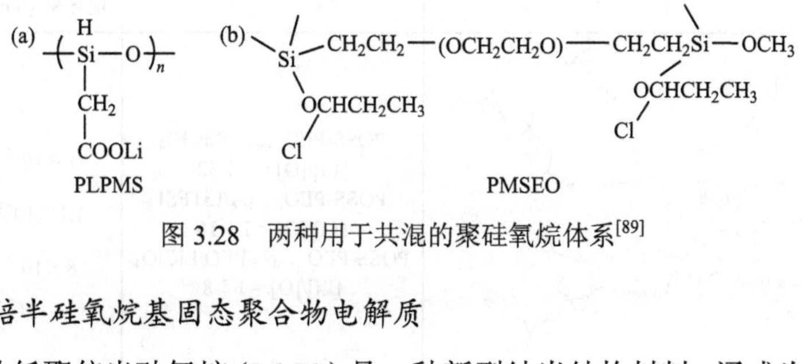

图 3.28 两种用于共混的聚硅氧烷体系[89]

2. 聚倍半硅氧烷基固态聚合物电解质

多面体低聚倍半硅氧烷（POSS）是一种新型纳米结构材料，通式为$(RSiO_{1.5})_n$，化学组成介于二氧化硅（SiO_2）和硅树脂（R_2SiO）之间，是分子内有机/无机杂化结构的中间体。POSS 的核心是由 Si—O—Si 键构成的无机笼状结构，具有良好的耐热性、阻燃性和抗辐射性；外部环绕着由活性或非活性的有机 R 基官能团，有机外壳使其具有良好的聚合物相容性、生物相容性、界面相容性和反应活性。POSS 与有机聚合物共聚制备而成的电解质体系结合了 POSS 和有机聚合物各自的结构和性能优势，显示出独特的电化学性能和力学性能。

1）星形和梳状聚倍半硅氧烷固态聚合物电解质

POSS-PEO$_{(n)}$ 聚合物具有较低的结晶性和相对较低的玻璃化转变温度，其作为聚合物电解质具有良好的应用潜力。对于聚倍半硅氧烷电解质，人们最初的设计理念是，将聚氧化乙烯链段接枝到 POSS 外围形成梳状聚合物或星形聚合物，以降低聚氧化乙烯链段的结晶性能，提高聚合物的力学性能，最终达到提高聚合物电解质室温离子电导率和机械性能的双重作用[92]。

众多研究者制备了结构如表 3.6 所示的星形 POSS-PEO 聚合物[93-95]，并详细地研究了 POSS 基团对聚合物的结晶度以及离子电导率的影响。研究者发现，POSS 基团的引入能够有效抑制 PEO 链段的结晶，当 POSS-PEO 聚合物中所示的 EO 链节 $n=4$ 时，纯 PEO 呈现结晶态，而 POSS-PEO 仍为液体，且玻璃化转变温度也降低至 $-85℃$[95]。同时，该聚合物作为电解质表现出了优异的低温性能，离子电导率随着 POSS 基团含量的增加而增大，室温离子电导率可达 1×10^{-4} S/cm[96]，详细研究结果列于表 3.6 中。此外，研究人员分别将 POSS 基团和 PEO 链段作为聚合物的侧链，制备了表 3.6 所示的线形 LCP 和支化 BCP[97]聚合物体系。研究发现，当聚合物体系中 POSS 基团含量超过 21%（摩尔分数）时，聚合物可以在 90℃以下保持尺寸稳定性。由两种聚合物制备而成的电解质体系均表现出了良好的电化学性能，线形 LCP 电解质体系的离子电导率为 5.6×10^{-5} S/cm（60℃），相同条件下支化 BCP 体系的离子电导率为 1.6×10^{-4} S/cm。

表 3.6 聚倍半硅氧烷的化学结构及其电化学性能

聚合物结构	电解质表示式及物质的量比	室温离子电导率/(S/cm)	参考文献
POSS-PEO	POSS-PEO$_{(n=4)}$ 8/LiClO$_4$ [Li]/[O] = 1：32	1×10^{-4}	[93]
	POSS-PEO$_{(n=4)}$ 8/LiTFSI [Li]/[O] = 1：16	1.1×10^{-4}	[94]
	POSS-PEO$_{(n=4)}$ 8/PEO/LiClO$_4$ [Li]/[O] = 1：8	8×10^{-6}	[95]

聚合物结构	电解质表示式及物质的量比	室温离子电导率/(S/cm)	参考文献
LCP	LCP/LiTFSI ($M_{w\,LCP}$ = 16400g/mol) [Li]/[EO] = 1∶14	$5.6×10^{-5}$ (60℃)	[97]
BCP	BCP/LiTFSI [Li]/[EO] = 1∶14 BCP/0.2%（质量分数） PEO/LiClO$_4$ [Li]/[EO] = 1∶14	$1.6×10^{-4}$ (60℃) $2.1×10^{-4}$	[97]
PEOPrIm$^+$I$^-$-IB$_7$T$_8$-POSS	PEOPrIm$^+$I$^-$-IB$_7$T$_8$-POSS ($M_{w\,PEO}$ = 500 g/mol)	$10^{-5}\sim10^{-7}$	[98]

续表

聚合物结构	电解质表示式及物质的量比	室温离子电导率/(S/cm)	参考文献
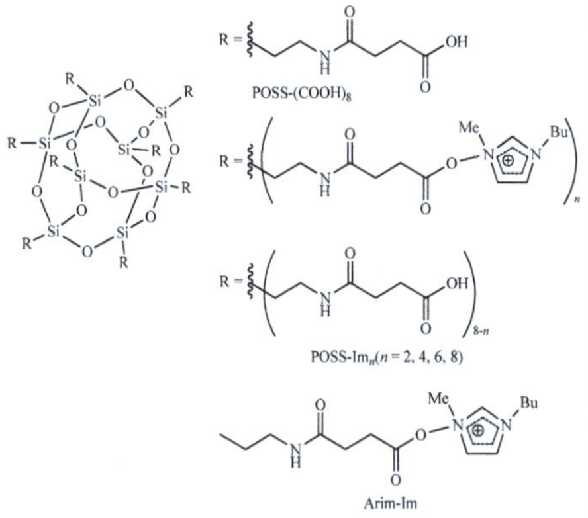 POSS-(COOH)$_8$; POSS-Im$_n$(n=2, 4, 6, 8); Arim-Im	Im-RandomSQ-IL Im-Cage-SQ-IL Arim-Im-Random-SQ-IL	$10^{-4} \sim 10^{-3}$ （100℃）	[99] [100] [101]
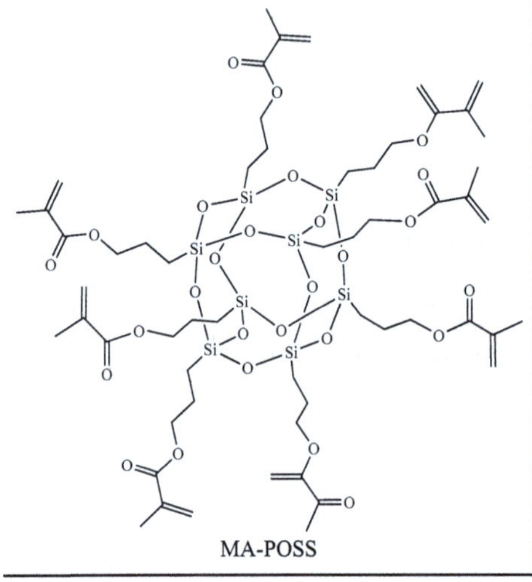 MA-POSS	MA-POSS/PEGDME/LiTFSI MA-POSS/PEGDME = 5 : 95 [Li]/[EO] = 1 : 20	5.3×10^{-4}	[102]

2）含有离子液体的聚倍半硅氧烷固态聚合物电解质

离子液体（ionic liquids，ILs）具有较高的室温离子电导率，良好的不挥发性和不燃烧性，近年来成为改善和提高电池安全性能的新选择[103]。基于此，研究人员将 POSS 基团与离子液体结合，制备出含有离子液体基团的新型 POSS 基电解质，以提高锂离子的传输能力。

日本京都大学的 Tanaka 教授首次成功合成了结构如图 3.29 所示的 POSS 基室温离子液体[97]，相关测试研究表明，引入 POSS 刚性立方结构能够起到降低离子液体熔点和提高体系热稳定性的作用。研究人员将咪唑鎓盐与 POSS 基团相连，分别得到了固态（PEOPrIm$^+$I$^-$-IB$_7$T$_8$-POSS）和液态（MePrIm$^+$I$_x^-$-IO$_7$T$_8$-POSS）碘化物离子液体[96]。研究发现，该固态离子液体的室温离子电导率约为 10^{-7}S/cm，而随着电解质体系中多碘化合物的形成，离子电导率能够提高两个数量级。Li 等将末端含有丁二烯-丙烯氰基团（ATBN）的 POSS 化合物作为交联剂，与 1-丁基-3-甲基咪唑三氟甲基磺酸盐离子液体（[Bmim]OTf）和高氯酸锂（LiClO$_4$）掺杂制备出一类如图 3.30 所示的具有交联网络结构的电解质体系[104]。研究人员发现，少量的 POSS 和离子液体的加入均有利于提高电解质的离子电导率，当体系组分为 ATBN（5%）、POSS（40%）、LiClO$_4$（50%）时，电解质体系的离子电导率最高可达 2.0×10^{-4}S/cm。

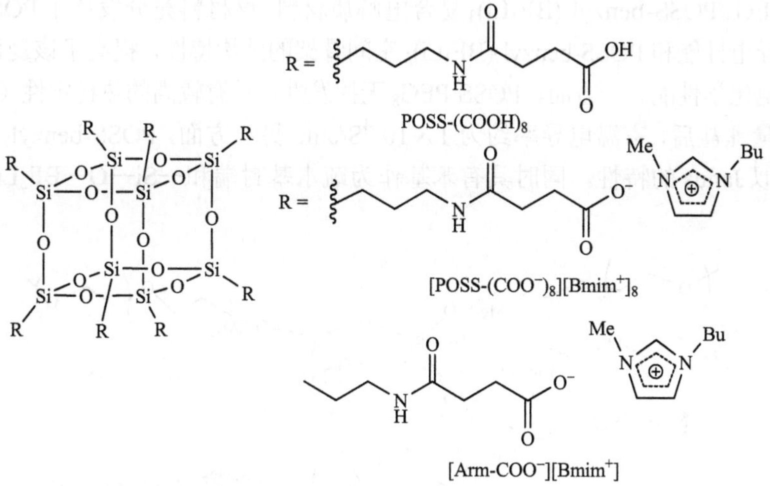

图 3.29 接枝离子液体的聚倍半硅氧烷结构示意图[97]

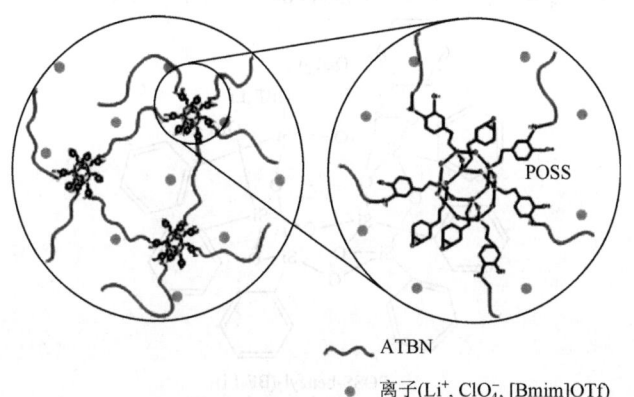

图 3.30 含有咪唑三氟甲基磺酸盐的聚倍半硅氧烷电解质体系[104]

3）交联聚倍半硅氧烷固态聚合物电解质

研究人员以结构如表 3.6 所示的 MA-POSS 作为交联剂，聚乙二醇二甲醚（PEGDME）作为增塑剂，采用自由基聚合法制备固态聚合物电解质体系[100]。研究发现，当电解质体系中含有 5%（质量分数）MA-POSS 时室温离子电导率达到最大值，为 5.3×10^{-4}S/cm。室温下，$LiCoO_2$/Li 电池在 0.1C 倍率下充放电，经过 20 次循环后仍可保持原放电容量的 80%。

4）共混聚倍半硅氧烷固态聚合物电解质

将两种具有不同特点的 POSS 纳米材料混合可得到纳米复合的电解质体系。Chinnam 等[105]结合两种 POSS 基聚合物的优势，构建了结构如图 3.31 所示的 POSS-PEG$_8$/POSS-benzyl$_7$(BF$_3$Li)$_3$ 复合电解质材料，该材料充分发挥了 POSS-PEG$_8$ 良好的导电性能和 POSS-benzyl$_7$(BF$_3$Li)$_3$ 空间骨架的结构特性，提高了该复合电解质体系的电化学性能。一方面，POSS-PEG$_8$ 无挥发性，具有较高的热稳定性（400℃），添加少量锂盐后，室温电导率约为 1×10^{-4}S/cm。另一方面，POSS-benzyl$_7$(BF$_3$Li)$_3$ 具有类似 Janus 的特性，同时具有苯基作为疏水基封端和—Si—O—BF$_3$Li 作为离

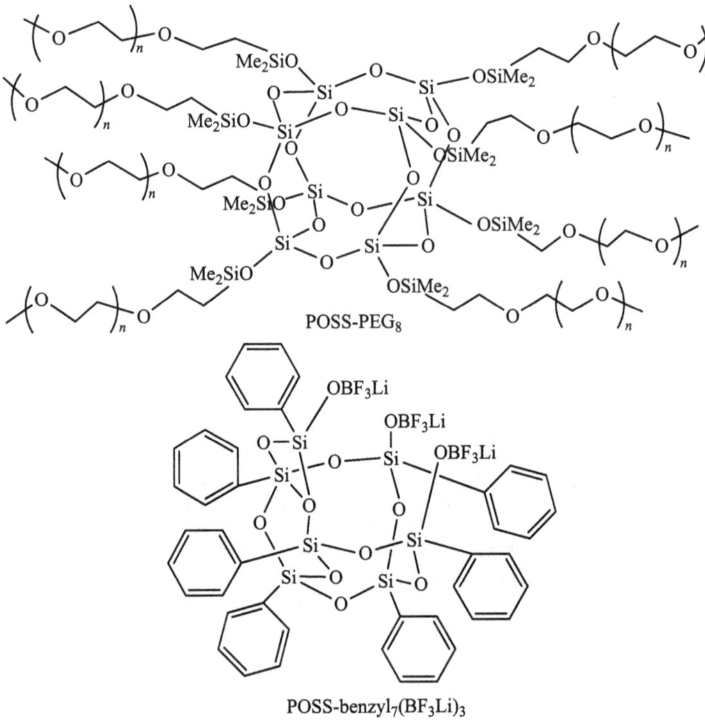

图 3.31 POSS-PEG$_8$ 和 POSS-benzyl$_7$(BF$_3$Li)$_3$ 聚合物的结构示意图[105]

子基团封端；化合物中路易斯酸BF_3的存在能够促进电解质在锂电极上形成钝化层，可起到降低界面阻抗、阻止锂和溶剂反应、改善电解质电化学稳定性的作用[106, 107]。因此，该纳米复合电解质表现出优异的电化学性能，10℃时的离子电导率为 1.5×10^{-5}S/cm；30℃时的离子电导率约为 2.5×10^{-4}S/cm，是相同条件下 POSS-PEG$_8$/POSS-LiBF$_4$ 电解质体系的 17 倍。由于大体积阴离子的存在，电解质体系的锂离子迁移数约为 0.5；同时，电解质体系也表现出相对稳定的界面阻抗。

3. 低聚硅烷基固态聚合物电解质

虽然硅氧烷聚合物电解质体系表现出了优异的离子导电性，但是，Si—O 键的存在依然使得聚合物电解质体系存在水解的隐患。为此，研究人员设计了多种硅烷类化合物作为电解质基体，以获取具有更高电化学稳定性的电解质体系。

由于硅烷基团不具备传导锂离子的能力，研究人员大多采用将低聚氧化乙烯链段与硅烷及其衍生物相连的方式制备所需的电解质材料，典型的化合物结构如表 3.7 所示[108-111]。其中，针对表 3.7 所示的 $1NM_n$ 和 $2NM_n$ 电解质体系的研究发现[108]，三甲基硅官能团的存在降低了锂离子与邻近氧原子间的络合能力，在具有相同长度氧化乙烯链节的条件下，1NM 电解质的电导率高于 2NM 电解质。另外，研究人员还

表 3.7 低聚硅烷的化学结构及其电化学性能

聚合物结构	电解质表示式及物质的量比	室温离子电导率/(S/cm)	参考文献
$(CH_3)_3SiO(CH_2CH_2O)_nCH_3$ $n = 1\sim 7.2$ $1NM_n$	$1NM_2$/LiTFSI [Li]/[EO] = 1∶7.5	2.5×10^{-3}	[108]
$(CH_3)_3SiO(CH_2CH_2O)_nSi(CH_3)_3$ $n = 3, 4$ $2NM_n$	$2NM_4$/LiTFSI [Li]/[EO] = 1∶10.1	7.8×10^{-4}	[108]
$Si(CH_3)_3(CH_2)_mO(CH_2CH_2)_nCH_3$ $m = 1\sim 3,\ n = 1\sim 3$ $1S_mM_n$	$1S_1M_2$/LiTFSI [Li]/[EO] = 1∶10	1.5×10^{-3}	[113]
$CNCH_2CH_2Si(CH_3)_{(3-m)}(OCH_2CH_2OCH_3)_m$ NS	NS/LiTFSI 1mol/L LiTFSI	1.28×10^{-3}	[114]
$CH_3(OCH_2CH_2)_2OCH_2CH_2CH_2Si(CH_3)_2F$ $MFSM_2$	$MFSM_2$/LiTFSI 1mol/L LiTFSI	1.4×10^{-3}	[115]
$CH_3(OCH_2CH_2)_2OCH_2CH_2CH_2SiCH_3F_2$ $DFSM_2$	$DFSM_2$/LiTFSI 1mol/L LiTFSI	1.8×10^{-3}	[115]
$(CH_3)_3Si-CH_2(OCH_2CH_2)_nN^+(CH_3)_3(CF_3SO_2)^-$ $TMSC_1N_n$-TFSI（$n = 1, 2, 3$）	$TMSC_1N_n$-TFSI	$6.8\times 10^{-4}\sim$ 7.9×10^{-4}	[116]

发现，氧化乙烯链节的长度对电解质的黏度、介电常数以及电导率均有重要的影响：黏度随着氧化乙烯链节长度的增加而增大，电导率随氧化乙烯链节长度的增加而降低，电解质体系的最高室温离子电导率为 2.5mS/cm[108]。循环测试数据显示，$1NM_3$ 与 LiBOB 复合而成的电解质体系具有良好的循环性能，组成的 MCMB/$LiNi_{0.8}Co_{0.15}Al_{0.05}O_2$ 全电池循环 140 圈后容量保持率为 98%，循环效率为 100%[108, 112]。

此外，研究人员还详细地研究了结构为表 3.7 所示的 $1S_mM_n$ 中硅原子和氧化乙烯链段之间碳原子间隔基数量对化合物稳定性的影响[113]。人们发现，碳原子间隔基的存在能够降低化合物的燃烧速率，同时还能够减缓化合物的水解速率，且水解速率随着碳原子间隔基数量的增加而降低。同时，该硅烷电解质体系也表现出了优良的电池循环性能，0.8mol/L LiBOB/$1S_1M_2$ 电解质体系在 MCMB/$LiNi_{0.8}Co_{0.15}Al_{0.05}O_2$ 全电池中以 0.2C 充放电循环条件下，可以达到循环 200 次后仍然保有 91%的容量[113]。

为了进一步提高有机硅电解液的耐高电压特性，研究人员分别将腈基和氟原子等含抗氧化基团引入到硅烷化合物中，设计合成了结构如表 3.7 所示的 NS[114]和 $DFSM_2$[115]有机硅烷类电解质体系。人们发现，NS 和 $DFSM_2$ 均具有较高的介电常数和氧化电位，两者的电解质体系均可以承受 4.4V 的截止电压。由 $LiPF_6$/EC-$DFSM_2$-EMC/5%（质量分数）FEC 作为电解质组成的石墨/$LiCoO_2$ 全电池，以 4.4V 为截止电压循环 135 圈后仍保有 92.5%的容量[115]。此外，研究人员还将离子液体引入到硅烷化合物中，制备了结构为表 3.7 所示的 $TMSC_1N_n$-TFSI 硅烷类离子液体。该离子液体室温下表现出了较低的黏度，分解温度在 300℃以上，电化学稳定窗口范围在 3.9~4.7V，室温离子电导率为 $6.8×10^{-4}$~$7.9×10^{-4}$S/cm。与商用电解液（LDFOB/EC/DEC 或 LDFOB/PC）混合使用时，其表现出良好的循环稳定性和容量保持率[116, 117]。

4. 硅基固态聚合物电解质的企业专利分析

在知网版中国专利数据库中，有关硅基聚合物电解质方面申请的专利较少，大多是由国内外的企业申请，主要集中在韩国三星公司、LG 化学，日本索尼公司，国内的比亚迪股份有限公司和微宏动力系统有限公司等。

韩国三星公司 CN1567643 专利[118]中公开了一种包括聚醚改性硅油的非水电解质，该聚醚改性的硅油的特征在于由聚醚链与直链聚硅氧烷链末端键合而成。该非水电解质表现出了良好的热稳定性、高的离子电导率以及良好的高速充放电容量。CN101125859 专利[119]提供了一种包含结构如图 3.32 所示的硅烷化合物的有机电解质，其中硅烷化合物中的 R 取代基优选为甲基或甲氧基，重复单元 A 优选为氧化乙烯基。发明人发现，使用含有该硅烷化合物的有机电解质可阻止因阳极活性物质体积变化导致的裂缝的形成，进而保证电池具有良好的充/放电特性，从而提高了电池的稳定性、充/放电效率和可靠性，减小了因极性溶剂分解而造成的不可逆容量。美国莫门蒂夫性能材料股份有限公司的专利

CN103732656A[120]提供了一种以含聚醚和可聚合乙烯侧基的甲基硅氧烷和含羟基取代的（甲基）丙烯酸酯为共聚单体的聚合物体系。将该共聚物作为固体聚合物电解质的组分，发明人发现，通过调节甲基硅氧烷侧链的官能度和特定功能化侧链的数目可灵活控制材料的交联密度，进而灵活调控所述固体聚合物电解质的机械强度和离子电导率。

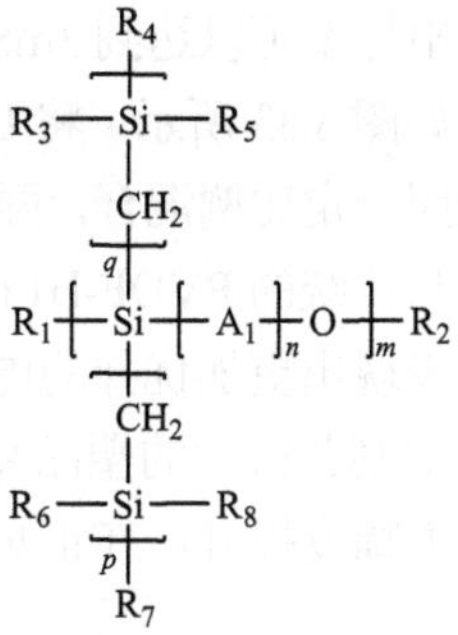

中国东方电气集团有限公司的专利 CN103665382A[121]提供了一种包括二甲氧基硅氧烷-环氧乙烷共聚物、锂盐和纳米无机填料的复合固态聚合物电解质。由于该复合固态聚合物电解质基体材料为二甲基硅氧烷-环氧乙烷共聚物，

图 3.32 硅烷化合物的结构通式

聚合物链段的规整性下降，聚合物的结晶度下降，导致电解质与现有复合固态聚合物电解质相比具备更高的离子电导率。微宏动力系统有限公司提供了包含硅硫聚合物的固态电解质，该硅硫聚合物的特征在于含有以—Si—S—作为无机主链和以有机结构作为有机侧链的结构，这一结构特点使得聚合物兼具有机聚合物和无机聚合物的特性。以该硅硫聚合物制备而成的固态电解质具有优良的导锂离子能力、优异的耐高温特性、宽的电化学稳定性和良好的热稳定性[122]。

5. 小结

硅基聚合物具有良好的分子链柔韧性、优异的低温离子传导性、低可燃性等优点，在锂电池中表现出优良的充放电循环性能，有望应用于工业化的聚合物锂电池。然而，硅基聚合物电解质的缺点也是显而易见的，如成膜性差、聚硅氧烷电解质易分解、电化学稳定窗口较窄。针对硅基聚合物的特点，笔者认为，未来硅基聚合物电解质的发展趋势和方向主要集中在以下两个方面：①采用硅烷聚合物代替硅氧烷聚合物拓宽电解质的电化学稳定窗口，提高电解质的电化学稳定性；②通过在聚合物中引入刚性链段或在电解质体系中引入刚性多孔支撑骨架，增强聚合物电解质的成膜性。

3.3.4 其他固态聚合物电解质体系

除上述提到的聚环氧乙烷、脂肪族聚碳酸酯和硅基固态聚合物电解质体系外，含有丁二腈（SN）的固态聚合物电解质以及聚偏氟乙烯（PVDF）固态聚合物电解质也得到了科研工作者的持续关注和研究。

丁二腈（SN）是一种塑晶材料，其从-35℃到熔点（62℃）都以单一塑晶相存在[123]。丁二腈室温下为固体，用作添加剂应用于固态聚合物电解质中，用于提升室温离子电导率。由于特有塑晶相的存在，SN 分子围绕中心 C—C 键旋转形成反式异构。研究发现：5%（摩尔分数）的 LTFSI 溶解在高极性的 SN 塑晶中，室温离子电导率可以达到3mS/cm，比聚合物电解质的离子电导率高了两个数量级。与此同时，如图3.33所示，将LiTFSI、SN以及聚氧乙烯三羟甲基丙烷三丙烯酸酯（ETPTA）按照一定比例混合，再经紫外光固化交联得到自支撑的塑晶复合电解质（R-PCPE）[124]。与传统的PVDF-HFP凝胶聚合物电解质和纯SN塑晶电解质相比，该R-PCPE电解质表现出更加优异的电化学稳定性和界面相容性。如果将交联剂从ETRTA换成TPPTA，则制备得到的塑晶复合电解质具有更低的玻璃化转变温度，离子电导率也都得到了大幅度提升，在正负极循环过程中也表现出较好的界面相容性[124, 125]。

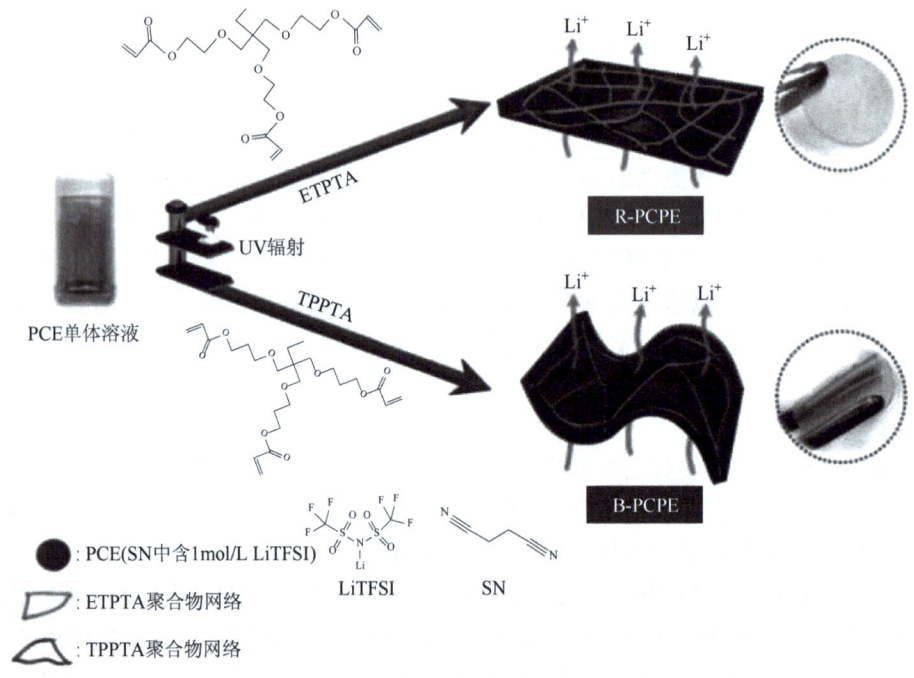

图3.33 ETPTA网状聚合物的制备示意图[124]

近年来，原位聚合工艺制备固态聚合物电解质，能够有效降低锂电池中电解质与电极间的界面阻抗，因此备受关注。清华大学康飞宇教授[125]，将0.1g氰乙基聚乙烯醇醚（PVA-CN）、0.8g塑晶SN和0.1g双三氟甲基磺酰亚胺锂混合，然后添加少量的六氟磷酸锂，均匀混合后，添加到静电纺丝的PAN无纺布膜基体中，通过60℃高温处理和原位聚合方法，原位引发聚合制备得到一种黑色含氰基固态聚合物电解质（SEN）。通过研究发现，上述电解质原位聚合的机理是，$LiPF_6$发生热分解产生的强路易斯酸PF_5引发氰基发生阴离子聚合[126]。该固态聚合物电解质，在室温下的离子电导率较高，离子迁移数为0.57，最大拉伸强度为15.31MPa，极大地提高了锂电池的安全性能；另外，组装的磷酸铁锂/锂金属电池可以在室温条件下以0.5C的倍率进行充放电，显示出极佳的电化学性能，是一种极具潜力的固态聚合物电解质材料。但氰基与锂负极会发生化学反应,增加负极界面阻抗,两者的兼容性也是需要进行长期验证的问题。

聚偏氟乙烯材料经常被用于凝胶聚合物电解质的基体材料,然而对其作为固态聚合物电解质的研究偏少。近日,清华大学南策文院士课题组[127]将聚偏氟乙烯(PVDF)与无机快离子导体锂镧锆钽氧(LLZTO)复合,通过不断优化 LLZTO 与聚偏氟乙烯的比例(0、10%、20%、30%和40%),最终得到室温离子电导率最高(5×10^{-4} S/cm)的复合固态聚合物电解质(质量分数为10%)。

结合实验和第一性原理计算,其高室温离子电导率的原因如下(图3.34):①溶解过程中,无机快离子导体中镧原子会与溶剂(N,N-二甲基甲酰胺)中的氮原子和双键发生络合反应,形成类似路易斯碱的环境,进而引起聚偏氟乙烯骨架的去氟化;

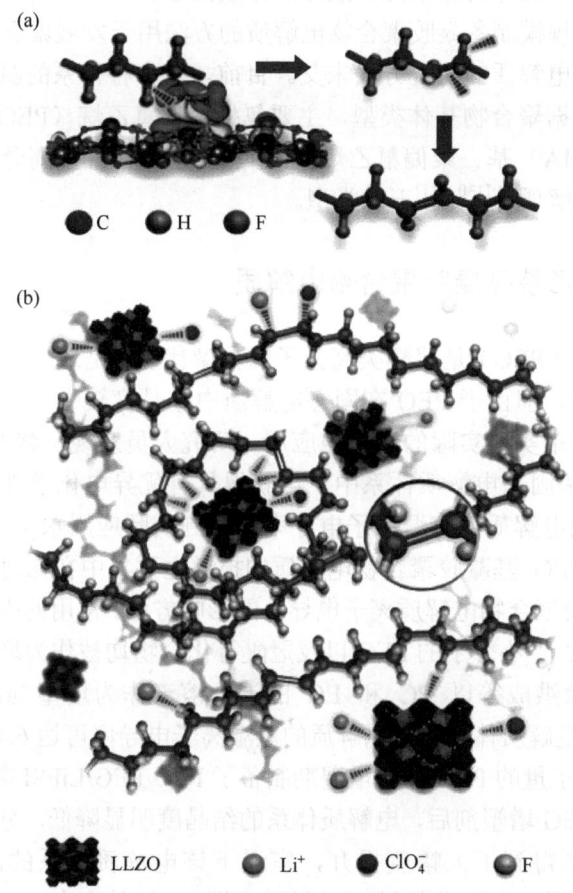

图 3.34 聚偏氟乙烯骨架的去氟化过程(a)及 PVDF/LLZTO 复合
固态聚合物电解质的络合结构(b)[127]

②部分改性的聚偏氟乙烯增加了与锂盐、LLZTO 的相互作用，进而极大地提升了固态聚合物电解质的性能。组装的钴酸锂/锂金属电池在室温条件下，4C 放电比容量可以达到 130mA·h/g，0.4C 循环 120 圈，容量没有任何衰减，显示出极佳的电池性能。

3.4 凝胶聚合物电解质

凝胶聚合物电解质是一种固相与液相共存的聚合物电解质体系，主要由聚合物基体、增塑剂以及电解质锂盐三部分组成。1975 年，Feullade 等[128]尝试将含有锂盐的有机溶剂浸入到聚合物基体中形成凝胶态，并由此提出了凝胶电解质的概念。聚合物凝胶通常被定义为被溶剂所溶胀的聚合物网络体系，其独特的网络结构使凝胶同时具有固体的黏聚性和液体的分散传导性。1995 年，美国 Bellcore 公司公开了一种大规模制备凝胶聚合物电解质的方法用于发展聚合物锂电池[129]。自此，凝胶聚合物电解质的研究方兴未艾。目前，有多种体系的凝胶电解质得到了开发与研究，根据聚合物基体类型，主要包括聚环氧乙烷（PEO）基、聚甲基丙烯酸甲酯（PMMA）基、聚偏氟乙烯（PVDF）基、含氰基高分子以及马来酸酐基凝胶聚合物电解质等[130, 131]五种类型。

3.4.1 聚环氧乙烷基凝胶聚合物电解质

聚环氧乙烷（PEO）是聚醚类高分子的典型代表，是最早用于固态聚合物电解质研究的材料。但由于 PEO 在固态电解质中结晶度较大，电解质体系的离子电导率较低，很难实现实际的锂电池应用。研究人员发现，将 PC 或 EC 等增塑剂加入到 PEO 基固态电解质体系中，可获得具有优异电化学性能的凝胶聚合物电解质，该凝胶电解质的室温离子电导率可达到实际应用水平[132]。

早期关于 PEO 基凝胶聚合物电解质的报道主要集中在探讨不同类型的塑化剂对 PEO 基凝胶聚合物电解质离子电导率的影响方面。常用的碳酸丙烯酯（PC）、碳酸乙烯酯（EC）、小分子的 PEO 以及冠醚等化合物均被作为增塑剂进行过相关研究。其中，涂洪成等以 PC 和 EC 的混合溶液作为增塑剂制备了 PEO/PC-EC/LiClO$_4$ 凝胶电解质体系，该电解质的室温离子电导率可达 6.4×10^{-3} S/cm[133]。Ito 等[134]将小分子量的 PEG 作为增塑剂制备了 PEO/PEG/LiFSI 凝胶电解质。结果发现，添加了 PEG 增塑剂后，电解质体系的结晶度明显降低，分子链段更容易运动，离子电导率得到了大幅度提升，室温下该电解质体系的离子电导率可达 3×10^{-3} S/cm。但是，由于增塑剂 PEG 链段末端——OH 的存在，PEG 容易与锂金属发生反应，电化学稳定性较差，且过多 PEG 的加入也会降低体系的机械性能。Nagasubramanian 等[135]将 12-冠醚-4 作为增塑剂添加至 PEO/LiPF$_6$ 电解质体系中，得到了室温离子电导率约为 7×10^{-4}S/cm 的凝胶电解质体系,他们发现,冠醚可以改进电极与电解质间的界面性能,具有降低界面阻抗的作用。

此外,由于 PEO 的熔点约为 60℃,PEO 在高温下的机械性能和尺寸稳定性较差。因此,人们一般采用共混、交联或添加无机填料等方式来增加 PEO 基凝胶聚合物电解质的机械性能和热稳定性。Song 等[136]以丙烯酸酯作为交联剂,使线形 PEO 链交联形成三维网络结构以增加 PEO 基凝胶聚合物电解质的机械性能。研究结果表明,交联剂的加入使电解质的机械性能得到了明显的提升,但是,由于该电解质中的增塑剂易于从网络骨架中溢出,电解质体系的稳定性变差,不利于锂电池安全性能的提升。Passerrini 等[137]将具有优异机械性能的聚苯乙烯(PS)与 PEO 通过热压交联的方式制备了 PEO/PS 基凝胶聚合物电解质,他们发现,PS 的加入导致电解质的机械性能得到了改善;同时,当电解质中 PS 和 PEO 的质量比为 40:60 时,该电解质体系的室温离子电导率为 1.05×10^{-3}S/cm。最近,研究人员利用 PEO、PVDF-HFP、PMMA 三种聚合物与 $LiPF_6$/EC-DMC 电解液共混制备了具有优异热稳定性的 PEO/PVDF-HFP/PMMA 基凝胶聚合物电解质。该电解质的室温离子电导率为 0.81mS/cm,分解电压约为 5V(vs. Li/Li^+),与此同时,利用该电解质制备的 $LiCoO_2$/Li 电池表现出了优异的长循环性能和倍率性能,结果如图 3.35 所示[138]。

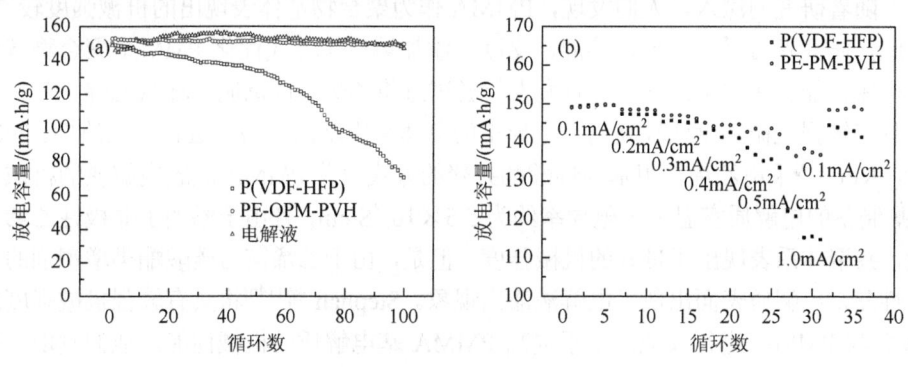

图 3.35 采用 PE-PM-PVH 电解质组装的
$LiCoO_2$/Li 电池的长循环和倍率曲线[138]

除此之外,人们发现,添加无机填料可以同时改善 PEO 基凝胶聚合物电解质的机械性能和电化学性能。Appetecchi 等[139]将 $LiAlO_2$ 作为无机填料添加到 PEO/PEGDME/EC/LiTFSI 凝胶电解质体系中,发现添加 $LiAlO_2$ 之后电解质的室温离子电导率提高至 1.9×10^{-3}S/cm,同时电解质体系的机械性能也得到了显著提升。

3.4.2 聚甲基丙烯酸甲酯基凝胶聚合物电解质

聚甲基丙烯酸甲酯(PMMA)基凝胶聚合物电解质的最大特点是与金属锂电

极的界面稳定性好，界面阻抗低。同时，该聚合物侧链中羰基的存在使其作为聚合物基体具有较强的吸液（吸收电解液）能力，再加上 PMMA 原料丰富，价格便宜，制备简单，该聚合物引起了研究者将其用于凝胶电解质的兴趣[140]，成为常用的聚合物基体之一。

1985 年，Iijima 等[141] 首先提出了将 PMMA 作为凝胶电解质的基体材料。Bohnke 等[142]以 PMMA 作为聚合物基体、PC 作为增塑剂、LiClO$_4$ 作为锂盐制备了 PMMA 基凝胶聚合物电解质并详细分析了各组分对电解质的作用。他们发现，当电解质体系中 PMMA 的含量低于 30%时，电解质的离子电导率变化不大；但是，当 PMMA 的含量较高时，PMMA 会与载流子之间发生强烈作用，导致离子运动活化能增大，电导率也随之降低。根据这一现象，他们推断 PMMA 在凝胶电解质体系中仅起到了成型框架的作用，离子传输主要依靠增塑剂完成。为了明确 PMMA 在电解质体系的作用，Ostrovskii 等[143]采用拉曼光谱检测了该凝胶电解质，他们发现，在凝胶电解质体系中，PMMA 没有与锂盐发生明显的作用，即 PMMA 在凝胶电解质中呈现为惰性状态。Appetecchi 等[144]以 PMMA/EC-PC 作为凝胶电解质进行了研究，他们发现，在 60℃下该电解质的电导率约为 1×10^{-3}S/cm，−20℃条件下该电解质的离子电导率约为 10^{-4}S/cm。

随着研究的深入，人们发现，PMMA 作为聚合物基体表现出的机械强度较差，因此，研究者常采用共聚、共混、交联、添加填料等方式优化 PMMA 聚合物基体的机械性能。在共聚改性中，研究人员尝试过将乙烯、丙烯腈、环氧乙烯、苯乙烯等具有较强机械强度或较高离子电导率的单体与甲基丙烯酸酯进行共聚改性。2000 年，Kim[145]采用乙烯与甲基丙烯酸酯共聚的方式改善 PMMA 凝胶电解质的机械性能，制备的电解质室温离子电导率约为 5.5×10^{-4}S/cm，且由于添加了非极性乙烯链段，共聚体系表现出了良好的机械强度。但是，由于乙烯链与碳酸酯类增塑剂的相容性差，电解质表面出现了电解液渗出现象。Stephan 等[146]将具有较强机械强度的 PVC 与 PMMA 进行共混，用于提高 PMMA 基电解质的机械性能。他们发现，单独使用 PMMA 作为电解质的基体时，PMMA 很难支撑起电解质膜的构架；而当 PVC 与 PMMA 进行共混之后，电解质的力学强度得到了提升。但是，随着 PVC 含量的增加，电解质体系的电导率有所下降，当 PMMA 与 PVC 的比例为 3∶7 时，电解质的综合性能达到最佳。研究人员采用红外光谱对电解质体系进行了分析，发现 PVC 对增塑剂同样具有良好的相容性，但是对锂盐的相容性较差，这可能是电导率降低的原因之一。早期的研究中，人们也经常采用交联的方式来提高 PMMA 基凝胶聚合物电解质的机械强度。例如，研究人员将三乙二醇二甲基丙烯酸酯作为交联剂加入到 PMMA 凝胶电解质中以提高电解质的机械强度。研究结果表明，三乙二醇二甲基丙烯酸酯交联剂的加入并没有明显增加电解质的界面阻抗，但是，电解质体系的机械性能得到明显增强，抑制了锂枝晶的生长，有利于锂二次电池安全性能的提高[147]。添加无机填料也是提高 PMMA 基凝胶聚合物电解质机械性能的常用手段，无机填料的添加除了能够提高电解质体系的机械性能之外，还能够起到抑制溶剂挥发、提高电解质界面稳定性和电导率的作用。Lee 等[148]将 SiO_2（占总质量的 10%）无机颗粒添加到 PMMA 和 PAN 共聚的电解质体系中，发现增塑剂富集相的玻璃化转变温度有所降低，同时，电解质体系的室温离子电导率可达 2×10^{-3}S/cm。

传统的碳酸酯电解液体系，在高电压（>4.4V）时会存在严重的电化学氧化分解，进而限制了其在高电压锂电池中的拓展应用。为了满足高电压（5V）的 $LiNi_{0.5}Mn_{1.5}O_4$/Li 电池对电解液和界面稳定性的苛刻要求，青岛储能产业技术研究院[149]采用原位聚合工艺开发出聚甲基丙烯酸甲酯/聚丙烯酸酐聚合物电解质。该聚合物电解质室温离子电导率为 6.79×10^{-4}S/cm。组装的 $LiNi_{0.5}Mn_{1.5}O_4$/Li 电池，循环 500 周后，容量保持率为 78.9%。

3.4.3 聚偏氟乙烯基凝胶聚合物电解质

聚偏氟乙烯（PVDF）是以—CH_2CF_2 作为重复单元的聚合物，结晶度为 40%～60%，熔点为 180℃，热分解温度约为 350℃，具有优异的热性能。同时，由于聚合物骨架中—CF_2 强吸电子基团的存在，聚合物具有较高的介电常数，有利于锂盐的解离。另外，该聚合物还具有优异的化学和电化学稳定性及高的机械强度，符合凝胶电解质对聚合物基体的需求[131,150,151]。

1981 年，Watanabe 等[152]率先发现，将 PVDF、锂盐和碳酸酯类增塑剂（EC 或 PC）按一定比例共混时可制得均一的混合膜。Choe 等[153]将 PVDF 作为聚合物基体制备了 PVDF/EC/PC/$LiPF_6$ 凝胶电解质，并在室温下研究了该电解质体系的离子电导率，他发现，当 $LiPF_6$ 在电解质中的质量分数在 5%～20%时，电解质的离子电导率均在 10^{-4}S/cm 以上。Tsunemi 等[154]研究了不同增塑剂对 PVDF/$LiClO_4$ 凝胶电解质离子电导率的影响，研究发现，离子电导率与增塑剂的黏度存在一定的关系。电解质的离子电导率按照以下顺序递减：DMF>BL>EC>PC>PEG400>PEF800，这与增塑剂黏度增加的顺序一致。

由于 PVDF 的分子结构较规整，PVDF 是一种易结晶的聚合物，结晶度一般在 40%～60%，较大的结晶度不利于凝胶电解质离子导电性的提高，因此，人们常采用将偏氟乙烯与其他极性单体进行共聚的方式改善聚合物的结晶行为，六氟丙烯（HFP）即为常用的共聚单体之一。由 PVDF 和 HFP 接枝共聚可得聚偏氟乙烯-六氟丙烯（PVDF-HFP），该聚合物相比 PVDF 来说，聚合物的对称性较低，结晶度下降，玻璃化转变温度降低，膜的柔韧度增加，同时，HFP 的加入也促进了电解液的吸收，使得电解质的离子电导率得到了提高，室温离子电导率可达到 10^{-3}S/cm 的数量级[155,156]。Bellcore 公司最早推出采用 PVDF-HFP 共聚物作为聚合物基体的商品化锂离子聚合物可充电电池，该公司还以 PVDF 均聚物或 PVDF-HFP 共聚物作为基体发展了大规模制备聚合物电解质膜的工艺，即 Bellcore 技术[129]。Bellcore 技术的具体制备工艺如下：首先，将 PVDF 均聚物或 PVDF-HFP 共聚物溶解在丙酮中，加入 DBP 作增塑剂，制备电解质薄膜；然后，用醚类或醇类溶剂萃取出增塑剂并进行干燥；最后，将聚合物电解质膜浸泡在电解液中，得到透明的凝胶聚合物电解质膜。Bellcore 技术中 DBP 增塑剂萃取的步骤至关重要，研究人员发现，残存的 DBP 增塑剂会导致组装的锂电池发生胀气，影响电池的稳定性和电化学性能。近年来，Bellcore 技术仍在不断改进，他们利用 PVDF-HFP-SiO$_2$/丙酮 + 乙醇作为制孔体系，在组成适当时，利用相转移法可制备出具有不同孔尺寸和分布的多孔状 PVDF-HFP 膜，其保液率、凝胶态电解质的离子电导率与利用传统 Bellcore 技术制备的多孔膜相比都有明显的提高[157]。

此外，研究人员还通过共混、交联、添加无机填料等方式进一步改善聚合物基体的机械性能和电化学性质。Song 等[158]将聚乙二醇二丙烯酸酯（PEGDA）作为交联剂与 PVDF-HFP 进行共混，在紫外光照射引发的条件下制备了具有交联结构的 PVDF 基凝胶聚合物电解质，他们发现，该电解质体系的室温离子电导率可达 4×10^{-3}S/cm，分解电压在 4.6V 以上，同时，电解质具有良好的力学性能、吸液能力和热稳定性。Kim 等[159]将 PVDF-HFP 与 PAN 进行共混并将共混物浸泡到 EC/DMC/LiPF$_6$ 电解液中制备了 PVDF-HFP/PAN 共混电解质体系，研究发现，该电解质体系的室温离子电导率约为 1×10^{-3}S/cm。此外，研究人员还通过添加无机填料来提高 PVDF 基凝胶聚合物电解质的电导率和机械性能。Caillon-Caravanier 等[160]将 SiO$_2$ 添加到 PVDF 基电解质中，发现 SiO$_2$ 的加入可以增加 PVDF 基体的吸液量并加快了吸液速度。科研人员认为，SiO$_2$ 的加入能够降低 PVDF 基体的结晶度，因此提升了电解液的吸液量，使得电解质的离子电导率进一步提升，该电解质体系的室温离子电导率最高可达 6×10^{-3}S/cm[161]。

3.4.4 氰基高分子基凝胶聚合物电解质

氰基是偶极矩较高的极性基团，介电常数约为 30，属于强吸电子基团，它具有低的 LOMO 能级和较高的抗氧化性，常被科研人员引入到聚合物基体或锂盐中用于提高电解质的分解电压。目前使用最为广泛的商业化氰基类聚合物为强力胶中的氰基丙烯酸酯和腈纶纤维中的丙烯腈[162]。

1. 聚丙烯腈基凝胶聚合物电解质

聚丙烯腈（PAN）是一种耐热、化学性能稳定、机械性能优异的聚合物材料，其作为聚合物基体，具有高离子电导率、优异的热稳定性、宽电化学稳定窗口以及高吸液率等优点[163]。

1975 年，Feuillade 等[128]率先以 PAN 作为聚合物基体制备出电导率接近 10^{-3}S/cm 数量级的凝胶电解质。Watanabe 等[164]研究了不同组分含量对 PAN/EC-PC/LiClO$_4$ 电解质离子电导率的影响。他们发现，电解质的离子电导率会随着增塑剂与 LiClO$_4$ 物质的量比的增加而增加，该电解质在室温下的电导率约为 10^{-4}~10^{-5}S/cm。意大利的 Scrosati 和 Croce 等[165-167]也对 PAN 基凝胶型电解质进行了系统的研究，研究人员选取不同类型增塑剂和锂盐并按不同的配比制备凝胶型电解质以优化凝胶电解质的综合性能。最终，研究人员优化出了室温离子电导率可高达 $5.9×10^{-3}$S/cm 的 PAN/EC/DMC/LiPF$_6$ 凝胶电解质体系。

在 PAN 基凝胶聚合物电解质中，由于强极性基团—CN 的存在，PAN 对锂负极具有较为严重的钝化作用，这会导致锂电池在循环过程中内阻不断上升，当电池温度升高时还会导致电解液在基体中析出，增加锂电池的安全隐患。通常情况下，研究人员通过共混、共聚和添加无机填料等方式改善 PAN 基凝胶聚合物电解质的以上缺陷。PEO[168]、PMMA[169]、PVDF[170]等聚合物均常用于与 PAN 共混来提高 PAN 基凝胶聚合物电解质的机械性能和电化学性能。Lee 等[171]将 PMMA 与 PAN 共混制备了 PMMA/PAN 基凝胶聚合物电解质，他们发现，加入 PMMA 后电解质的离子电导率得到了大幅度提升，常温下的离子电导率可达 1.3mS/cm，在-25℃下的离子电导率可达 0.17mS/cm。Panero 等[172]将 Al$_2$O$_3$ 粉末加入到 PAN/PC/LiPF$_6$ 电解质体系中，他们发现，该电解质体系在室温下的离子电导率高达 8mS/cm，电解质的分解电位约为 5.5V。周明杰等[173]采用介孔分子筛改性 PAN-MMA 凝胶聚合物电解质，他们发现，MCM-48 介孔分子筛改性的电解质具有较高的电导率和安全性。Akashi 等[174]将 Al$_2$O$_3$ 作为无机填料用于改善 PAN/PC/LiPF$_6$ 凝胶电解质，他们发现，添加 Al$_2$O$_3$ 无机填料后电解质的电化学稳定窗口可达 5.5V，将该电解质应用在 LiNi$_y$Co$_{1-y}$O$_2$/Li 电池中也可在 4.5V 进行稳定充放电，同时电池的放电比容量可以达到 140~150mA·h/g。

2. 含有氰基的凝胶聚合物电解质

氰乙基聚乙烯醇醚（PVA-CN）是一种含有氰基基团的聚合物，结构如图 3.36 所示，是由丙烯腈在聚乙烯醇侧链发生取代制备而成的。PVA-CN 具有较高的介电常数（16），有利于锂盐的溶解和解离。青岛储能产业技术研究院将 PVA-CN 作为聚合物基体制备了 PVA-CN/LiTFSI 电解质膜，并将该电解质涂覆在玻璃纤维无纺布膜上得到了"刚柔并济"的新型电解质膜（GFMPE）。研究人员发现，将 GFMPE 浸泡在 EC/DMC 增塑剂中所得到的凝胶电解质具有比传统液态电解液还高的离子电导率，由该凝胶电解质组装而成的 LiFePO$_4$/Li 半电池可以在 120℃下正常充放电，大大提高了锂电池的安全性能[175]。康飞宇教授通过高温处理

PVA-CN 和 LiPF$_6$ 电解液，原位引发聚合制备得到一种具有交联结构的 PVA-CN 基凝胶聚合物电解质。该电解质具有高的 Li$^+$ 迁移数（＞0.84）、与液态电解液相当的离子电导率、较高的容量保持率和较好的热稳定性[176]。

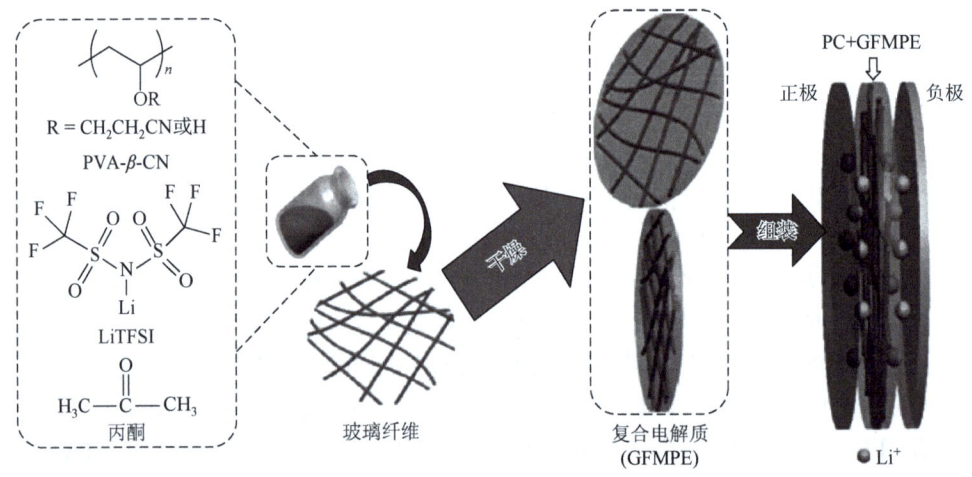

图 3.36　GFMPE 的制备过程和 LR2032 电池的组装[175]

氰基丙烯酸乙酯是一种有颜色的低黏度液体，也是 502 胶水的主要成分之一，遇水可以快速发生聚合生成聚-α-氰基丙烯酸乙酯（PECA），由于 PECA 中氰基基团和酯基官能团的存在，其具有耐高电压和宽电化学稳定窗口的特性。最近，青岛储能产业技术研究院利用氰基丙烯酸酯作为聚合单体，首次在纤维素骨架上原位聚合制备了"刚柔并济"的凝胶电解质 PECA。由图 3.37 可以看出，由该电解质制备的 LiMn$_2$O$_4$/石墨全电池在 55℃的高温下具有良好的界面性能，显著地提高了 LiMn$_2$O$_4$/石墨全电池在高温下的循环稳定性[177]。此外，该研究院还将 PECA/聚四氟乙烯无纺布/LiBOB 凝胶电解质应用于高电压 LiNi$_{0.5}$Mn$_{1.5}$O$_4$/Li 电池中，并将该电解质与传统的液态电解液进行了比较。他们发现，由该电解质组装的 LiNi$_{0.5}$Mn$_{1.5}$O$_4$/Li 电池具有优异的循环性能和倍率性能[178, 179]。该研究院还发现，PECA 在充放电循环过程中会在电池正极表面产生一层钝化膜，这层钝化膜可以起到传输锂离子并抑制 Mn^{3+} 溶出和传输的作用，从而使得电解质体系可以在高电压 LiNi$_{0.5}$Mn$_{1.5}$O$_4$/Li 电池中保持稳定。

3.4.5　马来酸酐基凝胶聚合物电解质

马来酸酐基高分子作为凝胶聚合物电解质的基体材料，由于其电化学稳定窗口较宽（5V），可以搭配高电压的正极材料，因此可以显著提升锂电池的质量能量密

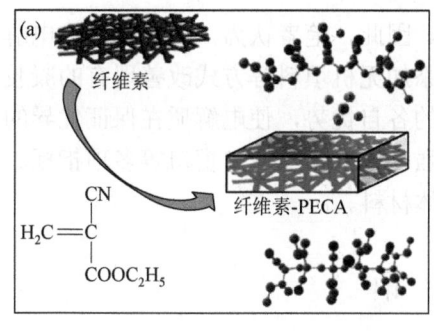
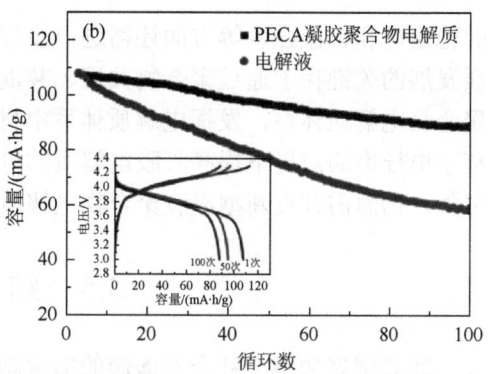

图 3.37 聚（氰基丙烯酸乙酯）电解质的制备示意图（a）及在 55℃的高温下 LiMn₂O₄/石墨全电池的电池性能图（b）[177]

度，是一种极具潜力的聚合物电解质材料。马来酸酐基高分子主要包括聚甲基丙烯酸甲酯-马来酸酐共聚物和聚偏氟乙烯-马来酸酐等。

为了解决聚甲基丙烯酸甲酯凝胶聚合物电解质机械强度低、结构稳定性差的问题，西北工业大学的马晓燕教授设计并制备出一种甲基丙烯酸甲酯-马来酸酐凝胶聚合物电解质[180]。实验方法为：以偶氮二异丁腈（AIBN）为引发剂，甲基丙烯酸甲酯（MMA）、马来酸酐（MAH）为单体，其中 MMA 与 MAH 的物质的量比为 1∶1，合成了 P(MMA-co-MAH)共聚物。以上述共聚物为基体，碳酸丁烯酯（BC）为增塑剂，高氯酸锂（LiClO₄）为锂盐，制备了凝胶聚合物电解质（GPE），其室温离子电导率为 3×10^{-5} S/cm。

传统的聚偏氟乙烯高分子，由于结晶度高，会阻碍锂离子的迁移速度，这严重制约了其在高倍率和高能量密度锂电池中的应用。为解决这一棘手问题，华南师范大学的李伟善教授等[181]通过在聚偏氟乙烯链中引入马来酸酐，并添加纳米三氧化二铝，制备出一种复合凝胶聚合物电解质。研究发现，当添加 10%的三氧化二铝时，凝胶聚合物电解质与正负极的兼容性最好，室温离子电导率为 3.84×10^{-3} S/cm。组装的钴酸锂/石墨全电池在 3~4.2V 充放电区间内，0.5C 循环 100 圈后，容量保持率为 97.2%。

为满足 4.45V 的 LiCoO₂/Li 金属电池对电解质的需要，青岛储能产业技术研究院制备出高性能的聚乙烯基甲醚马来酸酐基聚合物电解质，组装的 4.45V 的 LiCoO₂/Li 金属电池在 55℃的条件下运行，500 圈后容量保持率为 85%，显示出极佳的长循环稳定性。并且该聚合物电解质还可以实现对锂负极的有效保护，是一种多功能的聚合物电解质[182]。

综合以上多种凝胶聚合物电解质，不难看出：相较于固态聚合物电解质，凝胶聚合物电解质在离子电导率方面有较为明显的优势，但是其在安全性、电解质的稳定性和机械强度等方面还需进一步提高。因此，笔者认为，凝胶聚合物电解质发展的关键在于通过聚合物共聚、共混、添加无机填料等方式改善现有的凝胶聚合物电解质体系，发挥电解质体系中材料的各自优势，使电解质在保证优异的离子电导率的前提下提高凝胶电解质的机械强度、电化学稳定窗口等多项指标。另外，仍急需开发新型凝胶聚合物电解质基体材料。

3.5 结　语

随着国家和整个社会对能源的需求越来越迫切，锂电池作为目前应用最广泛的二次储能器件之一，对新能源的发展与应用起着至关重要的作用。同时，国家"十三五"规划明确提出以二次电池作为新能源汽车动力电池，这是国家的一项重要发展战略，也为锂电池提供了极大的发展契机。电解质是锂电池的重要组成部分，其性能优劣极大地影响着锂电池的性能。传统的有机液态电解质存在易挥发、易泄漏和爆炸等潜在安全问题。与此同时，液态电解质在高温下不稳定和易分解的缺点也严重影响了电池的电化学性能和使用寿命[14,39]。聚合物电解质作为一种新型锂电池电解质，与传统的液态电池相比，具有热稳定性好，安全性高，能够有效抑制锂枝晶生长等诸多优势。本章对聚环氧乙烷、氰基聚高分子、聚碳酸酯类聚合物和聚硅氧烷等聚合物电解质进行系统讨论与综合分析。其共性问题在于大部分聚合物电解质在室温下分子链运动缓慢、结晶度较高、离子电导率较低等，这也制约了聚合物电解质商业化的进程。

因此，开发高离子导电性、高锂离子迁移数、长循环寿命和宽电化学稳定窗口等综合性能优异的聚合物电解质将是锂电池研究的重要发展方向之一[10,183]。实现这一目标的主要方法有两个：①开发新型性能优异的聚合物基体代替现有的聚合物电解质体系，满足商业化锂电池电解质的要求；②对现在研究和开发的聚合物电解质进行更加深入的研究和探索，对其进行改性，就目前聚合物电解质研究现状来看，未来能够满足商业化需求的聚合物电解质的改性不是单一改性手段可以做到的，而是需要通过多种改性手段复合，青岛储能产业技术研究院提出的"刚柔并济"的复合方法是解决目前问题的非常行之有效的手段。因此，聚合物电解质的改性手段的研究也显得尤为重要，需要针对不同用途的聚合物电解质调整相应的改性手段。当然，复合改性手段得到的聚合物电解质体系也会引入新的问题，例如，对于各组分的分布控制比较困难以及新组分必定伴随新界面效应的产生。因此，未来聚合物电解质的研究除了开发新的聚合物体系和改性手段，也应更加注重聚合物体系以及锂电池机理研究，只有在机理透彻的基础上，才能更合适地选择和研发改性手段，从而得到各方面性能优良的聚合物电解质[184]。

参 考 文 献

[1] Lee C C, Wright P V. Morphology and ionic-conductivity of complexes of sodium-iodide and sodium thiocyanate with poly (ethylene oxide). Polymer, 1982, 23: 681.

[2] Scrosati B, Croce F, Panero S. Progress in lithium polymer battery R&D. Journal of Power Sources, 2001, 100: 93.

[3] Appetecchi G B, Croce F, Persi L, Ronci F, Scrosati B. Transport and interfacial properties of composite polymer electrolytes. Electrochimica Acta, 2000, 45: 1481.

[4] Farrington G C, Briant J L. Fast ionic transport in solids. Science, 1979, 204: 1371.

[5] Borodin O, Smith G D. Mechanism of ion transport in amorphous poly (ethylene oxide) /LiTFSI from molecular dynamics simulations. Macromolecules, 2006, 39: 1620.

[6] Brandell D, Priimagi P, Kasemagi H, Aabloo A. Branched polyethylene/poly (ethylene oxide) as a host matrix for Li-ion battery electrolytes: a molecular dynamics study. Electrochimica Acta, 2011, 57: 228.

[7] Do C, Lunkenheimer P, Diddens D, Gotz M, Weiss M, Loidl A, Sun X G, Allgaier J, Ohl M. Li$^+$transport in poly (ethylene oxide) based electrolytes: neutron scattering, dielectric spectroscopy, and molecular dynamics simulations. Physical Review Letters, 2013, 111: 018301.

[8] Wright P V. Polymer electrolytes-the early days. Electrochimica Acta, 1998, 43: 1137.

[9] Zhang J, Yue L, Hu P, Liu Z, Qin B, Zhang B, Wang Q, Ding G, Zhang C, Zhou X, Yao J, Cui G, Chen L. Taichi-inspired rigid-flexible coupling cellulose-supported solid polymer electrolyte for high-performance lithium batteries. Scientific Reports, 2014, 4 (1): 6272.

[10] Zhang B, Wang Q, Zhang J, Ding G, Xu G, Liu Z, Cui G. A superior thermostable and nonflammable composite membrane towards high power battery separator. Nano Energy, 2014, 10: 277.

[11] Tanaka R, Sakurai M, Sekiguchi H, Inoue M. Improvement of room-temperature conductivity and thermal stability of PEO-LiClO$_4$ systems by addition of a small proportion of polyethylenimine. Electrochimica Acta, 2003, 48: 2311.

[12] Yuan F, Chen H Z, Yang H Y, Li H Y, Wang M. PAN-PEO solid polymer electrolytes with high ionic conductivity. Materials Chemistry and Physics, 2005, 89: 390.

[13] Watanabe M, Endo T, Nishimoto A, Miura K, Yanagida M. High ionic conductivity and electrode interface properties of polymer electrolytes based on high molecular weight branched polyether. Journal of Power Sources, 1999, 81: 786.

[14] Croce F, Appetecchi G B, Persi L, Scrosati B. Nanocomposite polymer electrolytes for lithium batteries. Nature, 1998, 394: 456.

[15] Quartarone E, Mustarelli P, Magistris A. PEO-based composite polymer electrolytes. Solid State Ionics, 1998, 110: 1.

[16] Li Q, Sun H Y, Takeda Y, Imanishi N, Yang J, Yamamoto O. Interface properties between a lithium metal electrode and a poly (ethylene oxide) based composite polymer electrolyte. Journal of Power Sources, 2001, 94: 201.

[17] Fu K, Gong Y, Dai J, Gong A, Han X, Yao Y, Wang C, Wang Y, Chen Y, Yan C, Li Y, Wachsman E D, Hu L. Flexible, solid-state, ion-conducting membrane with 3D garnet nanofiber networks for lithium batteries. Proceedings of the National Academy of Sciences of the United States of America, 2016, 113: 7094.

[18] Zhang J, Zhao N, Zhang M, Li Y, Chu P K, Guo X, Di Z, Wang X, Li H. Flexible and ion-conducting membrane electrolytes for solid-state lithium batteries: Dispersion of garnet nanoparticles in insulating polyethylene oxide. Nano Energy, 2016, 28: 447.

[19] Kim H, Kim T Y, Roev V, Lee H C, Kwon H J, Lee H, Kwon S, Im D. Enhanced electrochemical stability of quasi-solid-state electrolyte containing SiO$_2$ nanoparticles for LiO$_2$ battery applications. Acs Applied Materials & Interfaces, 2016, 8: 1344.

[20] Ma Q, Qi X G, Tong B, Zheng Y H, Feng W F, Nie J, Hu Y S, Li H, Huang X J, Chen L Q, Zhou Z B. Novel Li（CF$_3$SO$_2$）（n-C$_4$F$_9$SO$_2$）N-based polymer electrolytes for solid-state lithium batteries with superior electrochemical performance. Acs Applied Materials & Interfaces, 2016, 8: 29705.

[21] Strauss E, Menkin S, Golodnitsky D. On the way to high-conductivity single lithium-ion conductors. Journal of Solid State Electrochemistry, 2017, 21: 1879.

[22] Ma Q, Xia Y, Feng W, Nie J, Hu Y S, Li H, Huang X, Chen L, Armand M, Zhou Z. Impact of the functional group in the polyanion of single lithium-ion conducting polymer electrolytes on the stability of lithium metal electrodes. RSC Advances, 2016, 6: 32454.

[23] Bouchet R, Maria S, Meziane R, Aboulaich A, Lienafa L, Bonnet J P, Phan N T, Bertin D, Gigmes D, Devaux D, Denoyel R, Armand M. Single-ion BAB triblock copolymers as highly efficient electrolytes for lithium-metal batteries. Nature Materials, 2013.12: 452.

[24] Yang J, Pistorino J C, Pratt R C, Eitouni H B. Copolymers of peo and fluorinated polymers as electrolytes for lithium batteries: US 20160336620 A1. 2016.

[25] Pratt R C, Yang J, Pistorino J C, Eitouni H B, Singh M, Vijay V. Block copolymer electrolytes containing polymeric additives: US 20170092983 A1. 2017.

[26] Pratt R C, Wang X L, Lam S, Eitouni H B. Fluorinated alkali ion electrolytes with cyclic carbonate groups: US 20160301101 A1. 2016.

[27] Yang J, Eitouni H B, Singh M. High temperature lithium cells with solid polymer electrolytes: WO 2011146670 A1.2011.

[28] 湛英杰，洪响，钟开富，吴冰斌，闫传苗，安黎，林少雄. 固态聚合物电解质及使用该电解质的全固态锂离子电池: CN 106299470 A. 2017.

[29] Forsyth M, Tipton A, Shriver D, Ratner M, MacFarlane D. Ionic conductivity in poly(diethylene glycol-carbonate)/sodium triflate complexes. Solid State Ionics, 1997, 99: 257.

[30] Hou W H, Chen C Y, Wang C C. The environment of lithium ions and conductivity of comb-like polymer electrolyte with a chelating functional group. Polymer, 2003, 44: 2983.

[31] Pêgo A P, Poot A A, Grijpma D W, Feijen J. Copolymers of trimethylene carbonate and ε-caprolactone for porous nerve guides: synthesis and properties. Journal of Biomaterials Science, Polymer Edition, 2001, 12: 35.

[32] Pêgo A P, Van Luyn M, Brouwer L, Van Wachem P, Poot A A, Grijpma D W, Feijen J. *In vivo* behavior of poly (1, 3-trimethylene carbonate) and copolymers of 1, 3-trimethylene carbonate with D, L-lactide or ε-caprolactone: degradation and tissue response. Journal of Biomedical Materials Research Part A, 2003, 67: 1044.

[33] Asplund J B, Bowden T, Mathisen T, Hilborn J. Synthesis of highly elastic biodegradable poly(urethane urea). Biomacromolecules, 2007, 8: 905.

[34] Nederberg F, Watanabe J, Ishihara K, Hilborn J, Bowden T. Biocompatible and biodegradable phosphorylcholine ionomers with reduced protein adsorption and cell adhesion. Journal of Biomaterials Science, Polymer Edition, 2006, 17: 605.

[35] Silva M M, Barbosa P, Evans A, Smith M J. Novel solid polymer electrolytes based on poly(trimethylene carbonate) and lithium hexafluoroantimonate. Solid state sciences, 2006, 8: 1318.

[36] Barbosa P C, Rodrigues L C, Silva M M, Smith M J. Characterization of pTMC$_n$LiPF$_6$ solid polymer electrolytes. Solid State Ionics, 2011, 193: 39.

[37] Inoue S, Koinuma H, Tsuruta T. Copolymerization of carbon dioxide and epoxide. Journal of Polymer Science Part C: Polymer Letters, 1969, 7: 287.

[38] Yu X Y, Xiao M, Wang S J, Zhao Q Q, Meng Y Z. Fabrication and characterization of PEO/PPC polymer electrolyte for lithium-ion battery. Journal of Applied Polymer Science, 2010, 115: 2718.

[39] Yue L, Ma J, Zhang J, Zhao J, Dong S, Liu Z, Cui G, Chen L. All solid-state polymer electrolytes for high-performance lithium ion batteries. Energy Storage Materials, 2016, 5: 139.

[40] Sun B, Mindemark J, Edström K, Brandell D. Polycarbonate-based solid polymer electrolytes for Li-ion batteries. Solid State Ionics, 2014, 262: 738.

[41] Silva M M, Barbosa P, Evans A, Smith M J. Novel solid polymer electrolytes based on poly (trimethylene carbonate) and lithium hexafluoroantimonate. Solid State Sciences, 2006, 8: 1318.

[42] Mindemark J, Törmä E, Sun B, Brandell D. Copolymers of trimethylene carbonate and ε-caprolactone as electrolytes for lithium-ion batteries. Polymer, 2015, 63: 91.

[43] Sun B, Mindemark J, Morozov E V, Costa L T, Bergman M, Johansson P, Fang Y, Furo I, Brandell D. Ion transport in polycarbonate based solid polymer electrolytes: experimental and computational investigations. Phys Chem Chem Phys, 2016, 18: 9504.

[44] Elmér A M, Jannasch P. Synthesis and characterization of poly (ethylene oxide-co-ethylene carbonate) macromonomers and their use in the preparation of crosslinked polymer electrolytes. Journal of Polymer Science Part A: Polymer Chemistry, 2006, 44: 2195.

[45] Kwon S J, Kim D G, Shim J, Lee J H, Baik J H, Lee J C. Preparation of organic/inorganic hybrid semi-interpenetrating network polymer electrolytes based on poly (ethylene oxide-co-ethylene carbonate) for all-solid-state lithium batteries at elevated temperatures. Polymer, 2014, 55: 2799.

[46] Kimura K, Matsumoto H, Hassoun J, Panero S, Scrosati B, Tominaga Y. A quaternary poly (ethylene carbonate) - lithium Bis (trifluoromethanesulfonyl) imide-ionic liquid-silica fiber composite polymer electrolyte for lithium batteries. Electrochimica Acta, 2015, 175: 134.

[47] Kimura K, Yajima M, Tominaga Y. A highly-concentrated poly (ethylene carbonate) -based electrolyte for all-solid-state Li battery working at room temperature. Electrochemistry Communications, 2016, 66: 46.

[48] Tominaga Y, Yamazaki K, Nanthana V. Effect of anions on lithium ion conduction in poly (ethylene carbonate) -based polymer electrolytes. Journal of The Electrochemical Society, 2015, 162: A3133.

[49] Motomatsu J, Kodama H, Furukawa T, Tominaga Y. Dielectric relaxation behavior of a poly(ethylene carbonate)-lithium bis- (trifluoromethanesulfonyl) imide electrolyte. Macromolecular Chemistry and Physics, 2015, 216: 1660.

[50] Jeon J D, Kim M J, Kwak S Y. Effects of addition of TiO$_2$ nanoparticles on mechanical properties and ionic conductivity of solvent-free polymer electrolytes based on porous P (VdF-HFP) /P (EO-EC) membranes. Journal of Power Sources, 2006, 162: 1304.

[51] Jeon J D, Kwak S Y. Pore-filling solvent-free polymer electrolytes based on porous P (VdF-HFP) /P (EO-EC) membranes for rechargeable lithium batteries. Journal of Membrane Science, 2006, 286: 15.

[52] Ma X, Chang P R, Yu J, Wang N. Preparation and properties of biodegradable poly (propylene carbonate) /thermoplastic dried starch composites. Carbohydrate Polymers, 2008, 71: 229.

[53] Zhang J, Zhao J, Yue L, Wang Q, Chai J, Liu Z, Zhou X, Li H, Guo Y, Cui G, Chen L. Safety-reinforced

poly(propylene carbonate)-based all-solid-state polymer electrolyte for ambient-temperature solid polymer lithium batteries. Advanced Energy Materials, 2015, 5: 1501082.

[54] Zhang J, Zang X, Wen H, Dong T, Chai J, Li Y, Chen B, Zhao J, Dong S, Ma J, Yue L, Liu Z, Guo X, Cui G, Chen L. High-voltage and free-standing poly(propylene carbonate)/$Li_{6.75}La_3Zr_{1.75}Ta_{0.25}O_{12}$ composite solid electrolyte for wide temperature range and flexible solid lithium ion battery. Journal of Materials Chemistry A, 2017, 5: 4940.

[55] Zhou D, Zhou R, Chen C, Yee W A, Kong J, Ding G, Lu X. Non-volatile polymer electrolyte based on poly (propylene carbonate), ionic liquid, and lithium perchlorate for electrochromic devices. J Phys Chem B, 2013, 117: 7783.

[56] Chen G, Zhuang G V, Richardson T J, Liu G, Ross P N. Anodic polymerization of vinyl ethylene carbonate in Li-ion. Electrochemical and Solid-State Letters, 2005, 8: A344.

[57] Lu Q, Yang J, Lu W, Wang J, Nuli Y. Advanced semi-interpenetrating polymer network gel electrolyte for rechargeable lithium batteries. Electrochimica Acta, 2015, 152: 489.

[58] Itoh T, Fujita K, Inoue K, Iwama H, Kondoh K, Uno T, Kubo M. Solid polymer electrolytes based on alternating copolymers of vinyl ethers with methoxy oligo (ethyleneoxy) ethyl groups and vinylene carbonate. Electrochimica Acta, 2013, 112: 221.

[59] Chai J, Liu Z, Ma J, Wang J, Liu X, Liu H, Zhang J, Cui G, Chen L. In situ generation of poly(vinylene carbonate) based solid electrolyte with interfacial stability for $LiCoO_2$ lithium batteries. Advanced Science, 2017,(2):1600377.

[60] 崔光磊,崔子立,乔立鑫,于莎,崔艳艳,刘志宏. 一种固态锂电池聚合物电解质及制备和应用: CN 107069084 A. 2017.

[61] 崔光磊,柴敬超,刘志宏,崔子立,王庆富,张建军,姚建华,刘海胜. 一种聚碳酸亚乙烯酯基锂离子电池聚合物电解质及其制备方法和应用: CN 105826603 A. 2016.

[62] 崔光磊,张建军,温慧婕,李阳,徐红霞,刘志宏,高继超. 一种有机无机复合全固态电解质及其构成的全固态锂电池: CN 105811002 A. 2016.

[63] 崔光磊,张建军,赵江辉,柴敬超,岳丽萍,刘志宏,王晓刚. 聚碳酸酯类全固态聚合物电解质及其构成的全固态二次锂电池及其制备和应用: CN105591154 A. 2016.

[64] 崔光磊,张建军,赵江辉,柴敬超,岳丽萍,刘志宏,王晓刚. 一种全固态聚合物电解质及其制备和应用: WO2016127786 A1. 2016.

[65] Nagaoka K, Naruse H, Shinohara I, Watanabe M. High ionic-conductivity in poly(dimethyl siloxane-co-ethylene) dissolving lithium perchlorate. Journal of Polymer Science Part C-Polymer Letters, 1984, 22: 659.

[66] Sun J, MacFarlane D R, Forsyth M. Ion conductive poly (ethylene oxide-dimethyl siloxane) copolymers. Journal of Polymer Science Part A: Polymer Chemistry, 1996, 34: 3465.

[67] Fonseca C P, Neves S. Characterization of polymer electrolytes based on poly (dimethyl siloxane-co-ethylene oxide). Journal of Power Sources, 2002, 104: 85.

[68] Fish D, Khan I M, Smid J. Conductivity of solid complexes of lithium perchlorate with poly omega methoxyhexa (oxyethyene) ethoxyethoxy methylsiloxane. Makromolekulare Chemie-Rapid Communications, 1986, 7: 115.

[69] Trapa P E, Won Y Y, Mui S C, Olivetti E A, Huang B Y, Sadoway D R, Mayes A M, Dallek S. Rubbery graft copolymer electrolytes for solid-state, thin-film lithium batteries. Journal of the Electrochemical Society, 2005, 152: A1.

[70] Fish D, Khan I M, Wu E, Smid J. Polymer electrolyte complexes of $LiClO_4$ and comb polymers of sioxane with oligo oxyethyene side chains. British Polymer Journal, 1988, 20: 281.

[71] Hooper R, Lyons L J, Moline D A, West R. A highly conductive solid-state polymer electrolyte based on a double-comb polysiloxane polymer with oligo (ethylene oxide) side chains. Organometallics, 1999, 18: 3249.

[72] Hooper R, Lyons L J, Mapes M K, Schumacher D, Moline D A, West R. Highly conductive siloxane polymers. Macromolecules, 2001, 34: 931.

[73] Walkowiak M, Schroeder G, Gierczyk B, Waszak D, Osinska M. New lithium ion conducting polymer electrolytes based on polysiloxane grafted with Si-tripodand centers. Electrochemistry Communications, 2007, 9: 1558.

[74] Zhu Z Y, Einset A G, Yang C Y, Chen W X, Wnek G E. Synthesis of polysiloxanes bearing cyclic carbonate side chains dielectric propreties and ionic conductivities of lithium triflate complexes. Macromolecules, 1994, 27: 4076.

[75] Choi U H, Liang S, Chen Q, Runt J, Colby R H. Segmental dynamics and dielectric constant of polysiloxane polar copolymers as plasticizers for polymer electrolytes. Acs Applied Materials & Interfaces, 2016, 8: 3215.

[76] Li J, Lin Y, Yao H, Yuan C, Liu J. Tuning thin-film electrolyte for lithium battery by grafting cyclic carbonate and combed poly (ethylene oxide) on polysiloxane. Chemsuschem, 2014, 7: 1901.

[77] Siska D P, Shriver D F. Li + conductivity of polysiloxane-trifluoromethylsulfonamide polyelectrolytes. Chemistry of Materials, 2001, 13: 4698.

[78] Snyder J F, Hutchison J C, Ratner M A, Shriver D F. Synthesis of comb polysiloxane polyelectrolytes containing oligoether and perfluoroether side chains. Chemistry of Materials, 2003, 15: 4223.

[79] Liang S, Choi U H, Liu W, Runt J, Colby R H. Synthesis and Lithium Ion conduction of polysiloxane single-ion conductors containing novel weak-binding borates. Chemistry of Materials, 2012, 24: 2316.

[80] Oh B, Vissers D, Zhang Z, West R, Tsukamoto H, Amine K. New interpenetrating network type poly (siloxane-g-ethylene oxide) polymer electrolyte for lithium battery. Journal of Power Sources, 2003, 119-121: 442.

[81] Noda K, Yasuda T, Nishi Y. Concept of polymer alloy electrolytes: towards room temperature operation of lithium-polymer batteries. Electrochimica Acta, 2004, 50: 243.

[82] Zhang Z, Fang S. Novel network polymer electrolytes based on polysiloxane with internal plasticizer. Electrochimica Acta, 2000, 45: 2131.

[83] Zhang Z C, Sherlock D, West R, West R, Amine K, Lyons L J. Cross-linked network polymer electrolytes based on a polysiloxane backbone with oligo (oxyethylene) side chains: synthesis and conductivity. Macromolecules, 2003, 36: 9176.

[84] Kang Y, Lee W, Hack Suh D, Lee C. Solid polymer electrolytes based on cross-linked polysiloxane-g-oligo (ethylene oxide): ionic conductivity and electrochemical properties. Journal of Power Sources, 2003, 119: 448.

[85] Lee J, Kang Y, Suh D H, Lee C. Ionic conductivity and electrochemical properties of cross-linked poly[siloxane-g-oligo (ethylene oxide)] gel-type polymer electrolyte. Electrochimica Acta, 2004, 50: 351.

[86] Kang Y, Lee J, Suh D H, Lee C. A new polysiloxane based cross-linker for solid polymer electrolyte. Journal of Power Sources, 2005, 146: 391.

[87] Lee I J, Song G S, Lee W S, Suh D H. A new class of solid polymer electrolyte: synthesis and ionic conductivity of novel polysiloxane containing allyl cyanide groups. Journal of Power Sources, 2003, 114: 320.

[88] Fuentes S, Retuert P J, González G. Transparent conducting polymer electrolyte by addition of lithium to the molecular complex chitosane-poly (aminopropyl siloxane). Electrochimica Acta, 2003, 48: 2015.

[89] Huang X J, Chen L Q, Huang H, Xue R J, Ma Y G, Fang S B, Li Y J, Jiang Y Y. Electrical-properties of a single lithium-ion conductor PMSEO-PLPMS. Solid State Ionics, 1992, 51: 69.

[90] Wang S, Min K. Solid polymer electrolytes of blends of polyurethane and polyether modified polysiloxane and their ionic conductivity. Polymer, 2010, 51: 2621.

[91] Shibata M, Kobayashi T, Yosomiya R, Seki M. Polymer electrolytes based on blends of poly (ether urethane) and polysiloxanes. European Polymer Journal, 2000, 36: 485.

[92] Zhao F, Qian X M, Wang E K, Dong S J. Advances in ionic conductive polymer electrolytes. Progress in Chemistry, 2002, 14: 374.

[93] Maitra P, Wunder S L. POSS based electrolytes for rechargeable lithium batteries. Electrochemical and Solid State Letters, 2004, 7: A88.

[94] Zhang H J, Kulkarni S, Wunder S L. Polyethylene glycol functionalized polyoctahedral silsesquioxanes as electrolytes for lithium batteries. Journal of the Electrochemical Society, 2006, 153: A239.

[95] Zhang H, Kulkarni S, Wunder S L. Blends of POSS-PEO $_{(n=4)}$ 8 and high molecular weight poly (ethylene oxide) as solid polymer electrolytes for lithium batteries. The Journal of Physical Chemistry B, 2007, 111: 3583.

[96] Maitra P, Wunder S L. Oligomeric poly (ethylene oxide)-functionalized silsesquioxanes: interfacial effects on T_g, T_m, and ΔH_m. Chemistry of Materials, 2002, 14: 4494.

[97] Shim J, Kim D G, Lee J H, Baik J H, Lee J C. Synthesis and properties of organic/inorganic hybrid branched-graft copolymers and their application to solid-state electrolytes for high-temperature lithium-ion batteries. Polymer Chemistry, 2014, 5: 3432.

[98] Colovic M, Jerman I, Gaberscek M, Orel B. POSS based ionic liquid as an electrolyte for hybrid electrochromic devices. Solar Energy Materials and Solar Cells, 2011 95: 3472.

[99] Tanaka K, Ishiguro F, Chujo Y. POSS ionic liquid. Journal of the American Chemical Society, 2010, 132: 17649.

[100] Tanaka K, Ishiguro F, Chujo Y. Thermodynamic study of POSS-based ionic liquids with various numbers of ion pairs. Polymer Journal, 2011, 43: 708.

[101] Ishii T, Enoki T, Mizumo T, Ohshita J, Kaneko Y. Preparation of imidazolium-type ionic liquids containing silsesquioxane frameworks and their thermal and ion-conductive properties. Rsc Advances, 2015, 5: 15226.

[102] Lee J Y, Lee Y M, Bhattacharya B, Nho Y C, Park J K. Solid polymer electrolytes based on crosslinkable polyoctahedral silsesquioxanes (POSS) for room temperature lithium polymer batteries. Journal of Solid State Electrochemistry, 2010, 14: 1445.

[103] Armand M, Endres F, MacFarlane D R, Ohno H, Scrosati B. Ionic-liquid materials for the electrochemical challenges of the future. Nature Materials, 2009, 8: 621.

[104] Li M, Ren W, Zhang Y, Zhang Y. Study on properties of gel polymer electrolytes based on ionic liquid and amine-terminated butadiene-acrylonitrile copolymer chemically crosslinked by polyhedral oligomeric silsesquioxane. Journal of Applied Polymer Science, 2012, 126: 273.

[105] Chinnam P R, Wunder S L. Polyoctahedral silsesquioxane-nanoparticle electrolytes for lithium batteries: POSS-lithium salts and POSS-PEGs. Chemistry of Materials, 2011, 23: 5111.

[106] Florjanczyk Z, Bzducha W, Langwald N, Dygas J R, Krok F, Misztal-Faraj B. Lithium gel polyelectrolytes based on crosslinked maleic anhydride-styrene copolymer. Electrochimica Acta, 2000, 45: 3563.

[107] Itoh T, Yoshikawa M, Uno T, Kubo M. Solid polymer electrolytes based on poly (lithium carboxylate) salts. Ionics, 2009, 15: 27.

[108] Zhang L, Zhang Z, Harring S, Straughan M, Butorac R, Chen Z, Lyons L, Amine K, West R. Highly conductive trimethylsilyl oligo (ethylene oxide) electrolytes for energy storage applications. Journal of Materials Chemistry,

2008, 18: 3713.

[109] Chen Z, Wang H H, Vissers D R, Zhang L, West R, Lyons L J, Amine K. Kinetic investigation of the solvation of lithium salts in siloxanes. Journal of Physical Chemistry C, 2008, 112: 2210.

[110] Inose T, Tada S, Morimoto H, Tobishima S I. Poly-ether modified siloxanes as electrolyte additives for rechargeable lithium cells. Journal of Power Sources, 2006, 161: 550.

[111] Amine K, Wang Q Z, Vissers D R, Zhang Z C, Rossi N A A, West R. Novel silane compounds as electrolyte solvents for Li-ion batteries. Electrochemistry Communications, 2006, 8: 429.

[112] Dong J, Zhang Z, Kusachi Y, Amine K. A study of tri (ethylene glycol)-substituted trimethylsilane (1NM$_3$)/LiBOB as lithium battery electrolyte. Journal of Power Sources, 2011, 196: 2255.

[113] Zhang L, Lyons L, Newhouse J, Zhang Z, Straughan M, Chen Z, Amine K, Hamers R J, West R. Synthesis and characterization of alkylsilane ethers with oligo(ethylene oxide)substituents for safe electrolytes in lithium-ion batteries. Journal of Materials Chemistry, 2010 20: 8224.

[114] Yong T, Wang J, Mai Y, Zhao X, Luo H, Zhang L. Organosilicon compounds containing nitrile and oligo(ethylene oxide) substituents as safe electrolytes for high-voltage lithium-ion batteries. Journal of Power Sources, 2014 254: 29.

[115] Wang J, Mai Y, Luo H, Yan X, Zhang L. Fluorosilane compounds with oligo (ethylene oxide) substituent as safe electrolyte solvents for high-voltage lithium-ion batteries. Journal of Power Sources, 2016 334: 58.

[116] Mai Y J, Luo H, Zhao X Y, Wang J L, Davis J, Lyons L J, Zhang L Z. Organosilicon functionalized quaternary ammonium ionic liquids as electrolytes for lithium-ion batteries. Ionics, 2014 20: 1207.

[117] Zhao X Y, Wang J L, Luo H, Yao H R, Ouyang C Y, Zhang L Z. A novel organosilicon-based ionic plastic crystal as solid-state electrolyte for lithium-ion batteries. Journal of Zhejiang University-Science A, 2016, 17: 155.

[118] 郑喆洙, 山口滝太郎, 清水竜一. 可再充电锂电池用的电解质和含该电解质的可再充电锂电池: CN1567643. 2005.

[119] 柳永均, 马相国, 崔在荣, 李锡守. 硅烷化合物、采用它的有机电解质溶液以及采用该有机电解质溶液的锂电池: CN101125859. 2008.

[120] 尼拉·古谱塔, 阿南塔拉曼·达纳巴兰, 那根迪兰·尚穆加姆, 维韦卡·卡雷. 硅氧烷共聚物和包含该硅氧烷共聚物的固体聚合物电解质: CN103732656A. 2014.

[121] 谢皎, 王珺, 胡蕴成, 阮晓莉. 一种复合全固态聚合物电解质锂离子电池及其制备方法: CN102709597A. 2012.

[122] 周小平. 硅硫聚合物、固体电解质及固态锂离子电池: CN103665382A. 2014.

[123] Alarco P J, Abu-Lebdeh Y, Abouimrane A, Armand M. The plastic-crystalline phase of succinonitrile as a universal matrix for solid-state ionic conductors. Nat Mater, 2004, 3: 476.

[124] Choi K H, Kim S H, Ha H J, Kil E H, Lee C K, Lee S B, Shim J K, Lee S Y. Compliant polymer network-mediated fabrication of a bendable plastic crystal polymer electrolyte for flexible lithium-ion batteries. Journal of Materials Chemistry A, 2013, 1: 5224.

[125] Ha H J, Kwon Y H, Kim J Y, Lee S Y. A self-standing, UV-cured polymer networks-reinforced plastic crystal composite electrolyte for a lithium-ion battery. Electrochimica Acta, 2011, 57: 40.

[126] Zhou D, He Y B, Liu R, Liu M, Du H, Li B, Cai Q, Yang Q H, Kang F. *In situ* synthesis of a hierarchical all-solid-state electrolyte based on nitrile materials for high-performance lithium-ion batteries. Advanced Energy Materials, 2015, 5: 1500353.

[127] Zhang X, Liu T, Zhang S, Huang X, Xu B, Lin Y, Xu B, Li L, Nan C W, Shen Y. Synergistic coupling between Li$_{6.75}$La$_3$Zr$_{1.75}$Ta$_{0.25}$O$_{12}$ and poly (vinylidene fluoride) induces high ionic conductivity, mechanical strength, and

thermal stability of solid composite electrolytes. J Am Chem Soc, 2017, 139: 13779.

[128] Feuillade G, Perche P. Ion-conductive macromolecular gels and membranes for solid lithium cells. Journal of Applied Electrochemistry, 1975, 5: 63.

[129] Schmutz N, Shokoohi C, Saito Y. Method of making a laminated lithium ion rechargeable battery cell: US5470357. 1995.

[130] 郑洪河. 锂离子电池电解质. 北京: 化学工业出版社, 2007.

[131] Meyer W H. Polymer electrolytes for lithium-ion batteries. Advanced Materials, 1998, 10: 439.

[132] 唐致远, 王占良. PEO 基聚合物电解质. 高分子材料科学与工程, 2003, 19: 48.

[133] 涂洪成, 杨震宇, 张荣斌, 古宁宇. 锂离子电池用凝胶聚合物电解质研究进展. 化学通报, 2010, 73: 404.

[134] Ito Y, Kanehori K, Miyauchi K, Kudo T. Ionic-conductivity of electrolytes formed from PEO-Licf$_3$SO$_3$ complex with low-molecular-weight poly (ethylene glycol). Journal of Materials Science, 1987, 22: 1845.

[135] Nagasubramanian G, Distefano S. 12-Crown-4 ether-assisted enhancement of ionic-conductivity and interfacial kinetics in polyethylene oxide electrolytes. Journal of the Electrochemical Society, 1990, 137: 3830.

[136] Song J Y, Wang Y Y, Wan C C. Review of gel-type polymer electrolytes for lithium-ion batteries. Journal of Power Sources, 1999, 77: 183.

[137] Passerini S, Lisi M, Momma T. Gelified co-cotinuous polymer blend system as polymer electrolyte for Li-batteries. Journal of Electrochemistry Society, 2004, 151: A578.

[138] Shi J, Yang Y, Shao H. Co-polymerization and blending based PEO/PMMA/P(VDF-HFP) gel polymer electrolyte for rechargeable lithium metal batteries. Journal of Membrane Science, 2018, 547: 1.

[139] Appetecchi G B, Dautzenberg G, Scrosati B. A new class of advanced polymer electrolytes and their relevance in plastic-like, rechargeable lithium batteries. Journal of Electrochemical Society, 1996, 143: 6.

[140] 李忠阳, 戴晓兵, 付人俊, 陈红征, 汪茫. PMMA 基凝胶聚合物电解质研究进展. 功能材料, 2004, 35: 2057.

[141] Iijima T, Toyoguchi Y, Eda N. Quasi-solid organic electrolytes gelatinized with polymethyl-methacrylate and their applications for Lithium batteries. Denki Kagaku, 1985, 53: 619.

[142] Bohnke O, Rousselot C, Giliet A P. Gel electrolyte for solid state electrochromic cell. Journal of Electrochemistry Society, 1992, 139: 862.

[143] Ostrovskii D, Torell M L, Appetecchi B G. An electrochemical and Raman spectroscopical study of gel polymer electrolytes for lithium batteries. Solid State Ionics, 1998, 106: 16.

[144] Appetecchi B G, Croce F, Scrosati B. Kinetics and stability of the lithium electrode in poly (methyl methacrylate) -based gel electrolytes. Electrochomical Acta, 1995, 40: 991.

[145] Kim D W. Electrochemical characterization of poly (ethylene-*co*-methyl acrylate) -based gel polymer electrolytes for lithium ion polymer batteries. Journal of Power Sources, 2000, 87: 78.

[146] Stephan M A, Kumar P T, Renganathan G N. Ionic conductivity and FTIR studies on plasticized PVC/PMMA blend polymer electrolytes. Journal of Power Sources, 2000, 88: 282.

[147] Kim D, Sun T. Polymer electrolytes based on acrylonitrile-methyl methacrylate-styreneter polymer for rechargeable lithium-polymer batteries Journal of Electrochemistry Society, 1998, 145: 1958.

[148] Lee H K, Lee G Y, Park K J. Effect of silica on the electrochemical characterisitics of the plasticized polymer electrolytes based on the PAN-MMA copolymer. Solid State Ionics, 2000, 133: 257.

[149] Ma Y, Ma J, Chai J, Liu Z, Ding G, Xu G, Liu H, Chen B, Zhou X, Cui G, Chen L. Two players make a formidable combination: *in situ* generated poly (acrylic anhydride-2-methyl-acrylic acid-2-oxirane-ethyl ester-methyl methacrylate)

cross-linking gel polymer electrolyte toward 5 V high-voltage batteries. ACS Appl Mater Interfaces, 2017, 9: 41462.

[150] Gopalan A I, Santhosh P, Manesh K M, Nho J H, Kim S H, Hwang C G, Lee K P. Development of electrospun PVdF-PAN membrane-based polymer electrolytes for lithium batteries. Journal of Membrane Science, 2008, 325: 683.

[151] 李朝晖, 张汉平, 张鹏, 吴宇平. 偏氟乙烯-六氟丙烯共聚物基微孔-凝胶聚合物电解质的研究进展. 高分子通报, 2007, (7): 8.

[152] Watanabe M, Kanba M, Matsuda H, Tsunemi K, Mizoguchi K, Tsuchida E, Shinohara I. High lithium ionic-conductivity of polymeric solid electrolytes. Makromolekulare Chemie-Rapid Communications, 1981, 2: 741.

[153] Choe H S, Giaccai J, Alamgir M. Preparation and characterization of poly (vinyl sulfone) -and poly (vinylidene fluoride) -based electrolytes. Electrochimica Acta, 1995, 40: 2289.

[154] Tsunemi K, Ohno H, Tsuchida E. A mechanism of ionic-conduction of poly (vinylidene fluoride) -lithium perchlorate hybrid films. Electrochimica Acta, 1983, 28: 833.

[155] Kim K M, Ryu K S, Kang S G, Chang S H, Chung I J. The effect of silica addition on the properties of poly ((vinylidene fluoride) -co-hexafluoropropylene) -based polymer electrolytes. Macromolecular Chemistry and Physics, 2001, 202: 866.

[156] Abbrent S, Plestil J, Hlavata D, Lindgren J, Tegenfeldt J, Wendsjo A. Crystallinity and morphology of PVdF-HFP-based gel electrolytes. Polymer, 2001, 42: 1407.

[157] 褚衡, 陈晓琴, 连芳, 杨力行, 王超. 锂离子电池凝胶聚合物电解质制备工艺进展. 化工新型材料, 2010, 38: 27.

[158] Song M K, Cho J Y, Cho B W, Rhee H W. Characterization of UV-cured gel polymer electrolytes for rechargeable lithium batteries. Journal of Power Sources, 2002, 110: 209.

[159] Kim J R, Choi S W, Jo S M, Lee W S, Kim B C. Characterization and properties of P (VdF-HFP) -based fibrous polymer electrolyte membrane prepared by electrospinning. Journal of the Electrochemical Society, 2005, 152: A295.

[160] Caillon-Caravanier M, Claude-Montigny B, Lemordant D, Bosser G. Absorption ability and kinetics of a liquid electrolyte in PVDF-HFP copolymer containing or not SiO_2. Journal of Power Sources, 2002, 107: 125.

[161] Saikia D, Kumar A. Ionic conduction studies in P (VDF-HFP) -$LiAsF_6$- (PC + DEC) -fumed SiO_2 composite gel polymer electrolyte system. Physica Status Solidi A-Applied Research, 2005, 202: 309.

[162] Yamada Y, Chiang C H, Sodeyama K, Wang J H, Tateyama Y, Yamada A. Corrosion prevention mechanism of aluminum metal in superconcentrated electrolytes. Chemelectrochem, 2015, 2: 1687.

[163] 孙娉, 廖友好, 李伟善. 锂离子电池用聚丙烯腈基凝胶聚合物电解质研究进展. 电池工业, 2014, (2): 97.

[164] Watanabe M, Kanba M, Nagaoka K, Shinohara I. Ionic-conductivity of hybrid films composed of polyacrylonitrile, ethylene carbonate, and $LiClO_4$. Journal of Polymer Science Part B-Polymer Physics, 1983, 21: 939.

[165] Croce F, Gerace F, Dautzemberg G, Passerini S, Appetecchi G B, Scrosati B. Synthesis and characterization of highly conducting gel electrolytes. Electrochimica Acta, 1994, 39: 2187.

[166] Appetecchi G B, Croce F, Romagnoli P, Scrosati B, Heider U, Oesten R. High-performance gel-type lithium electrolyte membranes. Electrochemistry Communications, 1999, 1: 83.

[167] Appetecchi G B, Croce F, Scrosati B. High-performance electrolyte membranes for plastic lithium batteries. Journal of Power Sources, 1997, 66: 77.

[168] Sannier L, Bouche R, Santinacci L. Lithium metal batteries operating at room temperature based on different PEO-PVDF separator configuration. Journal of Electrochemistry Society, 2004, 151 (6): A873-A879.

[169] Rajendran S, Kannan R, Mahendran O. An electrochemical investigation on PMMA/PVdF blend-based polymer electrolytes. Materials Letters, 2001, 49: 172.

[170] Rajendran S, Sivakumar P, Babu R S. Studies on the salt concentration of a PVdF-PVC based polymer blend electrolyte. Journal of Power Sources, 2007, 164: 815.

[171] Lee J C, Litt M H. Ring-opening polymerization of ethylene carbonate and depolymerization of poly (ethylene oxide-co-ethylene carbonate). Macromolecules, 2000, 33: 1618.

[172] Panero S, Satolli D, D'Epifano A, Scrosati B. High voltage lithium polymer cells using a PAN-based composite electrolyte. Journal of the Electrochemical Society, 2002, 149: A414.

[173] 周明杰, 刘大喜, 王要兵. 聚丙烯腈-甲基丙烯酸甲酯凝胶电解质膜的制备方法, 及其相应电解质和制备方法: CN 104271648A. 2015.

[174] Akashi H, Shibuya M, Orui K, Shibamoto G, Sekai K. Practical performances of Li-ion polymer batteries with $LiNi_{0.8}Co_{0.2}O_2$, MCMB, and PAN-based gel electrolyte. Journal of Power Sources, 2002, 112: 577.

[175] Wang Q, Zhang B, Zhang J, Yu Y, Hu P, Zhang C, Ding G, Liu Z, Zong C, Cui G. Heat-resistant and rigid-flexible coupling glass-fiber nonwoven supported polymer electrolyte for high-performance lithium ion batteries. Electrochimica Acta, 2015, 157: 191.

[176] Zhou D, He Y B, Cai Q, Qin X Y, Li B H, Du H D, Yang Q H, Kang F Y. Investigation of cyano resin-based gel polymer electrolyte: *in situ* gelation mechanism and electrode-electrolyte interfacial fabrication in lithium-ion battery. Journal of Materials Chemistry A, 2014, 2: 20059.

[177] Hu P, Duan Y, Hu D, Qin B, Zhang J, Wang Q, Liu Z, Cui G, Chen L. Rigid-flexible coupling high ionic conductivity polymer electrolyte for an enhanced performance of $LiMn_2O_4$/graphite battery at elevated temperature. ACS Appl Mater Interfaces, 2015, 7: 4720.

[178] Ma J, Hu P, Cui G, Chen L. Surface and interface issues in spinel $LiNi_{0.5}Mn_{1.5}O_4$: insights into a potential cathode material for high energy density lithium ion batteries. Chemistry of Materials, 2016, 28: 3578.

[179] Cui Y, Chai J, Du H, Duan Y, Xie G, Liu Z, Cui G. Facile and reliable *in situ* polymerization of poly(ethyl cyanoacrylate)-based polymer electrolytes toward flexible Lithium batteries. ACS Appl Mater Interfaces, 2017, 9: 8737.

[180] 王书会, 颜红侠, 马晓燕, 黄韵. MMA/MAh 共聚物的合成及其凝胶聚合物电解质性能. 高分子学报, 2008, 5: 442.

[181] Liao Y, Chen T, Luo X, Fu Z, Li X, Li W. Cycling performance improvement of polypropylene supported poly (vinylidene fluoride-co-hexafluoropropylene)/maleic anhydride-grated-polyvinylidene fluoride based gel electrolyte by incorporating nano-Al_2O_3 for full batteries. Journal of Membrane Science, 2016, 507: 126.

[182] Dong T, Zhang J, Xu G, Chai J, Du H, Wang L, Wen H, Zang X, Du A, Jia Q, Zhou X, Cui G. A multifunctional polymer electrolyte enables high-voltage lithium metal battery ultra-long cycle-life. Energy & Environmental Science, 2018. DOI: 10.1039/C7EE03365F

[183] Zhang J F, Ma C, Xia Q B, Liu J T, Ding Z P, Xu M Q, Chen L B, Wei W F. Composite electrolyte membranes incorporating viscous copolymers with cellulose for high performance lithium-ion batteries. Journal of Membrane Science, 2016, 497: 259.

[184] 杜奥冰, 柴敬超, 张建军, 刘志宏, 崔光磊. 锂电池用全固态聚合物电解质的研究进展. 储能科学与技术, 2016, 5: 627.

第 4 章 聚合物黏结剂

4.1 黏结剂的概述和市场

新能源产业的发展迫切需要提高锂离子电池的能量密度，并解决其安全隐患和降低生产成本[1, 2]。正极活性材料[3, 4]、负极活性材料[5-7]、隔膜[8-10]、电解液[11, 12]是锂离子电池的四大组成部分，受关注度较高，国内外从事生产研究的企业和院所也较多。而电极中的辅助材料（黏结剂、导电剂、分散剂、集流体）的研究较少，其重要性也在近几年才被逐渐认识到[13]。

黏结剂又称黏合剂，一般为高分子聚合物，是电极的重要组成部分[14]。黏结剂的主要作用就是将活性材料、导电炭黑和集流体紧密连接，以保证电极中可以形成有效的电子回路，分散性良好的黏结剂溶液可以使活性物质和导电炭黑均匀有效地分散在其中而避免沉降与团簇；其次，黏结剂能够将活性材料、导电炭黑以及集流体等黏结在一起形成稳定的结构，使其相互之间保持良好的电子接触，从而减小电极的阻抗；最后，在反复充放电的过程中黏结剂可以缓冲活性材料的体积膨胀和结构破坏，维持极片结构的稳定性及电子通道的完整性。也有科学家认为，黏结剂可以是一条具有足够弹性和强度的"拴绳"（图 4.1），当活性物质发生反复的体积变化时，聚合物黏结剂能够缓冲所产生的机械应力而不会断裂，从而改善电极的电化学性能[15]，因此，合适的黏结剂对于电池制备的成功是至关重要的。

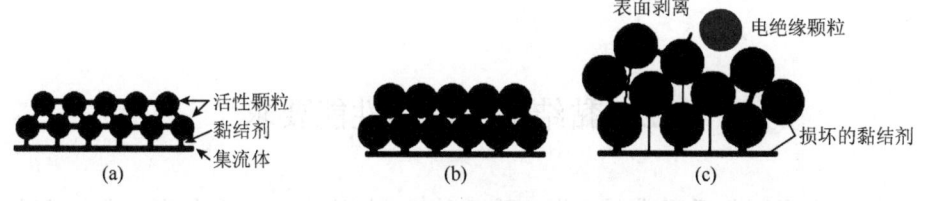

图 4.1 "拴绳"模型[15]

黏结剂的用量很少，一般占电极总质量的 1%～10%[16]。如果用量过少，黏结强度降低，易出现掉粉、剥离和活性物质脱落等现象，导致电池容量下降，影响电池的循环性能；如果用量过多，电极材料的电化学惰性增加，导电性降低，会增大电池内阻和极化，同样影响电池性能，如电池的平台降低、发热量增大等。因此，在保证黏结强度的条件下，黏结剂的含量越少越好[17]。除了黏结性，常规黏结剂还必须具有良好的耐热性、耐溶剂性和电化学稳定性等，对于聚合物固态锂电池来说，黏结剂还必须具备良好的离子传输性能。另外，需要强调的是，黏结剂的物理化学性质也会影响浆料的理化性能、极片的加工性能，继而影响电池的电化学性能和安全性能。

得益于新能源储能和电动汽车对电池的需要，2016~2020 年锂离子电池与四大材料的相应需求年均复合增速超过 30%。预计 2016~2020 年，动力锂电池需求量由 28GW·h 增长 2.2 倍，至 89GW·h，年均复合增速超过 30%。锂离子电池黏结剂作为制作锂离子电池正负极的重要组成部分，其未来的市场前景主要受锂离子电池市场需求情况的影响，因此黏结剂的未来市场规模也将获得较快增长。2015 年，我国锂离子电池产品销售收入近 920 亿元，其中黏结剂的成本占电池制造成本的 1%左右，也就是说，2015 年其市场规模约达 9.2 亿元。未来在电动汽车火热需求的推动下，再加上消费电子和新能源储能领域对锂离子电池需求快速上涨，黏结剂的市场规模将变得非常大。

目前，国内的锂离子电池用聚偏氟乙烯（PVDF）黏结剂（主要用于正极）市场基本已被索尔维（Solvay）、阿科玛（Arkema）和吴羽化学（Kureha）等国际氟化工巨头所把持。除了传统的 PVDF 黏结剂外，个别水性黏结剂生产厂商也占据了一定的市场。水性黏结剂往往用于负极上，主要有羧甲基纤维素（CMC）和丁苯橡胶（SBR）。日本瑞翁（ZEON）公司是全球最早做负极用黏结剂研发、生产及销售的日本公司，目前在全球的市场份额占 60%以上。北京蓝海黑石科技有限公司和成都茵地乐电源科技有限公司则是国内近年来成立的水性黏结剂生产企业，目前已是国内水性黏结剂领域的佼佼者。目前，锂离子电池对黏结剂的要求越来越高，各类新型油系和水系黏结剂层出不穷，这为我国黏结剂的发展提供了机遇。

4.2 黏结剂的具体性能要求

通常电极制备采用涂布工艺，采用刮刀、辊涂和挤压涂布等方式，通过控制涂布刀口间隙和挤压时压力大小调节浆料层的厚度。制作的电极需要经过辊压、分切、卷绕等一系列过程后再进入电池壳体中。提高锂离子电池的性能不仅对电极材料提出了更高的要求，而且对电极制造过程中使用的黏结剂也提出了新的要求[18,19]。通常黏结剂以相对小的质量分数保持活性物质、导电炭黑和集流体三者之间的结构完整性。虽然黏结剂是电化学惰性的,但是大量研究表明,黏结剂对电极和电池性能有显著的影响[20, 21]。合适的电极黏结剂应该满足如下要求:

(1) 黏结剂在活性物质和导电剂的浆料中分散性好,保证浆料混合均匀,没有团聚颗粒存在,以便涂布加工。

(2) 黏结剂长期与电解液接触,因而应具备一定的耐腐蚀性、不溶解、少溶胀,以免随着充放电循环的进行,活性物质粉末脱落;在存储和循环过程中不反应,不变质。

(3) 黏结剂应具备一定浸润性,可使电解液与活性物质粉末充分接触,增加电化学反应的有效表面积,从而减少电极内阻、电化学极化和浓差极化,因此电极在大电流条件下放电性能较好。

(4) 黏结剂应具有较好的热稳定性。电极在干燥过程中加热温度在 80~180℃左右,黏结剂必须在该温度范围内保证电极涂层不脱落、不掉粉。

(5) 黏结剂应具有宽电化学工作窗口 $[0\sim5\mathrm{V}\ (vs.\ \mathrm{Li/Li^+})]$,能够在电化学环境下保持稳定性,在正极高电位一侧不容易被氧化,在负极低电位一侧不容易被还原。

(6) 黏结剂应具备一定的黏结力,黏结剂侧链要有极性基团,如—OH,$-\overset{\overset{\mathrm{O}}{\|}}{\mathrm{C}}-\mathrm{OLi}$,—SO$_3$Li,—CN 或其他基团,可以和活性物质或集流体上的氢形成氢键,从而提供较强的黏结力。

(7) 黏结剂应具有足够的柔韧性,可以缓冲活性物质在脱/嵌锂过程中的体积变化,保证电极整体结构不被破坏。大分子链段运动的难易程度反映了聚合物的柔韧性,分子链上的取代基团极性越大,相互作用力越大,柔韧性越差;直链状的侧链在一定范围内随链长的增加,黏结剂的柔韧性增加,但太长会引起分子链纠缠,导致黏结剂的柔韧性降低。

(8) 黏结剂应具备环境友好、使用安全、成本低廉等特性。

图 4.2 为黏结剂的作用机理图,一般传统黏结剂的主链为性能稳定的饱和烃,极性组分作为侧链可以提供较高的黏附性,低极性组分的侧链可以抑制黏结剂在电解液中溶胀。此外,黏结剂最好能够具备一定的离子传导性,特别是在固态电池中,可显著提升锂离子在电极中的传导,通过在黏结剂侧链上引入羧基、酸酐、酰胺基、酯基和磺酸基等极性基团可为锂离子的传输提供新的通道。

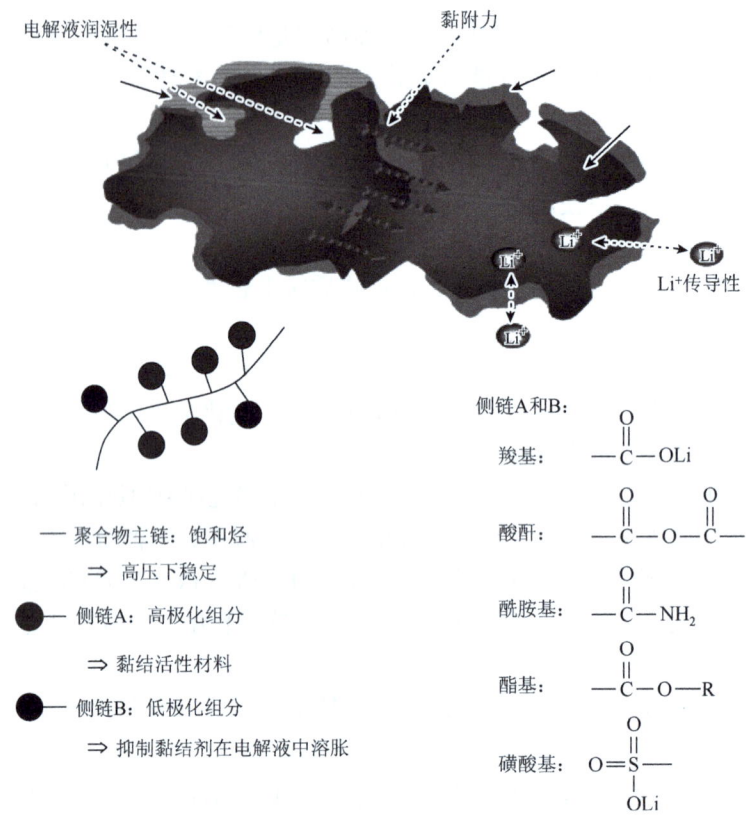

图 4.2 黏结剂的作用机理图

资料来源：日本 ZEON 公司

4.3 黏结剂的性能测试方法

锂离子电池性能与各部分材料的组成、结构、制备工艺及性能有直接关系。本节将介绍黏结剂聚合物材料的物理化学性质的表征，包括结构组成分析（红外光谱、X 射线光电子能谱）、溶解性和溶胀性分析、形貌表征（扫描电镜、透射电镜）、剥离强度测试、热重差热分析等。此外，本节还将介绍如何通过电化学测试技术，包括循环伏安法、交流阻抗图谱、恒流充放电、恒电流间歇滴定等，来评估黏结剂对电池性能的影响，力求找到合适的黏结剂材料从而促进高性能电池的开发。

4.3.1 结构组成分析

1. 红外光谱

采用红外光谱（FTIR）分析黏结剂的官能团结构，分子中不同的基团和化学键各有其特征振动频率和相对应的吸收谱带，通过红外吸收光谱能推定不同黏结剂分子的结构特征，为研究黏结剂的黏结机理作参考。图4.3为聚丙烯酸（PAA）、聚偏氟乙烯（PVDF）、羧甲基纤维素钠（CMC）三种黏结剂的红外光谱[22]。对于PAA黏结剂，1720cm^{-1}主峰代表羧酸（—COOH），1640cm^{-1}和1450cm^{-1}两个吸收峰也都代表了羧基形成的氢键使PAA链段交联。对于CMC黏结剂，1600cm^{-1}和1420cm^{-1}两个峰代表了羧酸钠（—COO-Na$^+$），900cm^{-1}和1100cm^{-1}之间的振动峰代表纤维素上的醚键（C—O—C）。对于PVDF黏结剂，1180cm^{-1}和880cm^{-1}振动峰代表了CF_2。此外，973cm^{-1}、879cm^{-1}、840cm^{-1}、762cm^{-1}、612cm^{-1}峰值代表了结晶峰，也就是说PVDF是一种半结晶聚合物。较低的结晶度有利于锂离子的传输，结合特殊极性结构，PAA，CMC相较于PVDF具有更好的离子传输性。

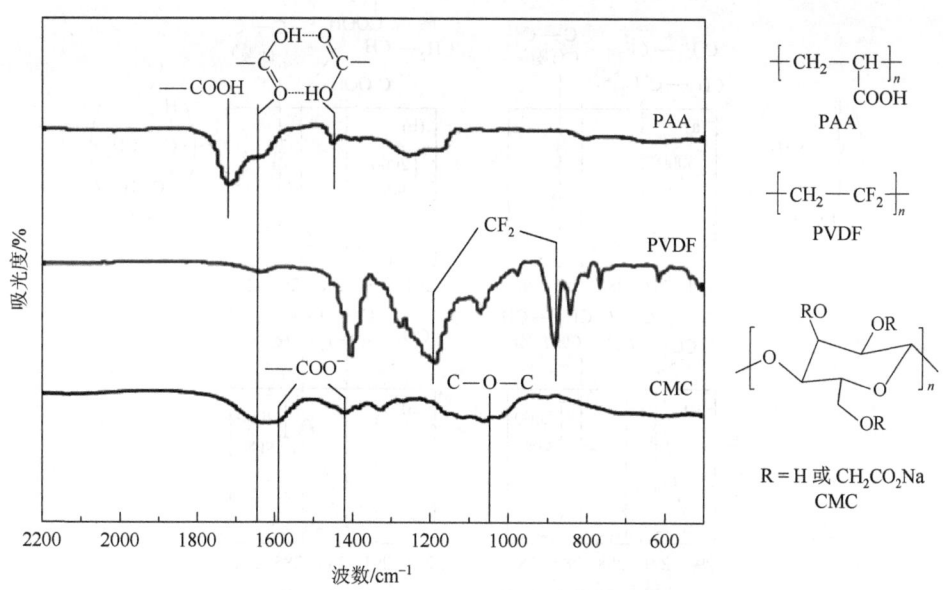

图4.3 几种黏结剂的红外光谱图[22]

2. X射线光电子能谱

X射线光电子能谱（XPS）又称化学分析电子能谱，具有定性、定量分析元素的能力。XPS是利用波长在X射线范围的高能光子照射被测样品，测量由此引起的光电子能量分布的一种谱学方法。在X射线的作用下，样品各种轨道的电子都有可能从原子中激发出光电子，但由于各种原子的电子结合能是一定的，因此XPS可用来测量样品表面的电子结构和化学组分。此外，因为X射线能量较大，而价电子对X光子的光电效应响应远远小于内层电子，所以XPS

主要研究内层电子的结合能,并根据结合能的数值及变化,对样品中的元素价态进行鉴定。因此,可以利用 XPS 分析研究电极表面的化学成分,从而对黏结剂在电极中的稳定性进行评估。图 4.4 为 PVDF 和 PAA 制成的石墨电极在充放电前后的 XPS 图谱[6],在充电前的电极表面检测到的 284.5eV 尖峰源于 C—C 键,286.0eV 尖峰源于碳氢化合物（—CH_2—）,约 290.0eV 峰值的位置分别代表了位于氟和羧基上的碳。充放电后均能观察到使用 PAA 黏结剂的 286.0eV 峰值位置要高于 PVDF 黏结剂,291.0eV 峰值代表了碳酸盐（Li_2CO_3）,峰值位置要低于 PVDF 黏结剂。结果表明,使用 PAA 黏结剂的石墨电极表面 SEI 膜的无机组分含量低于 PVDF 黏结剂的电极。

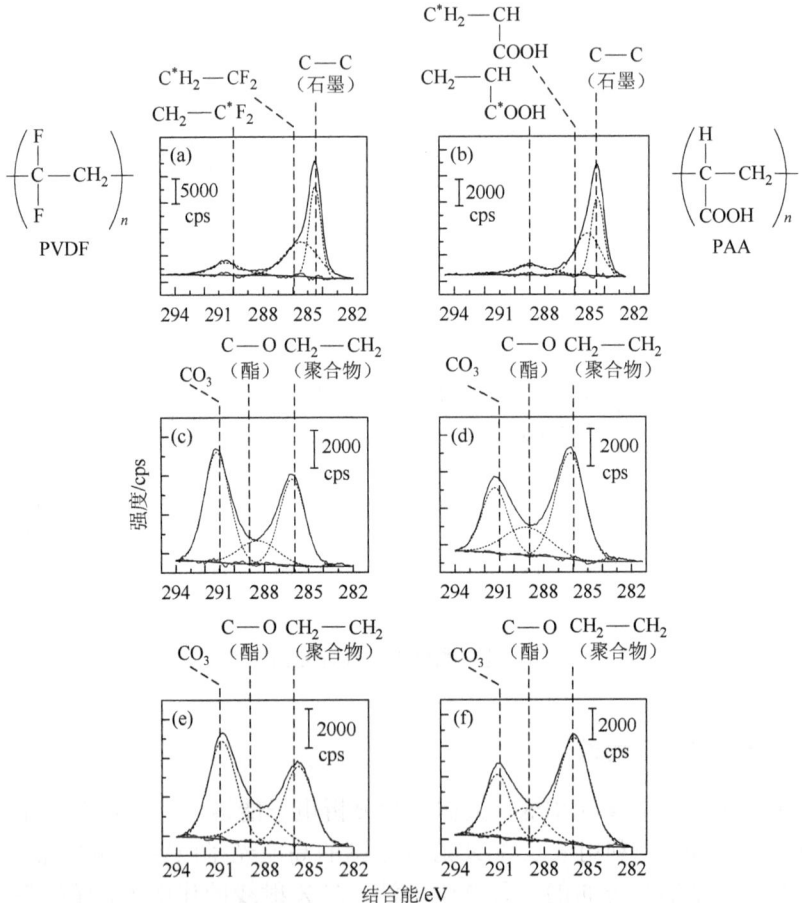

图 4.4 PVDF（a, c, e）和 PAA（b, d, f）制成的石墨电极在 1mol/dm^3 $LiClO_4$/EC + DEC（50%∶50%,体积分数）中充电前（a, b）、充电至 0.8V（c, d）、放电至 2.0V（e, f）的高分辨率 XPS 图谱（实线）和拟合曲线（虚线）[23]

4.3.2 溶解性和溶胀性

一般聚合物的溶解过程要经过两个阶段，先是溶剂分子渗入高聚物内部，使高聚物体积膨胀，称为溶胀，随后高分子均匀分散在溶剂中，形成完全溶解的均相体系。溶解性是指物质在溶剂里溶解能力的大小，由溶解度决定。溶解度是衡量物质溶解能力大小的尺度。溶解度与分子量有关，一般分子量大的溶解度小，分子量小的溶解度大。交联的高聚物在与溶剂接触时也会发生溶胀，但因有交联的化学键束缚，不能进一步使交联的分子拆散，只能溶胀，不会溶解。交联度大的溶胀度小，交联度小的溶胀度大。

将相同质量的黏结剂在电解液中浸泡一定时间后观察和比较黏结剂的状态，定性评价其溶解性[22]。测试黏结剂溶胀性的方法是，将黏结剂制成薄片，称重，然后将薄片恒温下置于电解液中一段时间后，取出薄片擦拭掉表面的电解液，再次称重，两者之间差值与固化后干膜的质量的百分比可表征黏结剂的溶胀性能[24]。计算公式为

$$溶胀率(\%) = \frac{W_1 - W_0}{W_0} \times 100\% \tag{4-1}$$

式中：W_0——固化后干膜的质量（g）；W_1——吸收电解液溶胀后的膜质量（g）。

4.3.3 形貌表征

通常采用扫描电镜（SEM）和透射电镜（TEM）来分析同一样品或不同样品之间在电池中循环前后的表面形貌变化。将循环后的电池在手套箱中拆开，取出极片，极片在碳酸二甲酯（DMC）溶剂中冲洗两次，除去残留的电解液，在真空下干燥 2h 后检测，进行对比。图 4.5 给出了使用不同黏结剂的硅负极在循环前后的 SEM 图对比，结果表明，氧化淀粉（OS）作为黏结剂，极片只有轻微的裂痕，可以有效抑制硅材料的体积膨胀，使电极在循环后保持稳定形貌[25]。图 4.6 给出了使用不同黏结剂的锡电极循环一圈后的 TEM 图，可以看出，有些锡颗粒会被黏结剂隔离开，使用 PVDF 和 CMC 黏结剂的电极中游离的锡颗粒是电绝缘的，无法发挥出容量。但是使用聚芴基导电聚合物（PFM）作为黏结剂的锡电极上的活性物质之间可以保持紧密连接，并与集流体之间形成有效的导电网络[26]。

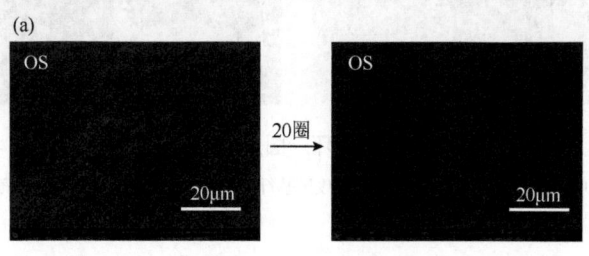

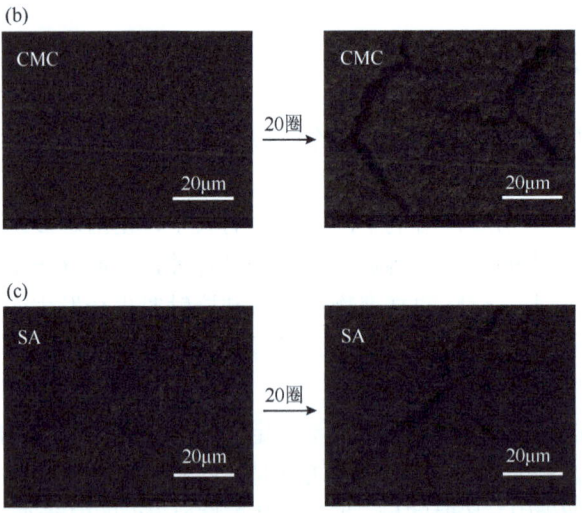

图 4.5 硅电极循环前后的 SEM 图[25]

(a) 氧化淀粉 (OS) 黏结剂；(b) 羧甲基纤维素 (CMC) 黏结剂；(c) 海藻酸钠 (SA) 黏结剂

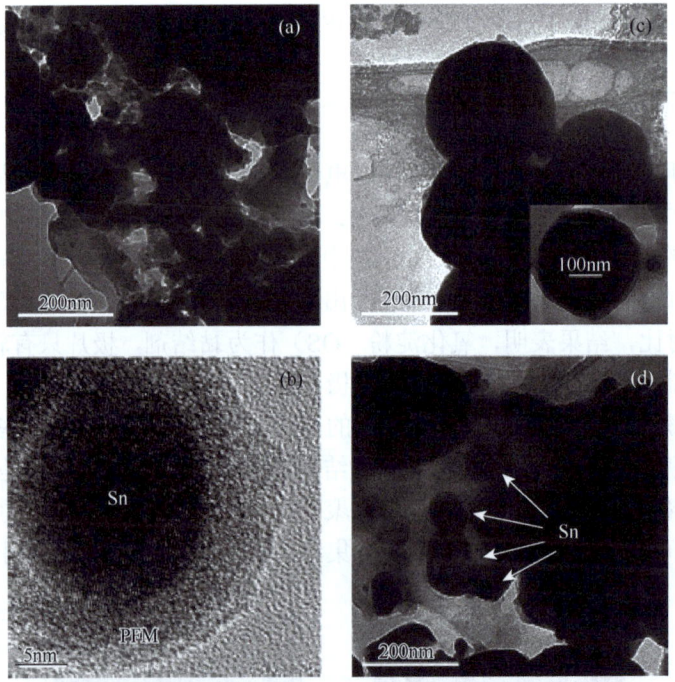

图 4.6 电极循环一圈后的 TEM 图[26]

(a, b) 锡/聚芴基导电聚合物 (Sn/PFM)；(c) 锡/羧甲基纤维素 (Sn/CMC)；(d) 锡/聚偏氟乙烯 (Sn/PVDF)

4.3.4 剥离强度测试

极片的剥离强度可以反映黏结剂的黏结强度，测试方法是，取宽 25mm，长 100mm 的极片样品，将样品有涂膜的一边用双面胶（3M）固定在不锈钢板上，剥离时露出集流体，粉料应大部分粘在双面胶上，剥离起样品的一端固定在拉力探头上，以 300mm/min 的恒定速度进行 180°剥离，测试剥离过程中剥离力的大小[27]。图 4.7 为剥离强度的实际测试图及示意图。

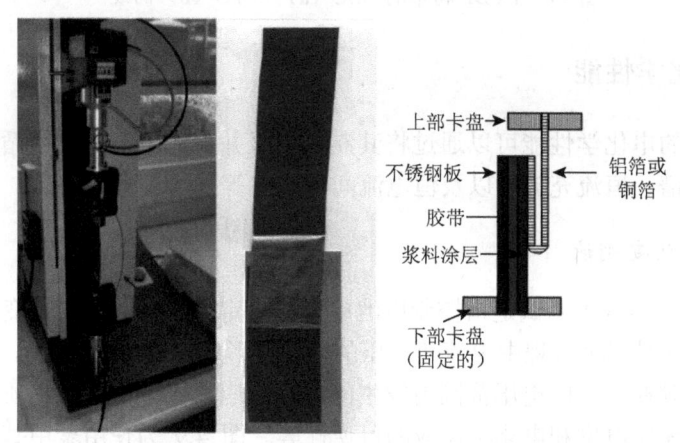

图 4.7 极片剥离强度的测试图及示意图[27]

4.3.5 热重差热分析

1. 热重分析法

热重分析法（TG）是在程序控制温度下测量待测样品的质量与温度变化关系的一种热分析技术，利用 TG 可以研究材料的热稳定性和组分。

2. 差示扫描量热法

差示扫描量热法（DSC）是使样品和参比试样处于同一程序控制的温度下观察样品和参比物之间的热流差随温度或时间变化的函数，可以对聚合物黏结剂的相转变温度、玻璃化转变温度、比热容和纯度等指标进行测试。图 4.8 所示可以确定 PVDF 粉末的熔点大约在 160℃，并在 390℃开始发生热分解[28]，说明 PVDF 黏结剂在锂离子电池中具有很好的热稳定性。

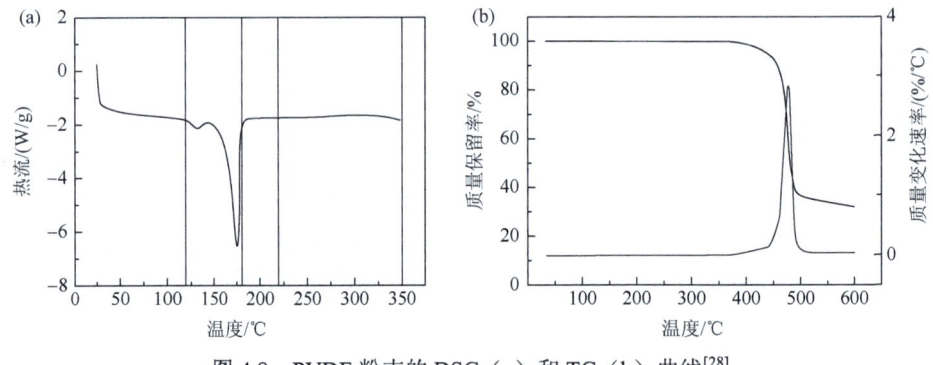

图 4.8 PVDF 粉末的 DSC（a）和 TG（b）曲线[28]

4.3.6 电化学性能

黏结剂的电化学性能可以通过将其制成电极并装成电池，利用循环伏安法、交流阻抗图谱、恒流充放电以及恒电流间歇滴定等技术进行评估。

1. 循环伏安测试

循环伏安（CV）测试是指控制电池电压在一定范围内以恒定的变化速率反复循环扫描，同时记录过程中电流随电压的变化，形成电流-电压曲线。该方法能较直观地观测到在一定的电压范围内发生的电极反应，也可以表征物质的电化学稳定性、氧化还原电位和电化学反应的可逆性等。图 4.9 为使用聚甲基丙烯酸甲酯（PMMA）、聚偏氟乙烯（PVDF）、聚偏氟乙烯-六氟丙烯（PVDF-HFP）三种黏结剂的 LiFePO$_4$/C 纳米复合电极的 CV 曲线，均可以检测出对应于 Fe^{2+}/Fe^{3+} 的氧化还原峰[29]。使用 PVDF 黏结剂的电极相比 PMMA 和 PVDF-HFP 有更高的阴极电位，氧化还原峰之间电势差的大小顺序是 PMMA（0.513V）＜PVDF-HFP

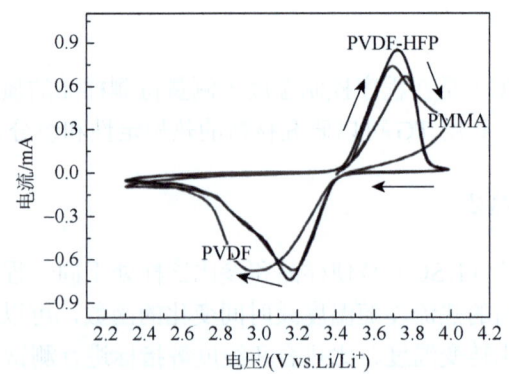

图 4.9 三种黏结剂组装的 LiFePO$_4$/C 电池的 CV 曲线[29]

电压范围 2.3~4.0V；扫描速率 0.2mV/s

(0.564V)＜PVDF(0.802V),表明采用 PMMA 作为黏结剂的电极具有最低的电化学极化,低极化源自 PMMA 中的酯基和碳酸酯类电解液之间良好的亲和力。

2. 交流阻抗测试

交流阻抗(EIS)是一种利用小振幅交流电压或者电流对电极进行扰动,根据相应的响应信号与扰动信号之间的对应关系研究电极过程动力学的方法。为了研究不同黏结剂制备的极片的动力学过程,通常可以利用 EIS 图谱、Arrhenius 图谱来计算得到电荷转移的活化能。图 4.10 为循环 80 圈后,选取充电状态在 1.55V($vs.$ Li/Li$^+$)的含有 PVDF 和 CMC 黏结剂的组装的钛酸锂($Li_4Ti_5O_{12}$)电极在不同温度下进行 EIS 测试所得到的阻抗图谱[30]。中频区的半圆代表电荷转移阻抗(R_{ct}),低频区一条倾斜角约为 45°的直线代表了 Warburg 阻抗,即扩散阻抗。

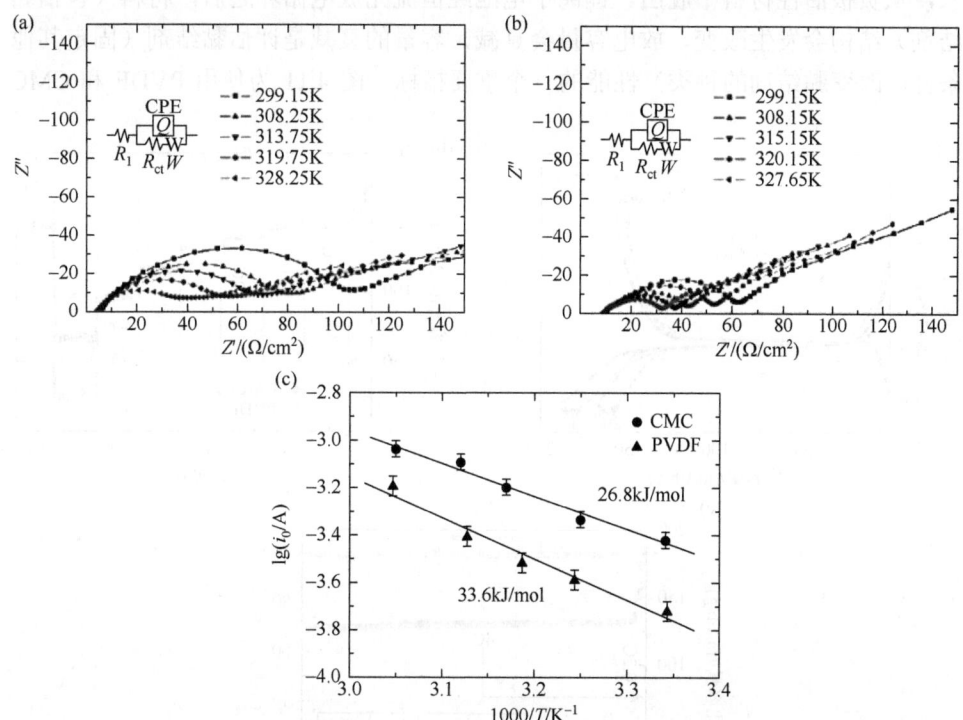

图 4.10 以 PVDF(a)和 CMC(b)组装的 $Li_4Ti_5O_{12}$ 电极在不同温度下的 EIS 图谱及 $\lg i_0$ 对 $1/T$ 的 Arrhenius 图谱(c)[30]

利用插图中的拟合等效电路图进行分析,根据公式(4-2)可以计算出交换电流(i_0),根据 Arrhenius 公式(4-3)可以算出 $Li_4Ti_5O_{12}$ 电极用不同黏结剂制备时不同的活化能(E_a)。CMC 和 PVDF 作为黏结剂时电荷转移的活化能分别为

26.8kJ/mol 和 33.6kJ/mol（误差在 2%以内），因此可以比较出使用 CMC 黏结剂的极片具有更低的活化能，更有利于锂离子的迁移。

$$i_0 = RT/nFR_2 \tag{4-2}$$

$$i_0 = A\exp(-E_a/RT) \tag{4-3}$$

式中：A——温度系数；R——摩尔气体常量；T——热力学温度（K）；n——转移电子数；F——法拉第常量。

3. 恒流充放电

电极材料的循环性能以及脱/嵌锂离子的比容量都可以通过恒流充放电来测试。充电过程，即电位上升过程，对应于锂离子从正极活性材料中脱出，嵌入到负极活性材料；放电过程，即电位下降过程，对应于锂离子向正极活性材料中嵌入，从负极活性材料中脱出。锂离子电池经恒流充放电循环之后，材料（包括黏结剂）结构会发生改变，放电容量会衰减，容量的衰减是评估黏结剂（固定其他条件，改变黏结剂的种类）性能的一个重要指标。图 4.11 为使用 PVDF 和 CMC

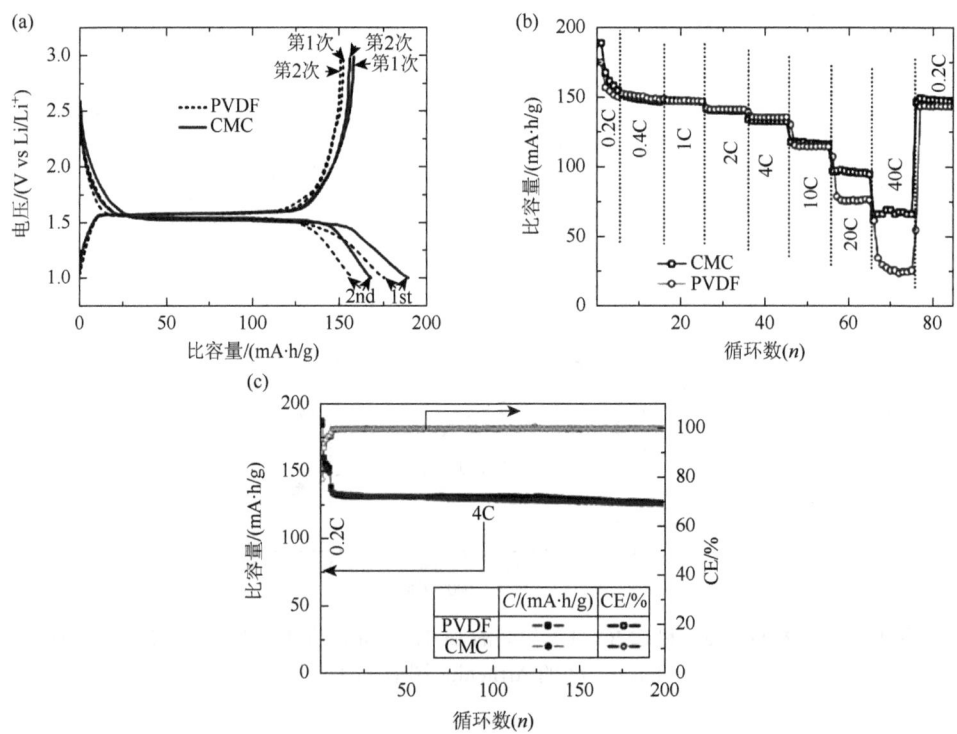

图 4.11 使用 PVDF 和 CMC 黏结剂的 $Li_4Ti_5O_{12}$ 电极

(a) 在常温下的充放电曲线（0.2C，C = 175mA/g）；(b) 0.2～40C 的倍率性能；(c) 长循环性能和库仑效率（前 5 圈 0.2C 倍率，其余 4C 倍率）[30]

黏结剂的 $Li_4Ti_5O_{12}$ 电极在常温下的充放电曲线、倍率性能和循环性能对比,可以看出,CMC 黏结剂的充放电曲线和大倍率下的性能要优于 PVDF 黏结剂,但是在小倍率下的电池性能二者是相似的[30]。

4. 恒电流间歇滴定技术(GITT)

在某一特定环境下对测量体系施加一恒定电流并持续一段时间后切断该电流,观察施加电流段体系电位随时间的变化以及弛豫后达到平衡的电压,通过分析电位随时间的变化得到电极过程过电位的弛豫信息,进而推测和计算反应动力学信息[31]。图 4.12 为使用三种不同的黏结剂[聚丙烯酸(PAA)、PAA-PBI(聚苯并咪唑)-2、PAA-PBI-5]的硅碳负极的 GITT 曲线图(倍率 0.05C)。结果表明,由于不同的黏结剂的静态强度特性,使用 PAA-PBI-5 黏结剂的电极在最低电位处电势降至开路电位 0.1V 以下,表现出最大的电化学极化,而使用 PAA-PBI-2 黏结剂的电极极化是最小的[32]。

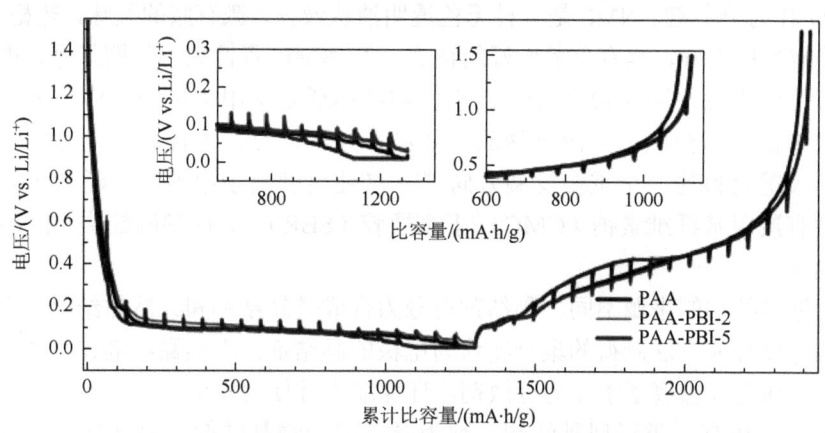

图 4.12 以三种不同的黏结剂组装的硅碳负极的 GITT 曲线[32]
电流密度 65mA/g,左边插图为放电结束时,右边插图为充电结束时

4.4 黏结剂的分类

根据黏结剂和活性物质相互作用的不同,黏结剂可分为点-面接触型黏结剂、片-面接触型黏结剂和网络-面接触型黏结剂三类,如图 4.13 所示[20]。点-面接触型黏结剂与活性物质以点结合的方式连接,包括聚四氟乙烯(PTFE)、聚苯乙烯丁二烯共聚物(丁苯橡胶,SBR)和聚丙烯酸酯类共聚物等乳胶状黏结剂。片-面接触型黏结剂包括大多数聚合物溶液黏结剂,如聚偏氟乙烯(PVDF)、聚丙

烯酸（PAA）、聚乙烯醇（PVA）、聚丙烯腈（PAN）和羧甲基纤维素钠（CMC）等。网络-面接触型黏结剂在热处理或化学反应后会形成三维网络状结构，黏结力强。

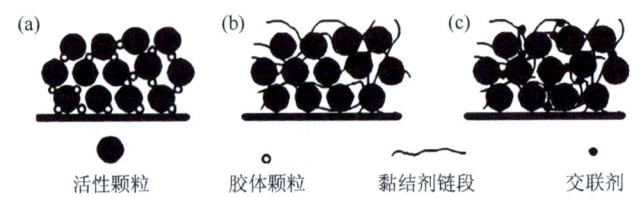

图 4.13 黏结剂和活性物质之间的相互作用[20]

（a）点-面接触型黏结剂；（b）片-面接触型黏结剂；（c）网络-面接触型黏结剂

根据黏结剂的分散体系不同，黏结剂可分为油性（有机溶剂）黏结剂和水性黏结剂[14, 33]。油性黏结剂（大多采用 PVDF）通常以有机溶剂 N-甲基吡咯烷酮（NMP）作为分散剂。NMP 是一种无色透明油状液体，微有胺的气味，热稳定性、化学稳定性均良好，具有分散性好的特点，但 NMP 毒性大，易燃易爆，严重污染环境，成本高，回收费用大[17]。水性黏结剂通常采用去离子水作为分散剂，具有成本低、易获取、无溶剂释放、环境友好等优点，水性黏结剂将成为锂离子电池关键材料的一个重要发展方向[34]。产业化锂离子电池中广泛使用的水系黏结剂有羧甲基纤维素钠（CMC）/丁苯橡胶（SBR）、聚丙烯酸酯类（LA 系列）黏结剂等。

根据黏结剂的来源不同，黏结剂可分为合成类黏结剂和天然黏结剂。合成类黏结剂是以合成方法制得的聚合物作为电极的黏结剂；天然黏结剂在自然界中广泛存在，通常以去离子水作为分散剂，环保廉价且使用安全。

另外，还有一类新型黏结剂，称为导电聚合物黏结剂，它既是一种有机导体，又具有黏结剂的其他优势，如较大的表面积、高孔隙率以及结构可调控性，是一种拥有广阔应用前景的新型材料。电极通常由活性物质、导电炭黑和黏结剂组成，如在活性物质发生体积膨胀或收缩时，本身没有黏附性的导电炭黑易与活性物质产生分离，容易导致电极失去完整性和电子连接性[35]。导电聚合物黏结剂是兼具导电与黏结两种作用的聚合物，它的使用可以在保持电极结构稳定的同时提高导电性能[36]。具体来讲，导电聚合物黏结剂的使用可以消除活性物质和导电添加剂（如炭黑、碳纳米或石墨烯）之间脆弱的界面，抑制或完全避免活性物质和导电添加剂之间的物理分离造成的容量损失。此外，导电聚合物黏结剂代替传统黏结剂和导电添加剂的使用意味着电池中的非活性成分最小化，减小影响因素[37]。导电聚合物可以通过控制其交联度来提高机械性能，适用于各种电极材料,该材料制备简单、价格低廉,有望成为下一代锂离子电池非常有潜力的黏结剂。

4.4.1 合成类黏结剂

常见的合成类聚合物黏结剂包括聚偏氟乙烯(PVDF)、聚四氟乙烯(PTFE)、聚丙烯酸(PAA)、聚乙烯醇(PVA)、聚酰亚胺(PI)、聚丙烯腈(PAN)、丁苯橡胶(SBR)等,图4.14为上述聚合物的分子结构式。

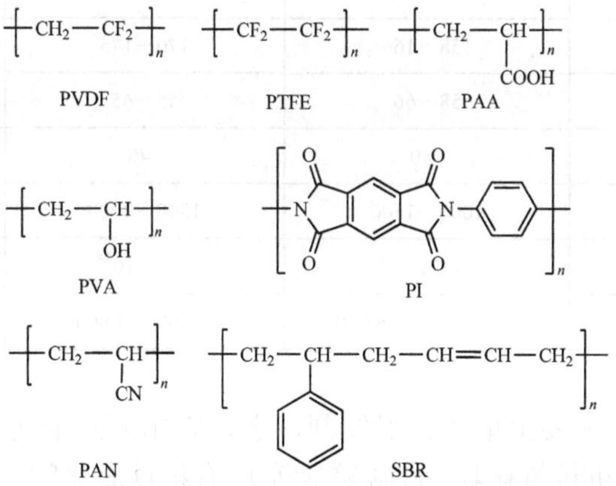

图 4.14 PVDF、PTFE、PAA、PVA、PI、PAN、SBR 聚合物的结构式

1. PVDF

第2章已经对 PVDF 和 PVDF-HFP 用作锂离子电池隔膜主体材料或涂层材料进行了介绍,这里着重介绍 PVDF 作为油性黏结剂的相关知识[38]。它是一种非极性链状高分子绝缘材料,具备良好的热稳定性、电化学稳定性和溶胀性能,以其制备的极片电解液润湿性较好[39],通常采用 N-甲基吡咯烷酮(NMP)作为其分散剂[40]。分子量平均在10万以上的 PVDF 材料才能达到较好的黏结效果,其分子量越高,黏结性能越好,一般在浆料中以5%左右为宜,含量太高会增加电池内阻。但是 PVDF 复杂的化学合成过程使得其价格昂贵,并且 PVDF 没有功能化的支链结构,只能以范德华力与活性材料相结合,结晶度高(50%),保形性差,对于具有严重体积变化的硅基材料不能提供足够的黏结力,导致电极材料易从集流体上粉化脱落,导致容量迅速衰减[41]。此外,PVDF 黏结剂在碱性 NMP 中久置会产生颜色,是由于高温或者碱性基团存在的情况下 PVDF 会发生脱 HF 反应,形成共

轭双键，光吸收造成溶液的显色现象。对于这种情况，PVDF 的高分子量、共聚和改性等都可以减少变色现象。值得注意的是，一般显色反应不会对 PVDF 性能造成影响。

通常 PVDF 在商业化锂离子电池中被用作正极黏结剂，PVDF 生产工艺主要分为乳液聚合工艺和悬浮聚合工艺，代表产品分别为阿科玛公司 HSV900（乳液聚合工艺）和索尔维公司 5130（悬浮聚合工艺）。氟化工巨头索尔维公司主要的 PVDF 产品及性能指标见表 4.1。

表 4.1 索尔维公司 PVDF 黏结剂产品的技术参数

型号	Solef® 5130	Solef® 6020	Solef® 6010
熔点/℃	158～166	170～175	170～175
熔融焓（ΔH_f）/(J/g)	58～66	55～65	40～48
玻璃化转变温度/℃	−40	−40	−40
模量/MPa	1000～1500	1300～2000	1700～2500
体积电阻/(Ω·cm)	$\geqslant 1\times 10^{14}$	$\geqslant 1\times 10^{14}$	$\geqslant 1\times 10^{14}$
分子量	1000000～1200000	670000～700000	300000～330000

乳液聚合体系主要由单体、引发剂、水、乳化剂四个基本成分组成。引发剂主要有两类：无机过氧化物（过硫酸盐等）、有机过氧化物（烷基过氧化物等）。烷基过氧化碳酸酯、偶氮化合物也可引发 PVDF 聚合。有机过氧化物引发制得的 PVDF 含有非离子化端基，比由过硫酸盐引发的 PVDF 有较好的热稳定性。引发剂的用量对聚合速率及聚合物性能影响很大，合适的引发剂浓度能够提供有效的高活性自由基浓度，来实现预期的聚合速率。引发剂浓度过高会对聚合物的热稳定性造成不利影响，特别是熔融速率、伸长率和聚合物的产量三个参数受到的影响最大。随着引发剂用量增大，产生的初级自由基增多，引发聚合的速度也就增大；但引发剂用量太大时，产生的初级自由基太多，引发聚合的速率很快，自由基终止的机会也多，聚合反应不平稳，产量下降，聚合物的性能也变差。

PVDF 乳液聚合工艺的主要流程（图 4.15）为：先将高压釜抽真空、充氮排氧，重复多次，严格排净微量的氧。吸入一定量的去离子水和一定量的引发剂、助剂，压入少量偏氟乙烯（VDF）单体。加热至反应温度，随着反应进行，保持釜内压力，不断补加 VDF 单体至单体槽压几乎无变化时结束反应。将未反应的单体回收重复利用，聚合物经过凝聚（破乳）、洗涤、干燥得到产品 PVDF[42]。

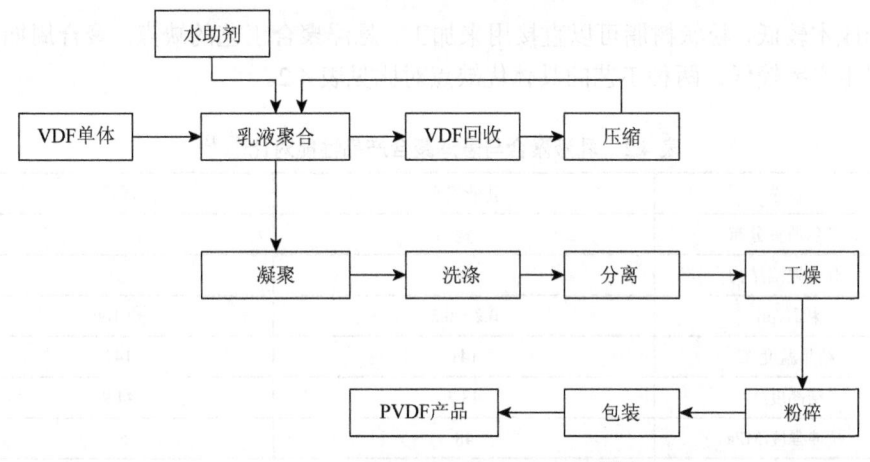

图 4.15　PVDF 乳液聚合工艺流程[42]

乳液聚合工艺的优点：聚合速率快，同时产物分子量高，可在较高温度下聚合；直接应用胶乳的场合，如生产水乳漆、黏结剂等时，更宜采用乳液聚合。乳液聚合的缺点：需要固体聚合物时，乳液需经凝聚（破乳）、洗涤、脱水、干燥等工序，生产成本较悬浮聚合工艺高，产品中留有乳化剂等，难以完全除尽，有损电性能。

PVDF 悬浮聚合工艺的主要流程（图 4.16）为：在配有搅拌的不锈钢高压釜内加入一定量的去离子水和分散剂，密闭反应釜，抽真空，用氮气置换，再抽真空，充入氮气，压力略高于大气压；搅拌，升温至 50℃，压力到 3.5MPa；加入部分单体及相应量的引发剂和其他助剂，聚合反应开始；继续以一定速率加入单体和相应比例的引发剂及其他助剂，维持温度及压力，直到单体加完，压力降到 2.8MPa，停止搅拌，反应结束。通过后处理聚合物收率一般为 84.8%～94.7%[42]。

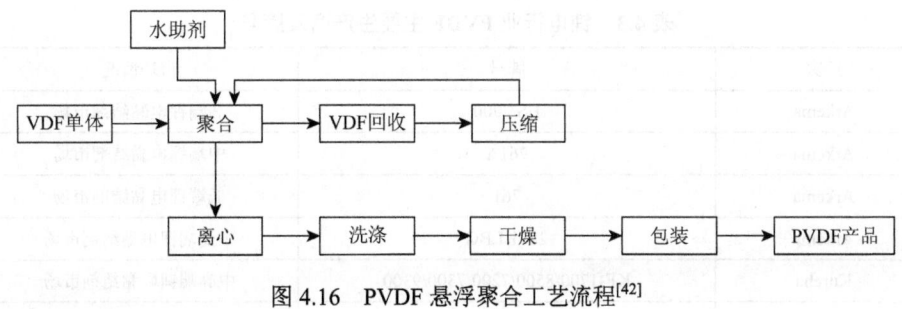

图 4.16　PVDF 悬浮聚合工艺流程[42]

悬浮聚合工艺的优点：与乳液聚合工艺相比，悬浮聚合物上吸附的分散剂量少，有些还容易脱除，产物含有较少的杂质；后处理工序比乳液聚合工艺简单，生产成本较低，粒状树脂可以直接用来加工。悬浮聚合工艺的缺点：聚合周期长，装置生产率较低。两种工艺的具体优缺点对比见表4.2。

表4.2 乳液聚合与悬浮聚合产品性能对比[42,43]

特性	乳液聚合	悬浮聚合
摩尔质量分布	宽	窄
分子缺陷结构	多	少
粒径/μm	0.2~0.5	约100
结晶温度/℃	141	144
结晶度/%	48.7	44.9
拉伸强度/MPa	48	52
断裂伸长率/%	193	160
熔点/℃	168	172
热形变温度/℃	145	156
分解温度/℃	407	418
热稳定性	好	稍差
溶解性	稳定	易凝胶
纯度	高	低
溶胀性能	大	小

目前，锂电行业主要 PVDF 树脂生产商，国外有阿科玛（Arkema）、索尔维（Solvay）、日本吴羽化学（Kureha），国内厂家主要有上海三爱富（3F）新材料股份有限公司（以下简称上海三爱富）、浙江巨化股份有限公司（以下简称浙江巨化）、山东东岳神舟新材料有限公司（以下简称山东东岳神舟），详细见表4.3。

表4.3 锂电行业 PVDF 主要生产商及牌号

厂家	牌号	市场情况
Arkema	HSV900	高端锂电黏结剂市场
Arkema	761A	中端锂电黏结剂市场
Arkema	761	低端锂电黏结剂市场
Arkema	2801/LBG	中高端锂电黏结剂市场
Kureha	KF-1700/8500/7200/7300/9300	中高端锂电黏结剂市场
Solvay	5130	高端锂电黏结剂市场
Solvay	6020	中端锂电黏结剂市场
Solvay	21216	中端锂电黏结剂市场

续表

厂家	牌号	市场情况
山东东岳神州	N810B/N806A	中端锂电黏结剂市场
上海三爱富（3F）	FR905/FR925	低端锂电黏结剂市场
浙江巨化	JD 系列	低端锂电黏结剂市场

锂电工业中，以 PVDF 为黏结剂制备电极材料浆料的工艺可分为湿法搅拌工艺与干法搅拌工艺，两种工艺的流程如图 4.17 所示。

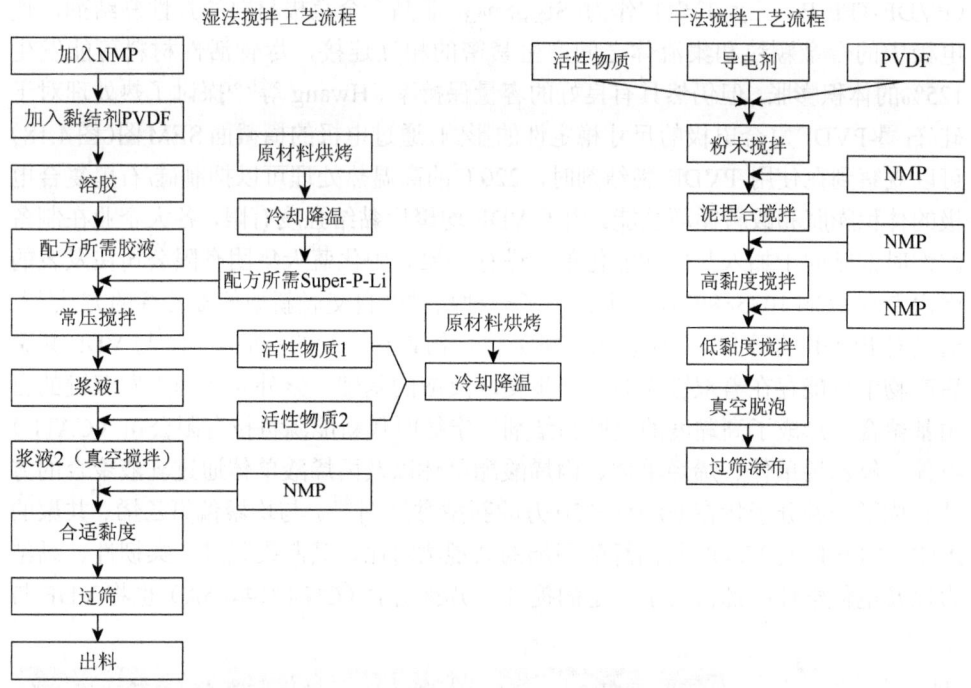

图 4.17 以 PVDF 为黏结剂电极材料涂布工艺流程

湿法混料工艺的过程为：①溶胶（将 PVDF 加溶剂搅拌制成均一性溶液）；②加入颗粒小的导电剂和适量溶剂高速分散均匀；③加入活性物质再次分散，并用溶剂调整搅拌黏度；④加入适量溶剂调整黏度，使之适合涂布。湿法混料的工艺流程较长，一般为 12h 以上，其对设备强度和功率方面要求较低，工艺范围较宽，材料体系和配方更换后，对工艺改动较小。

干法混料工艺过程为：①活性物质、导电剂、黏结剂粉体加入搅拌釜，将干粉混合均匀；②加入适量溶剂，对粉体颗粒进行润湿，使颗粒表面吸附溶剂，同时在这种高黏度下搅拌,开始形成大的剪切力作用,充分混匀润湿粉体颗粒;③继续加入溶剂,高速剪切力作用下对颗粒团聚体进行分散,使导电剂均匀分布;④继续加入溶剂,稀释浆料,调节黏度使之适合涂布工艺。干法混料工艺流程时间较短,一般为4~6h,由于其强力搅拌的大剪切力作用,需要搅拌浆强度较大,电机的功率也较大。虽然干法混料工艺显著缩短了搅拌工艺时间,浆料稳定性和分散均匀性也更好,但是,此工艺存在工艺范围窄的缺点,材料体系或者配方更换后,需要重新验证工艺,对工艺改动较大。

在PVDF改性研究方面,通过对PVDF进行共聚或热处理等改性方法可以提高PVDF在硅基负极材料中的应用[44]。Chen等[15]使用聚偏氟乙烯-四氟乙烯-丙烯(PVDF-TFE-P)三元共聚物作为$Si_{0.64}Sn_{0.36}$非晶合金负极材料的弹性黏结剂,使电极中的合金颗粒和集流体之间产生紧密的相互连接,尽管活性材料可能发生125%的体积膨胀,但仍然具有良好的容量保持率。Hwang等[28]探讨了热处理对于硅/石墨-PVDF复合电极的尺寸稳定性的影响,通过电极的横截面SEM图(图4.18)可以观察到在使用PVDF黏结剂时,220℃的高温热处理可以抑制硅/石墨复合电极的体积膨胀和改善循环性能。由于VDF均聚后黏结强度有限,各大企业在制备改性时都倾向于加入其他功能化单体进行共聚。中化蓝天集团有限公司在发表的国内专利(CN 103588921A)中介绍了一种高黏度自交联新型偏氟乙烯的方法[45]。通过对PVDF的研究,发现联烯基醚类化合物具有连续的双键结构,与VDF共聚后产物中可能存在着双键作为下一步交联反应的基础。紫外光作用引发双键的自由基聚合,形成了高黏度的交联黏结剂。宁德时代新能源科技有限公司(CATL)将偏二氟乙烯单体、烯烃单体、丙烯酸酯单体以及丙烯酸单体通过乳液聚合的方法合成了一种分子量在60万~120万的新型黏结剂[46]。与均聚偏氟乙烯、共聚的PVDF-HFP以及PVDF与丙烯酸甲酯的共混物对比,其断裂强度、柔韧性、黏结力以及电化学性能都得到了一定的提升。吴羽化学(CN 1714465A)也将VDF与

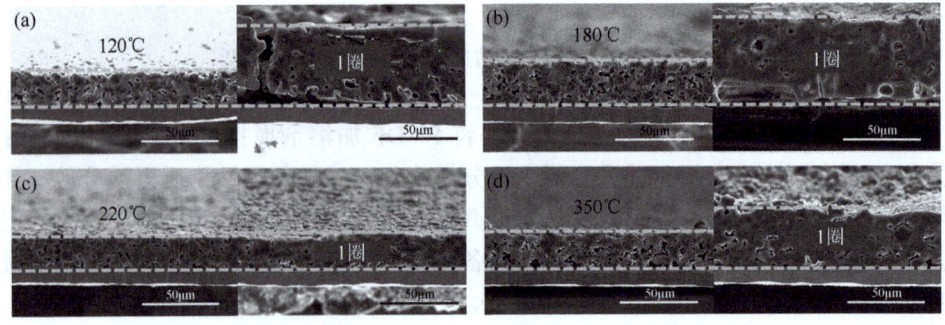

图4.18 硅/石墨-PVDF复合电极以不同的热处理温度循环1圈前后的横截面SEM图[28]

丙烯酸酯、马来酸单酯等其他含羧基和羟基的单体共聚，提高其黏结能力[47]。索尔维在专利 CN 101679563A 中，将偏氟乙烯单体与丙烯酸单体共聚，提高了 PVDF 的机械性能、化学性能和循环性能[48]。三星 SDI 在专利 CN 101188283A 中，将偏氟乙烯单体与六氟丙烯共聚，与其他无机黏结剂共聚后，正极材料与电解液间的反应得到抑制[49]。

2. PTFE

PTFE 俗称"塑料王"，是由四氟乙烯聚合而成的高分子化合物，合成方法和储存条件较 PVDF 简单。PTFE 具有优良的化学稳定性、耐腐蚀性、电绝缘性、耐高温、高润滑不黏性等优点。如图 4.19 所示，通过 SEM 图可以观察到使用 PVDF 黏结剂制得的电极在循环后活性物质和导电添加剂开始分散，甚至从铝箔上脱落。然而使用 PTFE 黏结剂的电极并没有观察到这一点，表明 PTFE 黏结剂与 PVDF 相比，能够承受活性材料在循环过程中的膨胀和收缩，使电极的电化学性能得到有效提高[50]。除此之外，PTFE 常配制为 10%的水乳液作为锂空气电池的电极黏结剂。PTFE 黏结剂的缺点是，在经过混合、涂覆、干燥之后，活性物质上的 PTFE 胶体颗粒通过点对点的方式黏结，缺乏有效的电子/离子之间的传输网络，限制了电池的容量和循环效率的发挥[51]。同时，PTFE 具有较低的柔韧性，在高温时易被溶胀和溶解，造成抗拉强度低，难以实现大规模生产涂布。山东精工电子科技有限公司（CN 106384829A）将聚四氟乙烯、聚氨酯和发泡剂以 10∶40∶3 的比例加入到去离子水中，发泡剂一般采用正己烷和正庚烷的混合物，将制备好的黏结剂用于磷酸铁锂和负极电池中，电池具有较好的黏合性能，循环 200 周以后，仍然具有很好的容量保持率[52]。

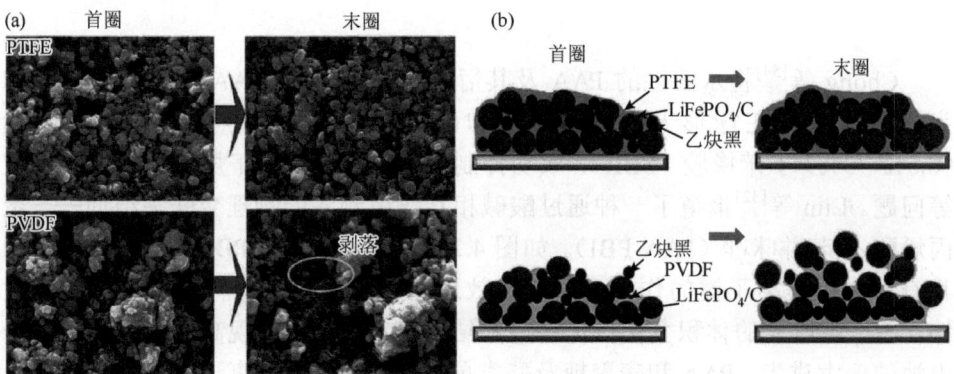

图 4.19 使用 PTFE 和 PVDF 黏结剂的 LiFePO$_4$/C 电极在循环前后的形貌图（a）和原理图（b）[50]

3. PAA

PAA 是一种无定形态高分子聚合物,易合成,其分子结构中含有碳长链结构和羧基官能团,可溶于水和部分有机溶剂[53]。PAA 黏结剂在碳酸酯溶剂中具有较低的溶胀性和较高的弹性模量,其羧基(—COOLi 或—COOH)含量较高,可形成强氢键作用,提供足够的黏附力[54, 55]。Komaba 等[56]发现,PAA 黏结剂中的羧基有利于促进电极表面 SEI 膜的形成,原理见图 4.20。Ui 等[23]研究了 PAA 黏结剂和 PVDF 黏结剂对天然石墨负极表面 SEI 膜的影响,结果表明,使用 PAA 黏结剂的石墨负极上的 SEI 膜有少量的无机成分。同时测试计算出使用 PAA 黏结剂制备的天然石墨负极的电荷传输的活化能($E_a = 56$kJ/mol)较 PVDF 黏结剂($E_a = 61.3$kJ/mol)低,意味着使用 PAA 黏结剂时石墨负极中的锂离子传输更加容易。但是,PAA 黏结剂的亲水性较强,容易与电解液中的残余水分发生反应,影响其电池性能。

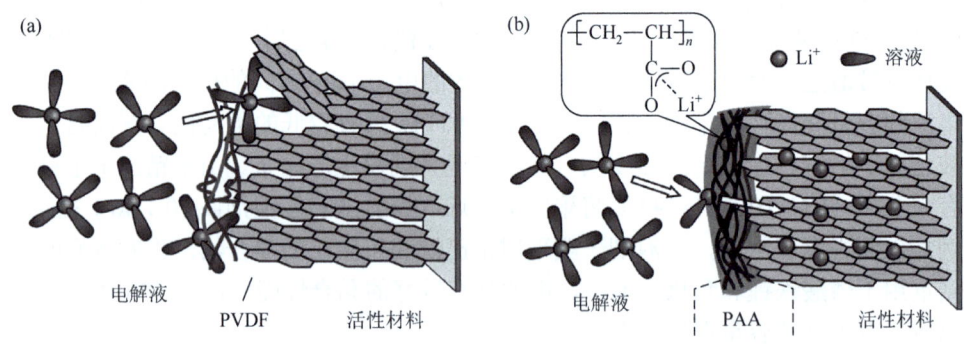

图 4.20 以 PVDF 和 PAA 作为黏结剂制备的石墨电极的界面[56]

Chong 等[54]将水溶性的 PAA 及其衍生物(PAALi、PAANa 和 PAAK)作为黏结剂应用在球形天然石墨负极和磷酸铁锂正极中,同时使用了少量(0.5%~3%)丁苯橡胶(SBR),成功抑制了电极脆性和在干燥过程中形成裂纹等问题。Lim 等[32]报道了一种通过酸碱相互作用制备的物理交联黏结剂——聚丙烯酸-聚苯并咪唑(PAA-PBI)。如图 4.21 所示,该 PAA-PBI 物理交联黏结剂具有可逆重建离子键的作用,可以有效地适应硅基负极材料的体积膨胀和收缩,在产生巨大的体积变化后仍保持其结构稳定性,是实现高性能硅基锂离子电池的一大进步。PAA 和壳聚糖及酯类单体共聚,用在锂离子电池中可以获得更好的性能[57]。

LA 系列水性黏结剂的有效成分为聚丙烯酸酯类三元共聚物胶乳,其是一种环

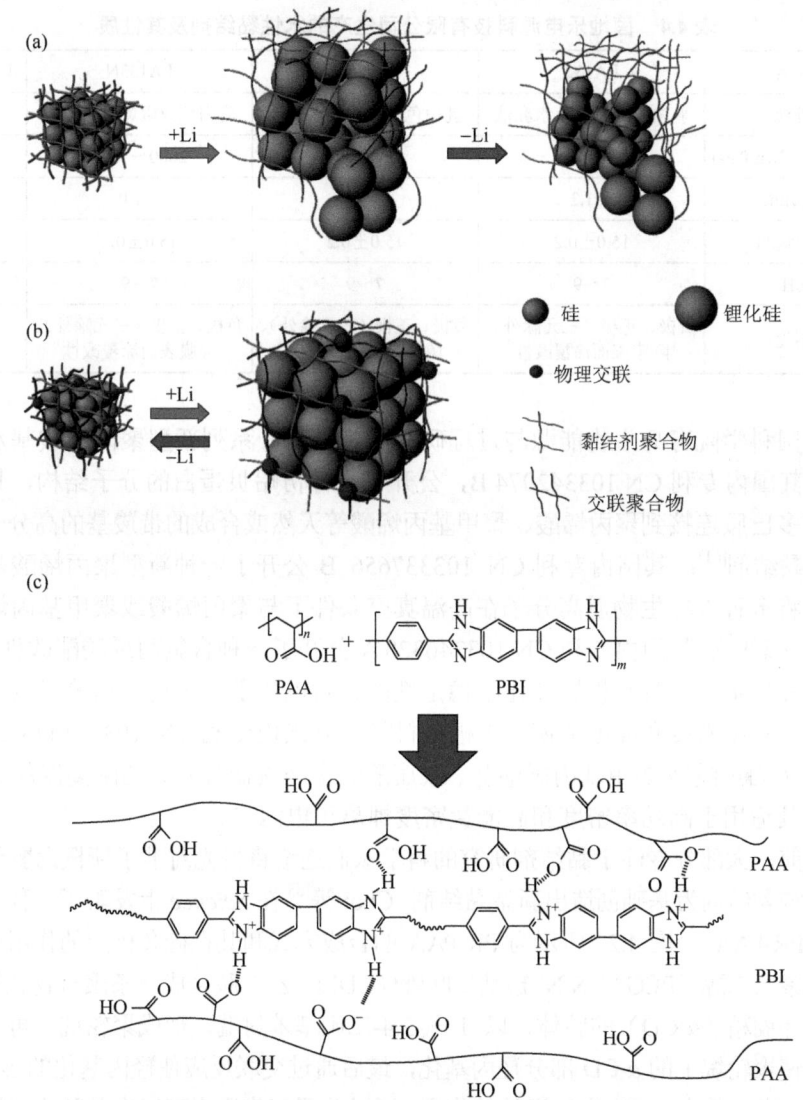

图 4.21 硅电极循环过程中的体积变化示意图[32]

(a) 不可逆的化学交联黏结剂会导致电极断裂；(b) 可逆的物理交联黏结剂可保持电极完整性；
(c) PAA、PBI 之间的分子间相互作用

保型的锂离子电池正负极黏结剂，具有黏结性好、极片柔韧性好等优点，制成的极片各项性能指标良好，可以解决有机溶剂型黏结剂在电极制造过程中的环境污染问题[58-60]。代表产品是成都茵地乐电源科技有限公司生产的水性黏结剂，如表 4.4 所示。

表 4.4　茵地乐电源科技有限公司生产的水性黏结剂及其性质

品名	LA132	LA133	LA133N	LA136D
外观	乳白色或微黄色水乳液	乳白色或微黄色水乳液	乳白色或微黄色水乳液	—
黏度（40℃）/(mPa·s)	≥4800	≥7300	2000～7000	>4000
$D_{50}/\mu m$	≤1.2	≤1.0	≤1.0	—
固含量/%	15.0±0.2	15.0±0.2	15.0±0.2	6%
pH	7～9	7～9	7～9	7～9
用途	负极、正极（三元除外）、隔膜表面涂覆改性	负极、正极（三元除外）、隔膜表面涂覆改性	负极、正极（三元除外）、隔膜表面涂覆改性	负极

中国科学院青岛生物能源与过程研究所开发了一系列新型聚丙烯酸基水系黏结剂，其国内专利 CN 103342974 B，公开了一种仿贻贝蛋白的分子结构，其将组氨酸和多巴胺连接到聚丙烯酸、聚甲基丙烯酸等天然或合成的带羧基的高分子上制得水性黏结剂[61]；其国内专利 CN 103337656 B 公开了一种新型聚丙烯酸基黏结剂，即将多种天然生物质高分子在高温真空条件下与聚丙烯酸或聚甲基丙烯酸进行酯化交联[62]；其国内专利 CN 103346328 A 公开了一种含氟丙烯酸酯改性的 LA 系水性黏结剂，其具有机械和化学稳定性高、耐电化学稳定窗口高等优点，尤其适用于高功率密度和高电位窗口正极材料[63]；其国内专利 CN 103351448 B 公开了一种 2-丙烯酰胺-2-甲基丙磺酸盐、衣康酸和富马酸盐等共聚的耐高温的电极黏结剂，其适用于高功率密度和高能量密度锂离子电池[64]。

目前，大部分专注于黏结剂研究的科学家们逐渐将目光对准了新概念黏结剂，即以传统黏结剂为基础创造出新型黏结剂。Choi 等[65]在 Science 上发表了一种新型黏结剂（PR-PAA），图 4.22 所示为 PR-PAA 的合成方式和其在硅负极上的作用机理。先使用聚乙二醇（PEG）、N,N'-羰基二咪唑（CDI）、乙二胺合成一条聚合物长链，使其穿过环糊精（α-CD）的腔体，以 1-氟-2,4-二硝基苯封端，形成聚轮烷。再利用环氧丙烷使聚轮烷上的 α-CD 部分羟丙基化，最后通过交联反应使羟丙基化的 α-CD 与 PAA 相连接。其中 α-CD 充当滑轮的作用，通过分子间作用力可以有效防止活性物质在充放电过程中的体积变化，使开裂后的活性材料保持紧密接触。

4. PVA

PVA 是一种亲水性高分子聚合物材料，白色粉末，可与其他水溶性的高聚物混溶，如与淀粉、羟甲基纤维素、海藻酸钠等都有较好的混溶性。PVA 分子链上含有大量羟基，分子链间形成氢键，具有良好的水溶性、成膜性，韧性较高，且无毒无刺激性，是一种可以应用在石墨或硅碳电极上的黏结剂材料[66]。但是 PVA 的热稳定性差，在空气中，PVA 的分解温度在 230℃左右。当加热至

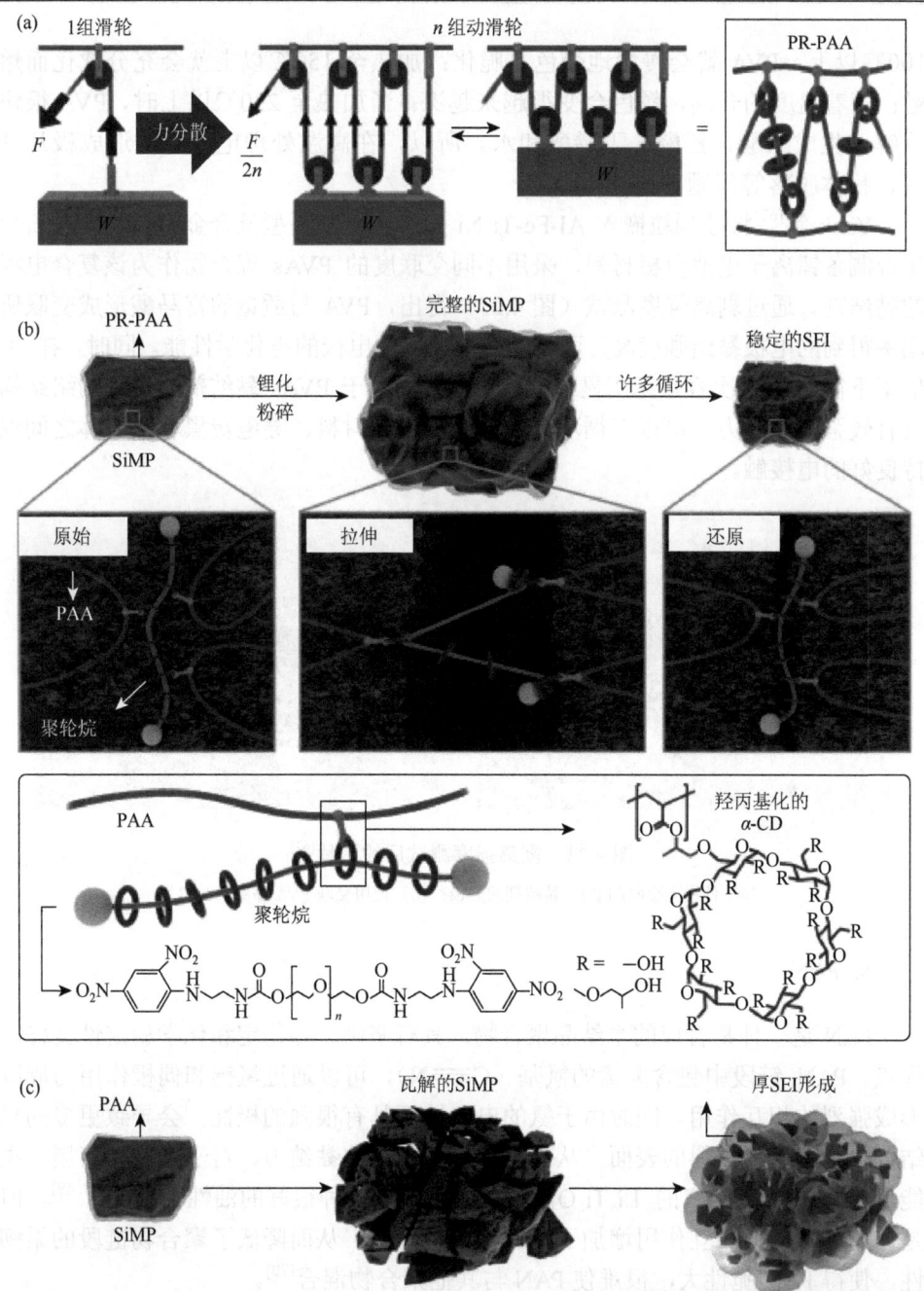

图 4.22　PR-PAA 黏结剂在硅负极上的应力耗散机理[65]

(a) 滑轮省力的原理；(b) PR-PAA 黏结剂在硅负极反复的体积变化中消除应力的图解及聚轮烷和 PAA 的化学结构式；(c) 循环过程中 PAA-SiMP 的粉碎和 SEI 膜生长的示意图

100℃以上，PVA 就会慢慢地变色、脆化；加热至 150℃以上就会充分软化而熔融；随着温度的升高，颜色会变得越来越深；当加热至 220℃以上时，PVA 很快分解，生成醋酸、乙醛、丁烯醇和水。所以，在高温处理电极时易造成极片开裂、粉体脱落等问题。

Yook 等[67]将硅颗粒嵌入 Al-Fe-Ti-Ni 矩阵相组成新型硅合金材料，再与石墨复合制备锂离子电池负极材料，采用不同交联度的 PVAs 聚合物作为该复合电极的黏结剂。通过剥离强度测试（图 4.23）得出，PVA 与适量的富马酸形成交联所制备得到的电极黏结强度高，可以显著提高复合电极的电化学性能。同时，在 1C 倍率下循环 200 次容量无明显衰减，这主要归因于 PVAs 黏结剂的三维网络结构具有较强的黏附力，可以在循环过程中使得活性材料、导电炭黑和集流体之间保持良好的电接触。

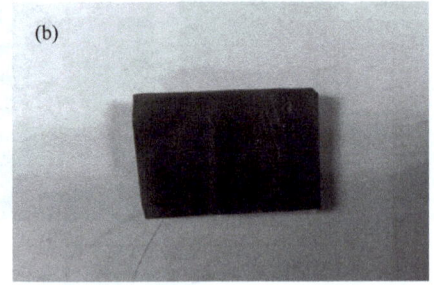

图 4.23　剥离强度测试后的图片[67]

（a）使用无交联的 PVA 黏结剂的电极；（b）使用交联 PVA 黏结剂的电极

5. PAN

PAN 是一种易合成的半结晶聚合物，具有坚硬、热稳定和化学稳定性良好等优点。PAN 链段中包含大量的氰基（C≡N），可以通过氢键和偶极作用与周围形成强烈的相互作用，同时由于氮的电负性而具有很强的极性，会导致更多的黏结剂附着在活性材料的表面，从而表现出了更强的黏结力，对于商品化石墨、高能量硅/石墨、高功率的 $Li_4Ti_5O_{12}$ 等负极材料是一种很好的油性黏结剂[68, 69]。但是，相邻氰基的相互作用增加了主链转动的阻力，从而降低了聚合物链段的柔韧性，使得 PAN 脆性大，很难使 PAN 与其他聚合物混合[70]。

Shen 等[71]使用原位热交联的 PAN 作为黏结剂制备的硅碳电极具有优良的倍率性能和循环寿命（图 4.24），这主要归因于 230℃热处理使得 PAN 的腈基分解和环化，形成带有非定域 π 电子体系的共轭链段，改善电极的电导率和更好地保持电极的整体性，这个观点为开发聚合物黏结剂提供了一个新的思路。

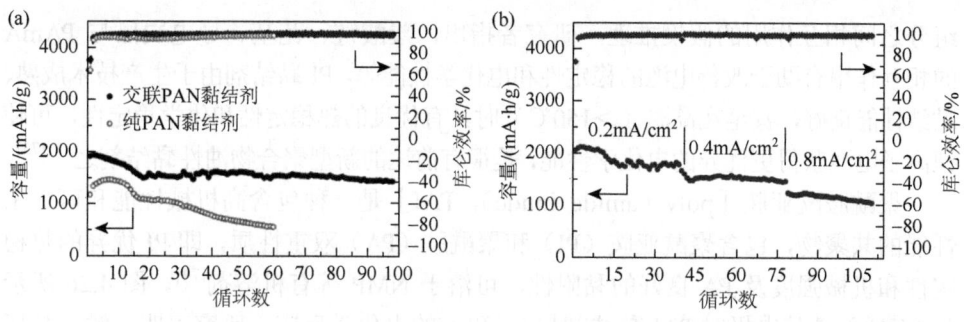

图 4.24 分别使用交联 PAN 和纯 PAN 黏结剂的硅碳电极性能对比[71]

(a) 循环性能对比; (b) 倍率性能对比

6. PI

PI 分子结构中含有酰亚胺基,具有更高的抗拉强度和弹性复原能力,可有效地适应电极的膨胀和收缩,保证了在循环过程中电极结构的完整性和稳定性。聚酰胺酸 [poly (amic acid), PAmA] 是 PI 的前驱体溶液,由于 PI 在大多数有机溶剂中的低溶解度和在相应溶液中的高黏度可能阻碍电极的制备,因此,通常采用前驱体 PAmA 作为黏结剂的前体,之后在电极制备过程中通过热处理,形成高机械强度的 PI 骨架[72]。图 4.25 为 Lin 等[72]提出的关于 PAmA 和锂离子电池中各

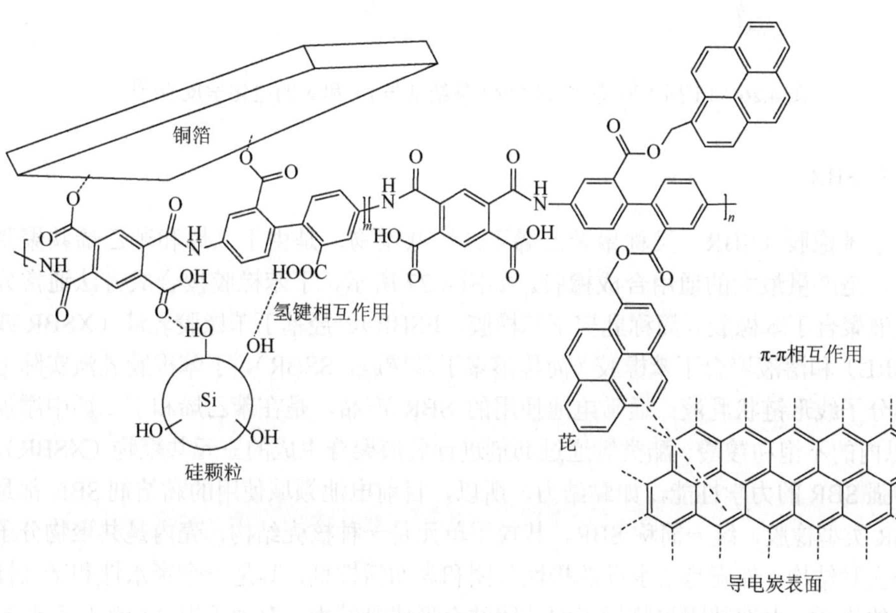

图 4.25 聚酰胺酸和锂离子电池中各组分之间的相互作用[72]

组分之间相互作用的假设推理，研究者指出，羧酸链、芘基、导电炭黑与 PAmA 的相互作用有助于改善电池的稳定性和电化学性能等。PI 黏结剂由于生产技术成熟、黏结性能良好，甚至在高温（>150℃）时具有优良的热稳定性和化学稳定性，可使锂离子电池获得更优异的电化学性能，是很有前途的新型聚合物油性黏结剂之一[73]。

聚酰胺酰亚胺［poly（amide imide），PAI］是一种包含高机械性能和可加工性能的共聚物，包含聚酰亚胺（PI）和聚酰胺（PA）双重性质，即 PI 优异的热稳定性和机械强度及 PA 良好的黏附性，可溶于 NMP 等有机溶剂[74]。图 4.26 所示为 Li^+ 插入硅基电极时 PAI 黏结剂与 Li^+ 和 e^- 的电化学反应。研究表明，酰亚胺环上的羰基（—C═O）与 Li^+ 和 e^- 发生反应，可在一定程度上改善电极材料的电化学性能[75]。使用 PAI 黏结剂制备的硅负极（63.3MPa）比使用 PVDF 黏结剂（18.8MPa）具有更大的抗拉强度，在首次充电过程中 PAI 黏结剂与锂离子和电子发生反应，使用抗拉强度高的 PAI 黏结剂可提高活性材料的循环性能，但是使用 PVDF 黏结剂制备的硅负极由于充电后电子传输网络较差而使得放电时锂离子很难从硅材料中脱出，所以放电容量快速下降。

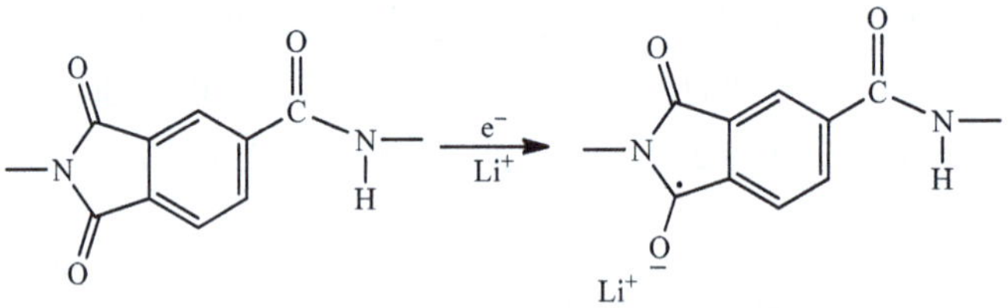

图 4.26　Li^+ 插入硅基电极时 PAI 黏结剂与 Li^+ 和 e^- 的电化学反应[75]

7. SBR

丁苯橡胶（SBR）又称聚苯乙烯丁二烯共聚物，是由丁二烯和苯乙烯共聚制得的，是产量最大的通用合成橡胶。如图 4.27 所示，丁苯橡胶按合成方法通常分为乳液聚合丁苯橡胶（简称乳聚丁苯橡胶，ESBR）、羟基丁苯橡胶乳液（XSBR 或 XSBRL）和溶液聚合丁苯橡胶（简称溶聚丁苯橡胶，SSBR），丁苯橡胶乳液实际上是小分子线形链状乳液；通常电池使用的 SBR 产品，是在苯乙烯和丁二烯中添加 5%以内的不饱和羧酸、酯类等通过助剂进行乳液聚合生成的三元共聚物（XSBR），以增强 SBR 的力学性能，如黏结力。所以，目前电池领域使用的黏结剂 SBR 都是 XSBR 类型橡胶，统一简称 SBR，其粒子单元是一种核壳结构，壳内是共聚物分子链的交联结构，外壳是亲水性的极性基团和表面活性剂，其是一个亲水性和亲油性共存的物质。水性基团与箔材表面基团结合形成黏结力，有利于提高分散性和浆料稳定性，油性链段与负极石墨相结合形成黏结力，从而达到黏结的效果。

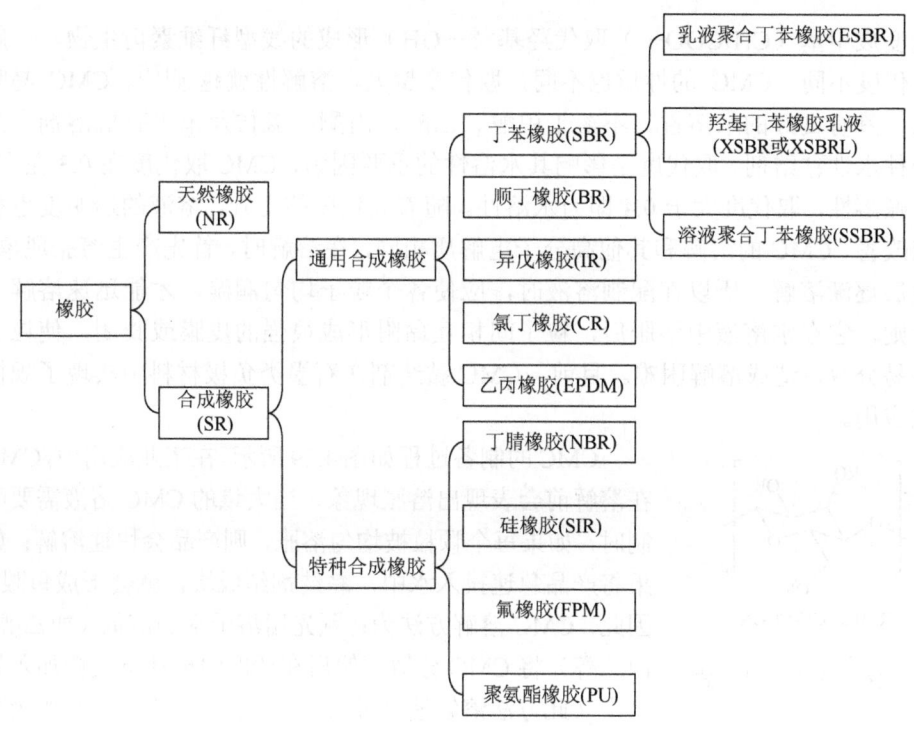

图 4.27 常用橡胶构架图

在实际使用中,羧甲基纤维素(CMC)一般配合 SBR 共同使用(分散剂为去离子水),且具有良好的黏弹性、分散性和成本低、无毒等优点。其中 CMC 作为增稠剂,易溶于水,并形成透明的溶液,具有良好的分散能力和结合力,并有吸水和保持水分的能力,用于调高浆料黏度,稳定浆料,防止材料在加工过程中产生的沉淀和分离[76]。

4.4.2 天然黏结剂

天然黏结剂在自然界中大量存在,可再生、无污染,具有生物相容性,是可再生能源的重要组成部分,其高效合理的开发利用,对解决能源、生态环境问题将起到十分积极的作用。目前,研究用作黏结剂的天然聚合物包括羧甲基纤维素、海藻酸盐、环糊精、壳聚糖等。

1. 羧甲基纤维素

羧甲基纤维素(carboxymethyl cellulose,CMC)是通过将羧甲基官能团嵌入嫁接到天然的纤维素中的方法形成的。如图 4.28 所示,CMC 是一种由不同取代度羧甲基（$CH_3COO—$）取代羟基（—OH）形成的线型纤维素衍生物。一般取代度不同，CMC 的性质也不同，取代度越大，溶解性就越强[77]。CMC 易吸水，具有良好的水溶性，不溶于甲醇、乙醇、丙酮、氯仿及苯等有机溶剂，是一种水性黏结剂。取代度是影响其水溶性的重要因素，CMC 取代度在 0.3 左右，呈碱溶性，取代度大于 0.4 即为水溶性。随着取代度的上升，溶液的透明度也相应改善。CMC 的溶解和其他高分子电解质相同，在溶解时，首先产生溶胀现象，然后逐渐溶解。所以在配制溶液时，应使各个粒子均匀润湿，才能迅速溶解。否则，它在水溶液中溶胀后，粒子间相互黏附形成很强的皮膜或胶团，使粒子不易分散，造成溶解困难。目前，CMC 黏结剂在石墨类负极材料中实现了规模化应用。

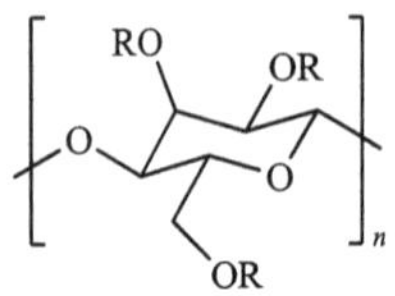

CMC 的制备过程如图 4.29 所示。在工业应用中，CMC 在溶解前会表现出溶胀现象，当大量的 CMC 溶液需要配制时，如果每个颗粒被均匀溶胀，则产品会快速溶解；如果将产品急速投入水中，黏结剂结成块，就会形成鱼眼。因此，CMC 溶解方法为：预先用溶于水的溶剂（如乙醇、丙三醇）将 CMC 分散，然后在适度的搅拌下缓慢加入到水中（此方法溶解速度较快）。如果有其他粉状添加物需要被加入溶液中，则先将添加物和 CMC 粉末混匀，然后再加入到水中溶解。

图 4.28 CMC 的结构式

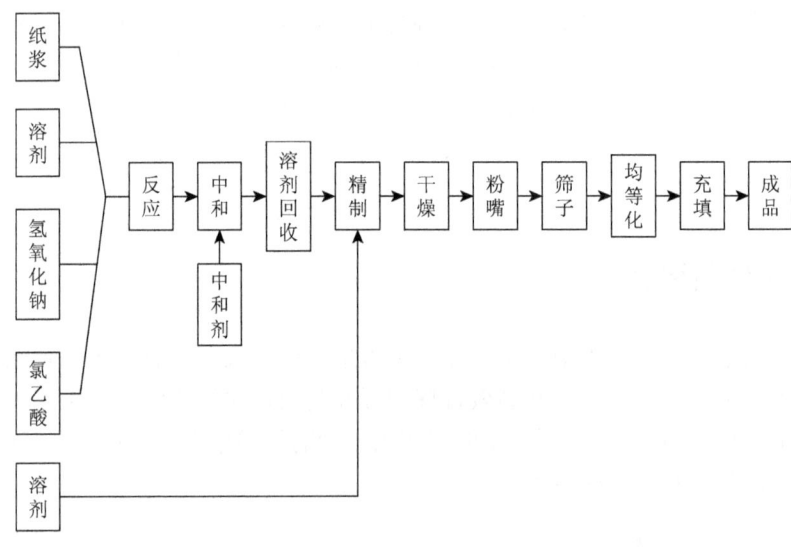

图 4.29 CMC 制备流程图

CMC 在电池电极材料浆料中起到了增稠的作用，提高黏度，提高了材料涂布时的流平性，同时也起到了分散性，防止材料在配料时的分层和沉降，提高了分散效果。CMC 溶液黏度及加工性能直接影响了其对活性材料的增稠和分散作用，其中加工性能主要包括以下几个方面：

（1）保水性：对于水系浆料，保水性是一项重要的加工性能指标，因为失水会导致固含量的变化从而造成面密度变差，进而影响锂离子电池整体性能。

（2）悬浮稳定性：悬浮稳定性是浆料分散稳定的核心因素，可简单地描述为 CMC 纤维布满整个浆料空间，将石墨颗粒阻隔开来的能力。CMC-Na 作为聚阴离子型纤维素化合物，可与粉体形成双电层作用，起到活性材料颗粒的作用。

（3）涂布加工中良好的流动性能、流平性能：在涂布过程中，涂料将处于各种不同的剪切条件下，调节合适的流变性能以维持涂布过程的顺利进行是至关重要的。随着涂布速度不断增加，此性能显得更加重要。

CMC 溶液的黏度对其增稠和分散性能也有重要的影响，CMC 溶液黏度的影响因素主要有以下几个方面：

（1）溶液浓度：CMC 溶液黏度随其溶液浓度的增加而上升，且溶液浓度与黏度的对数值为近似直线关系。

（2）pH：1%的 CMC 溶液的黏度在 pH 为 6.5~9.0 时最大且最稳定。一般 pH 在 9.0~11.0 时溶液黏度变化不大；当 pH<6 时，黏度迅速下降，并开始形成 CMC，pH 约为 2.5 时完全酸化；若 pH>9，黏度也会下降，起初比较缓慢，但当 pH>11.5 时，黏度开始急剧下降，这是因为未取代的羟基与碱分子结合，促进了纤维素分散。

（3）温度：CMC 溶液的黏度随温度的升高而下降；冷却时，黏度即行回升，但当温度升至一定程度时，将发生永久性的黏度降低。但须指出，黏度降低和 CMC 取代度有密切关系，取代度越高，黏度受温度影响越小。

（4）剪切速率/流速梯度：因为 CMC 溶液不属于牛顿型流体，而是属于假塑性流体，其流动性质不能简单地用牛顿公式描述，但溶液的表观黏度仍是测定流速梯度的函数。

（5）盐类的影响：各种无机盐离子的存在会降低 CMC 溶液的黏度，盐类对黏度的影响取决于阳离子的价数。一般遇一价阳离子盐时呈水溶性，遇三价阳离子盐时呈不溶性，遇二价阳离子盐时，则水溶性介于一价和三价之间。

工业上，一般以 CMC 为黏结剂制备电极材料浆料的工艺分为湿法工艺及干法工艺，其流程如图 4.30 所示。

基础研究表明，SBR 和 CMC 混合使用对于纳米 Si/C 电极具有很好的稳定性，只需要很小质量分数（1%~2%）的黏结剂就可确保纳米 Si/C 电极具有良好的电化学性能，而大量的 SBR 和 CMC 会限制 Li^+ 的扩散和恶化电极性能[16]。CMC 的羧

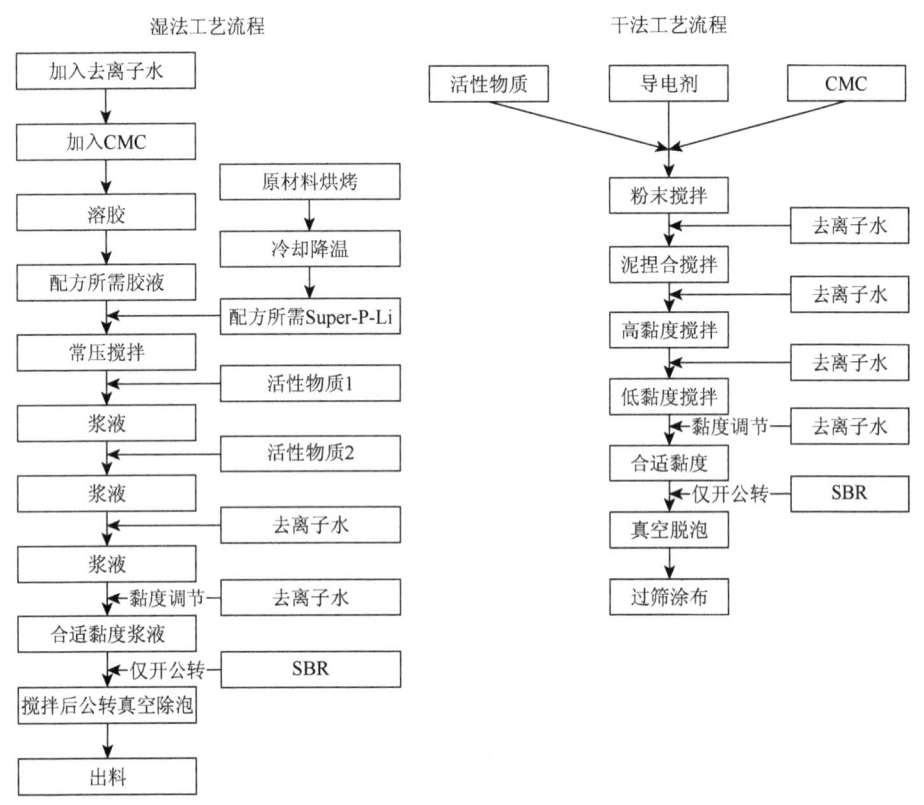

图 4.30　以 CMC 为黏结剂制备电极材料浆料工艺流程图

甲基可通过化学键,即共价键或氢键与硅相连,结合力较强,可保持硅颗粒之间的连接,且 CMC 可在硅表面形成类似 SEI 膜的包覆,抑制电解液的分解。Bridel 等[77]也强调了 CMC 中的氢键具有自我修复的功能,可有效地适应循环过程中强烈的体积变化,保持电极的电接触和完整性。Wang 等[78]研究了 CMC 作为高电压电极材料的黏结剂的可能性,结果表明,采用 CMC 黏结剂的电极在 5V 高电压下可以保持更高的稳定性。

Qiu 等[79]研究了 CMC-Li 黏结剂在 $LiFePO_4$ 正极中的应用机理(图 4.31),可以看出 CMC-Li 在 LFP 电极中的分布,由于—OH 基相互作用,CMC-Li 具有强氢键作用,同时活性物质可以与毗邻活性中心的 CMC-Li 大分子链上的锂离子发生反应,从而形成一个有效的导电网络结构。此外,亲水性的 CMC-Li 黏结剂在有机电解液中不溶解、不溶胀,并具有很强的附着力,可以保持电极结构的稳定性。国内专利 CN 105914377 A 以 CMC 为底物,混合以不同比例的丙烯酸单体、丙烯腈单体、丙烯酰胺单体、丙烯酸甲酯单体和苯乙烯单体中的一种或多种[80]。先将 CMC 溶于去离子水中,加入引发剂过硫酸钾,再加入一种或多种不同比例的上述单体，作为锂离子电池的黏结剂。以 7.2∶0.53 的比例加入丙烯酸和丙烯腈后，剥离强度增强 35 倍。此外，仅仅将丙烯酸单体、丙烯腈单体、丙烯酰胺单体以一定比例混合，也会得到剥离强度高于 PVDF 的黏结剂。

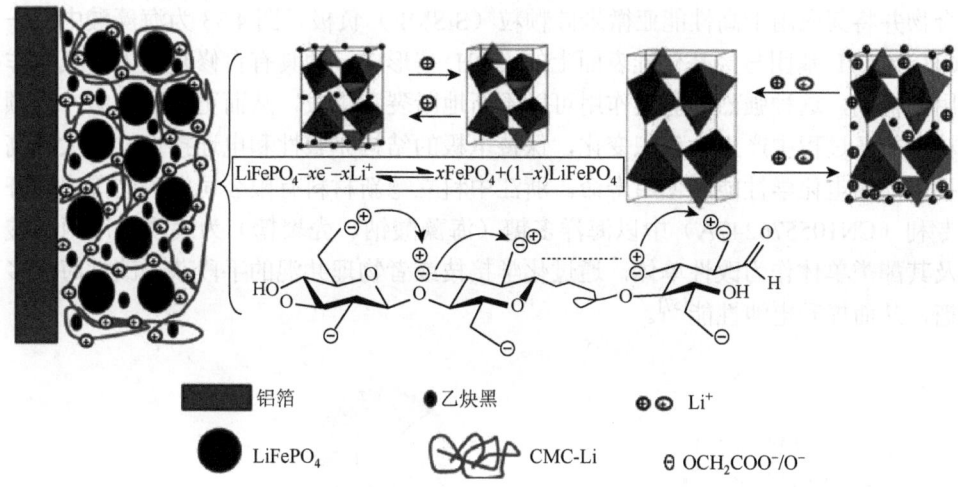

图 4.31　CMC-Li 黏结剂在磷酸铁锂正极中的应用机理[79]

2. 海藻酸盐

海藻酸（alginic acid，Alg）是从海藻中提取的一种天然多糖类聚合物，单体为 β-1,4-D-甘露糖醛酸(M)和 α-1,4-L-古洛糖醛酸(G)（图 4.32），结构与 CMC 相似，且溶胀率低，保形性好，分子链上羧基的排列更有规律、更均匀、含量较高。海藻酸通过与硅颗粒表面的羟基形成氢键，可形成稳定的 SEI 膜，其极性大，黏附力更强，可有效防止硅颗粒的团聚和脱落[81, 82]。

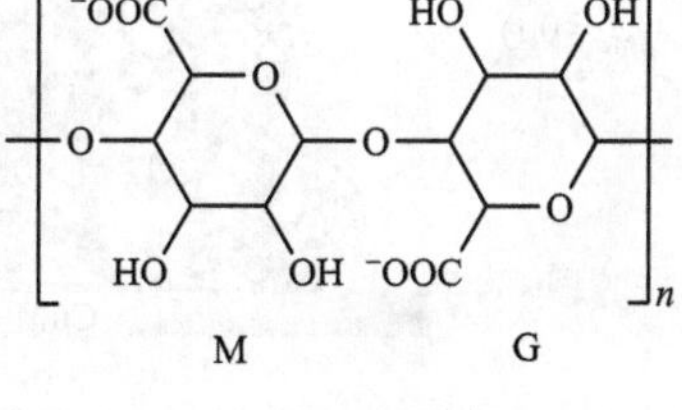

图 4.32　海藻酸的结构式

Bigoni 等[83]将海藻酸钠（sodium alginate，SA）黏结剂成功应用在高电压[4.7V

（$vs.$ Li/Li$^+$）]、高容量（146.7mA·h/g）的 LiNi$_{0.5}$Mn$_{1.5}$O$_4$（LNMO）电极中，使其具有优异的电化学性能。通过进一步优化黏结剂、导电炭黑和活性材料比例，特别是注意浆液的形成过程和物理化学性质，规模化生产和涂布过程的自动化将会得到明显的改善。

Zhang 等[84]设计了一种通过简单自组装构建的三维网络结构海藻酸（Alg）聚合物并将其应用于高性能亚微米硅颗粒（SiSMP）负极。图 4.33 为海藻酸中的一CH$_2$COOH 基团与羟基化硅表面上的—OH 基形成一种具有自修复能力的氢键作用的机制，这种强烈的氢键作用可以不断地断裂和生成，从而更有效地缓冲硅颗粒在循环过程中产生的体积变化，保持电极的结构完整性和电连接性，大大提高了电池的电化学性能和使用寿命。浙江中科立德新材料有限公司发表的国内公开专利（CN105576247A）中以海洋多糖（海藻酸钠、壳聚糖）为底物，用丙烯酸及其酯类单体作为改性单体，通过化学接枝或者物理共混的手段获得改性海洋多糖，从而提升电池性能[57]。

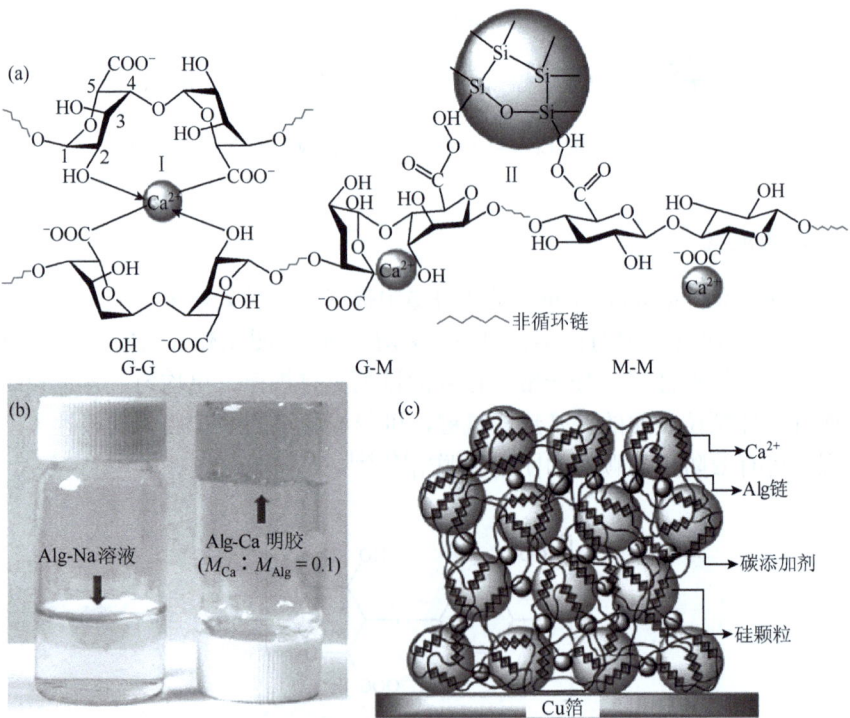

图 4.33 （a）海藻酸链段和钙离子之间强劲的配位键（Ⅰ）及羟基化的硅表面和自由的海藻羧基之间的氢键作用（Ⅱ）；（b）黏性的海藻酸钠溶液和弹性钙交联的海藻酸凝胶；（c）由硅颗粒、三维高度交联海藻酸网络黏结剂和导电添加剂组成的负极材料的典型架构[84]

3. 环糊精

环糊精（cyclodextrin，CD）是直链淀粉在环糊精葡萄糖基转移酶作用下经水解得到的一系列环状低聚糖的总称。通常环糊精含有6~12个D-吡喃葡萄糖单元，其中6、7、8单元分别为α-CD、β-CD、γ-CD（图4.34）[85, 86]。由于连接葡萄糖单元的糖苷键不能自由旋转，环糊精分子具有略呈锥形的中空圆筒立体环状结构［图 4.34（b）］，且环中的各个葡萄糖单元皆处于椅式构象，其空腔内侧为两圈氢原子（H-3 和 H-5）及一圈糖苷键的氧原子处于 C—H 键的屏蔽之下，所以 CD 内腔具有疏水性，而 C-2 和 C-3 原子上的仲羟基都处于锥形环较大的开口端，C-6 上的伯羟基则处在锥形环较小的开口端，使环状分子的外侧边框呈亲水性，造成 CD 形成内疏水、外亲水的特殊分子结构[87]。

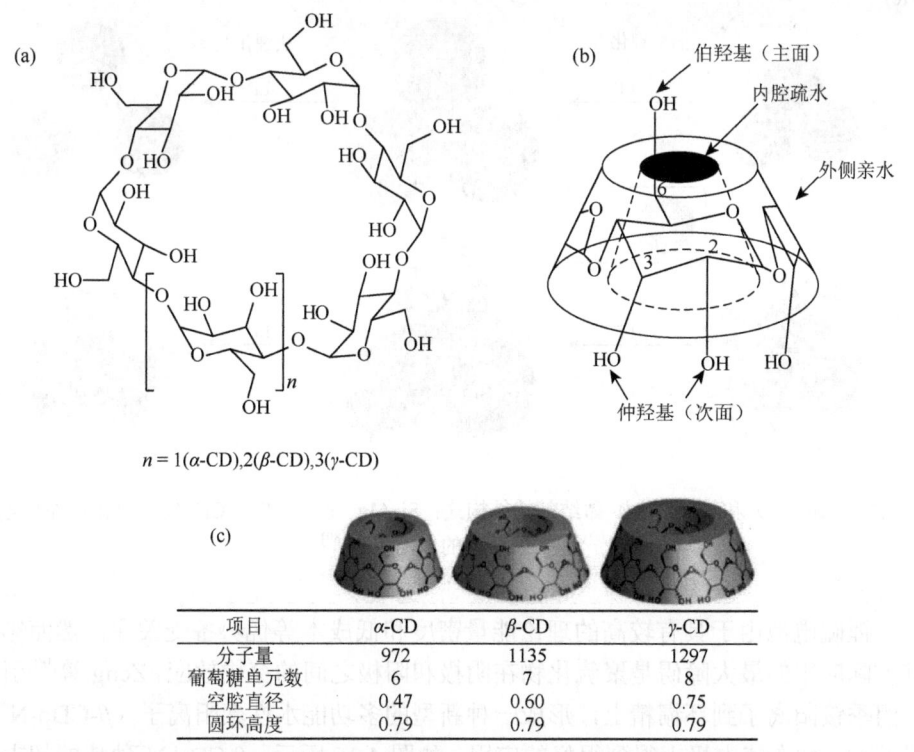

图 4.34　（a）环糊精的结构式[88]；（b）中空圆筒立体环状结构；
（c）α-CD、β-CD、γ-CD 的环状结构说明[86]

Jeong 等[89]采用超支化 β-CD 聚合物作为硅负极的一种高效多维网络黏结剂。图 4.35 为 Alg 和 β-CD 黏结剂的结构式及 Si-Alg 和 Si-β-CD 电极在充放电过程中黏结剂的作用机理，借助 β-CD 的超支化网络结构与硅颗粒之间产生多维接触并提供优良的机械强度，即使当纳米硅颗粒在循环过程中失去最初的接触时，也可以被包覆在黏结剂的多维网络内。此外，超支化聚合物网络与硅颗粒之间的氢键相互作用可以产生自愈效应，大大提高了硅颗粒的循环性能。

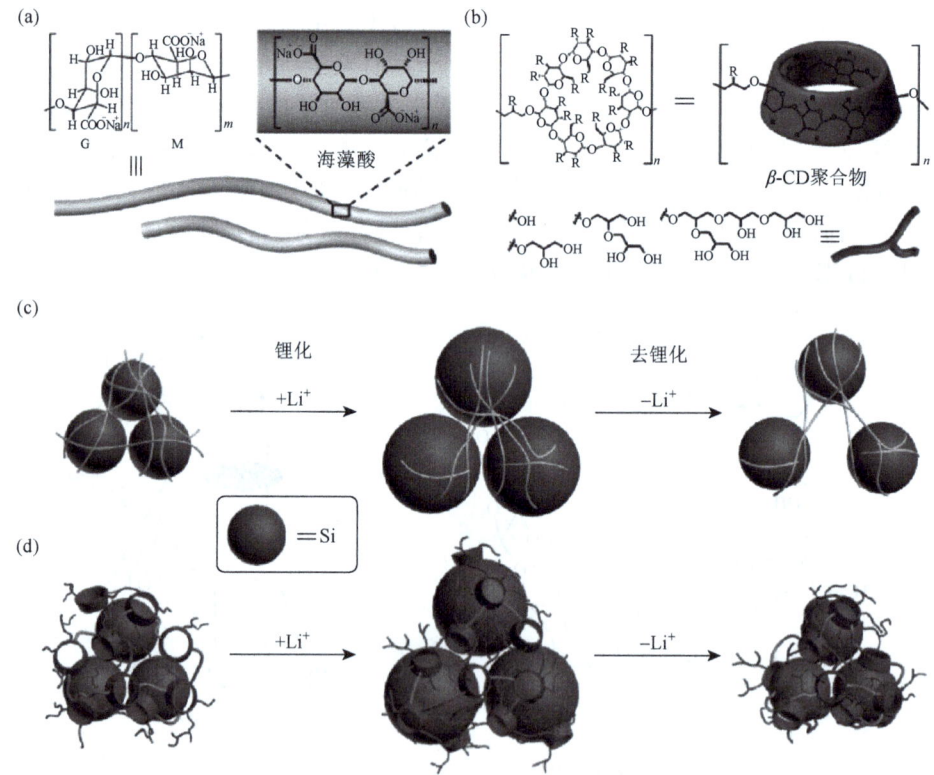

图 4.35　Alg（a）和 β-CD（b）黏结剂的结构式；Si-Alg（c）和 Si-β-CD（d）电极在充放电过程中黏结剂的作用机理[89]

锂硫电池由于具有较高的理论能量密度和低成本等优势备受关注，然而影响其实际应用的最大障碍是聚硫化物在阴极和阳极之间的穿梭效应。Zeng 等[90]引进一组季铵阳离子到环糊精上，形成一种新型的多功能水性聚阳离子（β-CDp-N$^+$）黏结剂，并在硫电极上得到很好的应用。如图 4.36 所示，β-CDp-N$^+$ 独特的超支化网络结构有助于承受由硫粒子在充放电过程中的体积变化所引起的机械应力。大量的羟基和醚键有助于提高活性物质与导电剂之间的相互作用，将活性材料黏结在集流体上。同时，季铵阳离子也赋予了 β-CDp-N$^+$ 一些新的性能：硫电极稳定性能、聚硫化物固定能力、体积适应能力等，有助于缓解锂硫电池中的主要问题，即在充放电过程中，抑制聚硫化物的穿梭效应和硫的体积变化。

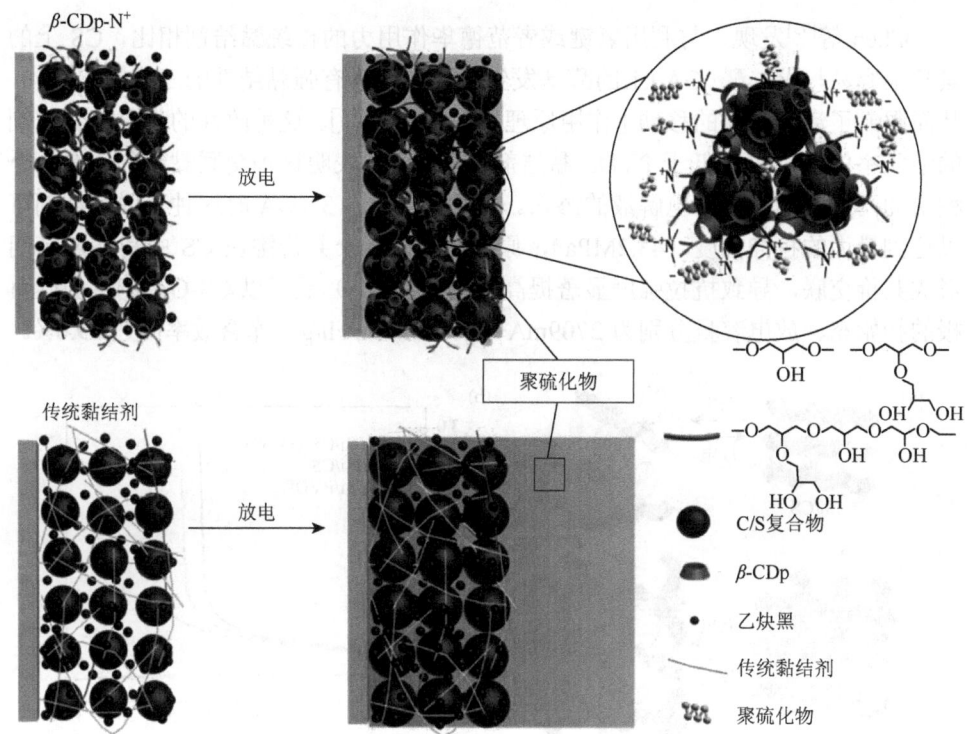

图 4.36 新型黏结剂 β-CDp-N$^+$ 和传统黏结剂 PVDF 在硫电极中的使用[90]

4. 壳聚糖

壳聚糖（chitosan，CS）是由甲壳素经脱乙酰作用得到的一种白色或灰白色半透明的片状或粉状固体，无臭、无味、无毒。化学名称为 β-(1,4)-2-脱氧-D-葡萄糖，分子式为 $(C_6H_{11}NO_4)_n$，结构式如图 4.37 所示，每个结构单元中都含有一个羟基和一个氨基[91,92]。以壳聚糖为基础的水溶性浆料具有良好的黏度，被认为是有效的电极黏结剂，在石墨、硅基、LiFePO$_4$ 等电极中都有相关研究。

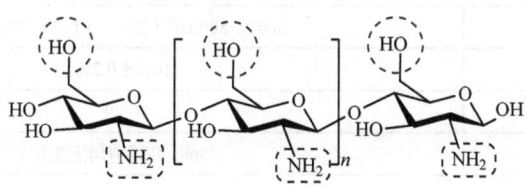

图 4.37 壳聚糖的结构式[91]

Chen 等[93]发现,与利用氢键或者范德华作用力的传统黏结剂相比,CS 上的氨基很容易与戊二醛(GA)上的醛基发生交联形成具有强黏结性的三维网络结构,从而限制了活性物质的移动[作用原理见图 4.38(a)]。这种改性的壳聚糖黏结剂的溶胀率仅为 12%,低于 PVDF 黏结剂(136%),表明这种交联黏结剂更像一个稠密的网络结构阻碍了电解液的渗入。另外,当加入 3%GA 时这种交联黏结剂可以达到最大的拉伸强度(43.2MPa),原因是引入一个共价键在 CS 中和 GA 之间形成共价交联,导致抗拉强度显著提高。图 4.38(b)显示以 CS-GA 制备的硅负极的初始充、放电容量分别为 2709mA·h/g、3023mA·h/g,库仑效率高达 89.6%。

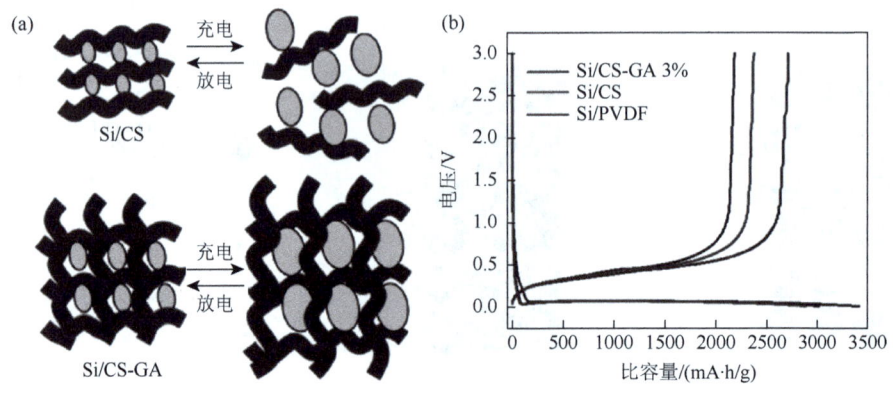

图 4.38 (a) Si/CS 和 Si/CS-GA 负极的充放电过程示意图;(b) 以不同黏结剂制备的 Si 电极的恒流充放电曲线对比[93]

国内锂电行业中,青岛储能产业技术研究院开发的丙烯腈改性壳聚糖类黏结剂在锂离子电池中具有良好的性能,其主要产品参数如表 4.5 所示。

表 4.5 青岛储能产业技术研究院产品参数

检测项目	规格
外观	浅黄色乳胶
主要成分	丙烯腈改性壳聚糖衍生物
黏度	5000~8000cP(25℃)(1cP = 10Pa·s)
固含量	10%±0.2%
pH	7~9
物理稳定性	35m/s 高速剪切无变化
热分解温度	>250℃
聚合物分子量	约 65 万
聚合物玻璃化转变温度	60℃

续表

检测项目	规格
电化学稳定窗口	>5V
过渡金属含量	<100ppm
冻融性	−20℃冷冻恢复无变化
保质期	1年
溶胀特性	制成极片电解液，常温浸泡12h厚度变化≤5%
分散性	细度<25μm（制成锂离子电池石墨负极浆料）
分散稳定性	24h固含量变化<2%（锂离子电池负极浆料）
黏结性能	极片剥离强度>30N/m（极片黏结剂含量不超过4%）

注：ppm 为 10^{-6}。

4.4.3 导电聚合物黏结剂

导电聚合物黏结剂既有黏结作用又具有导电功能，在保持电极结构稳定的同时可以提高电极的导电性。换句话说，导电聚合物黏结剂替代传统的黏结剂和导电添加剂，可以消除活性物质和导电添加剂之间脆弱的界面，抑制或完全避免两者之间的物理分离造成的容量损失。另外，导电聚合物黏结剂可以使电池中的活性成分实现最大化，提高电极的能量密度，是一种拥有广阔应用前景的新型黏结剂材料。目前，研究较多的导电聚合物包括聚（3,4-乙烯二氧噻吩）：聚苯乙烯-4-磺酸酯（PEDOT：PSS）、芘修饰的丙烯酸甲酯以及聚芴基聚合物等。

1. 聚（3,4-乙烯二氧噻吩）：聚苯乙烯-4-磺酸酯（PEDOT：PSS）

聚（3,4-乙烯二氧噻吩）：聚苯乙烯-4-磺酸酯（PEDOT：PSS）[结构见图 4.39（a）]是一种成本相对较低的可水溶的黏结剂，具有优异的电化学稳定性、较高的黏结强度、导电率和环境友好等优点[94-96]。图 4.39（b）所示为使用 PEDOT：PSS 黏结剂代替传统不导电黏结剂[图 4.39（c）]的电极的作用机理，其可以发挥导电剂的作用，在增加活性物质的含量同时使浆料混合均匀，消除了在反复脱/嵌锂的过程中活性物质和无机导电添加剂之间的物理分离造成的容量损失，使电池具有较高的放电容量和倍率性能[97]。

Shao 等[94]将 CMC 和 PEDOT：PSS 混合组成的新型水溶导电复合黏结剂成功应用在硅电极上。图 4.40 为使用黏结剂 AB/CMC、AB/PEDOT：PSS/CMC、PEDOT：PSS/CMC 的电极在循环后的 SEM 图和充放电过程示意图，可以看出，使用 AB/CMC 黏结剂的硅电极有明显的裂痕，在循环过程中完全粉碎；使用 PEDOT：PSS/CMC 黏结剂的电极有很多蘑菇状的结构，这可能是由于在循环

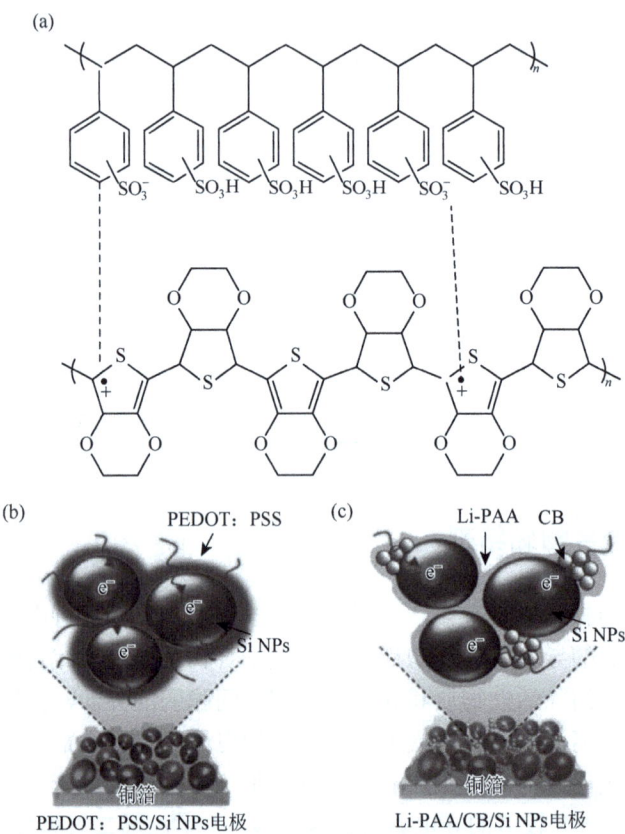

图 4.39 PEDOT：PSS 的结构（a）[94]及 PEDOT：PSS/Si NPs（b）和 Li-PAA/CB/Si NPs（c）电极的作用机理示意图[97]

过程中硅颗粒发生膨胀收缩导致严重聚合和形成 SEI 膜。但是，硅颗粒仍然保持球形，这说明 PEDOT：PSS 作为导电添加剂的同时也作为一个弹性矩阵有效缓冲硅颗粒的体积变化；使用 AB/PEDOT：PSS/CMC 黏结剂的电极展示了平滑的表面，也可以清楚地看到球形硅颗粒。针对上述解释研究者相应地给出了充放电过程示意图，值得注意的是，在硅电极中适量的 AB 能够有效地阻止 Si 颗粒聚集，使两个相邻硅颗粒之间产生空隙，在一定程度上促进了电解液对电极的渗入[94]。

2. 芘甲基丙烯酸酯

多环芳香烃，包括蒽和芘，都是有机半导体，由于其具有高电导率和荧光性，已被应用于光电设备中。芘分子连接在柔性骨架上，可以较容易发生自组装，形成有序结构，通过芳香基团的 π-π 堆积力进一步增强导电性[98]。

第 4 章 聚合物黏结剂

柔性骨架结构促进芘和硅纳米颗粒之间的相互作用。另外，侧链芘和柔性骨架增加了可加工性和降低了溶液黏度。如图 4.41 所示，PPy 聚合物在体积变化过程时完全覆盖在硅纳米颗粒表面，减少了硅纳米颗粒和电解液的接触，阻碍了电解液的连续消耗[99]。因此，芘基聚合物黏结剂可提高电极上 SEI 膜的稳定性。

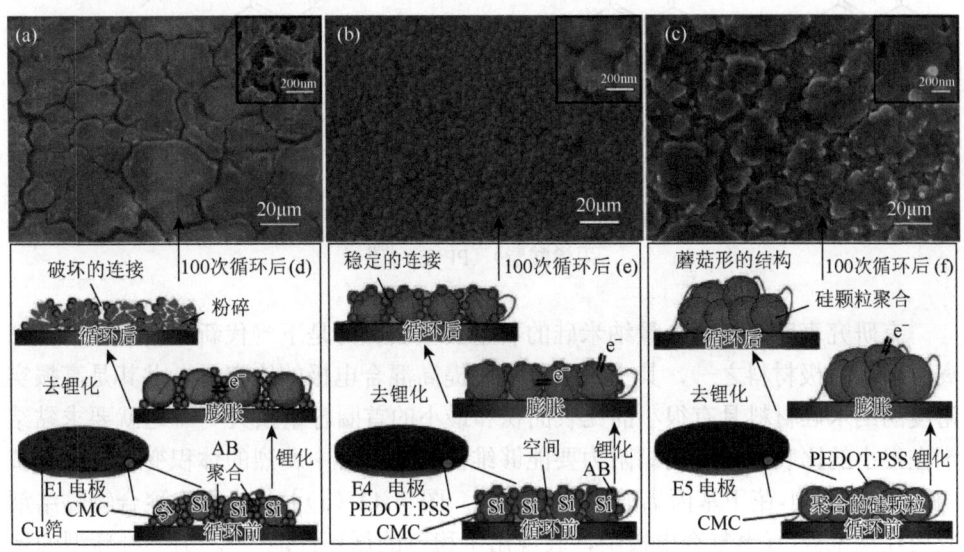

图 4.40 使用黏结剂 AB/CMC（a，d）、AB/PEDOT：PSS/CMC（b，e）、PEDOT：PSS/CMC（c，f）的硅电极在循环 100 圈后的 SEM 图和充放电过程示意图[94]

E1、E4、E5 分别表示 PEDOT：PSS 的不同比例

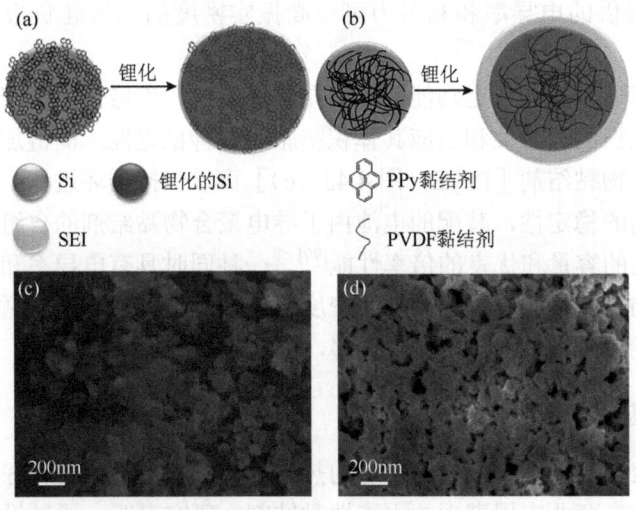

图 4.41 分别使用聚（1-芘甲基丙烯酸甲酯）（PPy）（a，c）、PVDF（b，d）制备的硅电极在循环过程中的体积变化示意图和循环 500 圈后的电极电镜图[99]

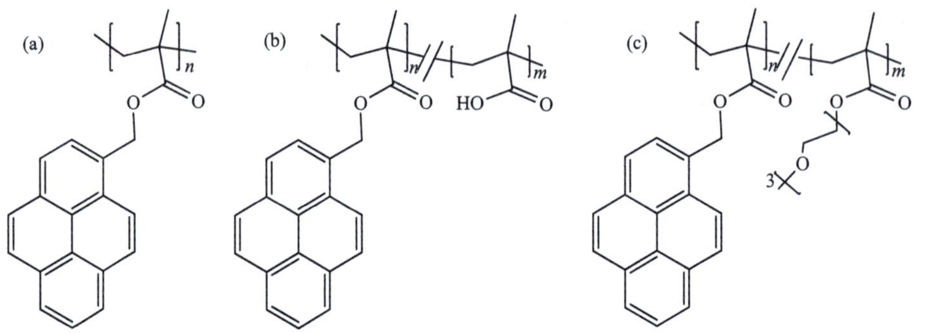

图 4.42　黏结剂的结构示意图：(a) 聚（1-芘甲基丙烯酸甲酯）（PPy）[100]；(b) 聚（1-芘甲基丙烯酸酯-co-甲基丙烯酸（PPyMAA）[101]；(c) 聚（1-芘甲基丙烯酸酯-co-三乙烯氧化甲醚甲基丙烯酸酯）（PPyE）[99]

有研究表明，包含少量纳米硅的石墨负极被认为是下一代新型高能量密度锂离子电池负极材料之一，其中纳米硅可以提高混合电极的比容量，尤其是高振实密度的纳米硅材料具有很小的比表面积和最小的首圈容量损失[100]。这就要求黏结剂在很小的比表面积上的黏附力要能够维持循环过程中剧烈的体积变化。含芘基的均聚物聚（1-芘甲基丙烯酸甲酯）[PPy，图 4.42（a）] 作为导电聚合物黏结剂应用在纳米硅/石墨复合电极中，表现出了稳定的循环性能[100]。另一种新型的聚合物黏结剂聚（1-芘甲基丙烯酸酯）-co-甲基丙烯酸 [PPyMAA，图 4.42（b）] 也被成功应用在高振实密度的纳米硅负极上[101]。其中甲基丙烯酸（MAA）不会改变最低未占据分子轨道（LUMO）的功能或降低 PPy 均聚物的黏附性。由 MAA 和芘共聚物提供的电导率和黏附力可使高振实密度的纳米硅负极具有良好的循环性。

另外，可通过加入特定功能的基团在侧链上进一步修饰芘基聚合物的性能，从而提高对电极的黏结性和适应其体积膨胀而改善稳定性。侧链加入环氧乙烷形成的导电聚合物黏结剂 [PPyE，图 4.42（c）] 可以保持循环过程中电极的机械完整性和硅界面的稳定性，装配的电池由于导电聚合物黏结剂的自组装固态纳米结构而具有很高的容量和优良的倍率性能[99]。一种同时具有电导率和黏附力的多功能导电聚合物黏结剂可以保证高振实密度纳米硅负极长期稳定的循环性能，但这种黏结剂可能与电极材料发生电荷转移，影响电池的长期稳定性。

3. 聚芴基聚合物

聚芴基聚合物黏结剂提供了良好的热稳定性，与电解液具有好的兼容性，成本低，是一种有商业应用潜力的水溶性黏结剂。研究表明，通过设计聚芴基聚合物侧链上的官能团可以获得更优异的性能，增强聚合物的极性可大大提高其黏附力、柔韧性和电解液吸收性[102, 103]。图 4.43 展示了导电聚合物的合成理念,三种官能团被引入聚芴基(P)导电聚合物中以提供更优异的性能[104]。其中,芴酮(F)可改善导电性,甲基苯甲酸酯(M)可加强链段柔韧性和机械黏附力,三环氧乙烷甲醚(E)可提高电解液的吸收性。

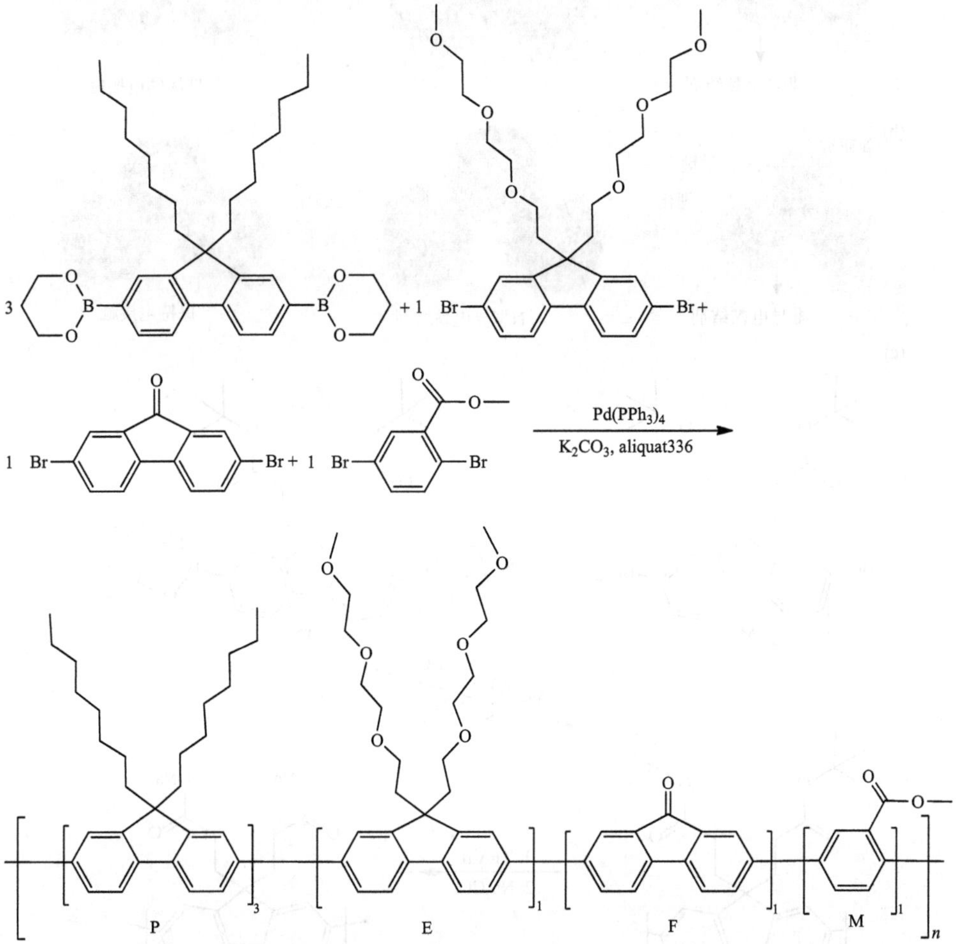

图 4.43 在聚合物黏结剂中加入的官能团的合成方案和设计目的[104]

官能团:P:聚芴基 E:三环氧乙烷甲醚 F:芴酮 M:甲基苯甲酸酯

另外,侧链上丰富的羧基结构可以有效地增强硅纳米颗粒和聚芴骨架间的黏结力,显著促进负极的导电率以及在循环过程中保持电子的完整性(图 4.44)。聚合物可以与 Si 表面的极性基团发生反应形成强化学键,从而真正保持电极在充放电过程后的机械完整性和良好的电导率[105]。导电聚合物的黏结剂设计理念很好,但是在实际应用中还存在黏结力差、剥离强度差以及电化学稳定性差等种种问题，商业化推广还有漫长的路要走。

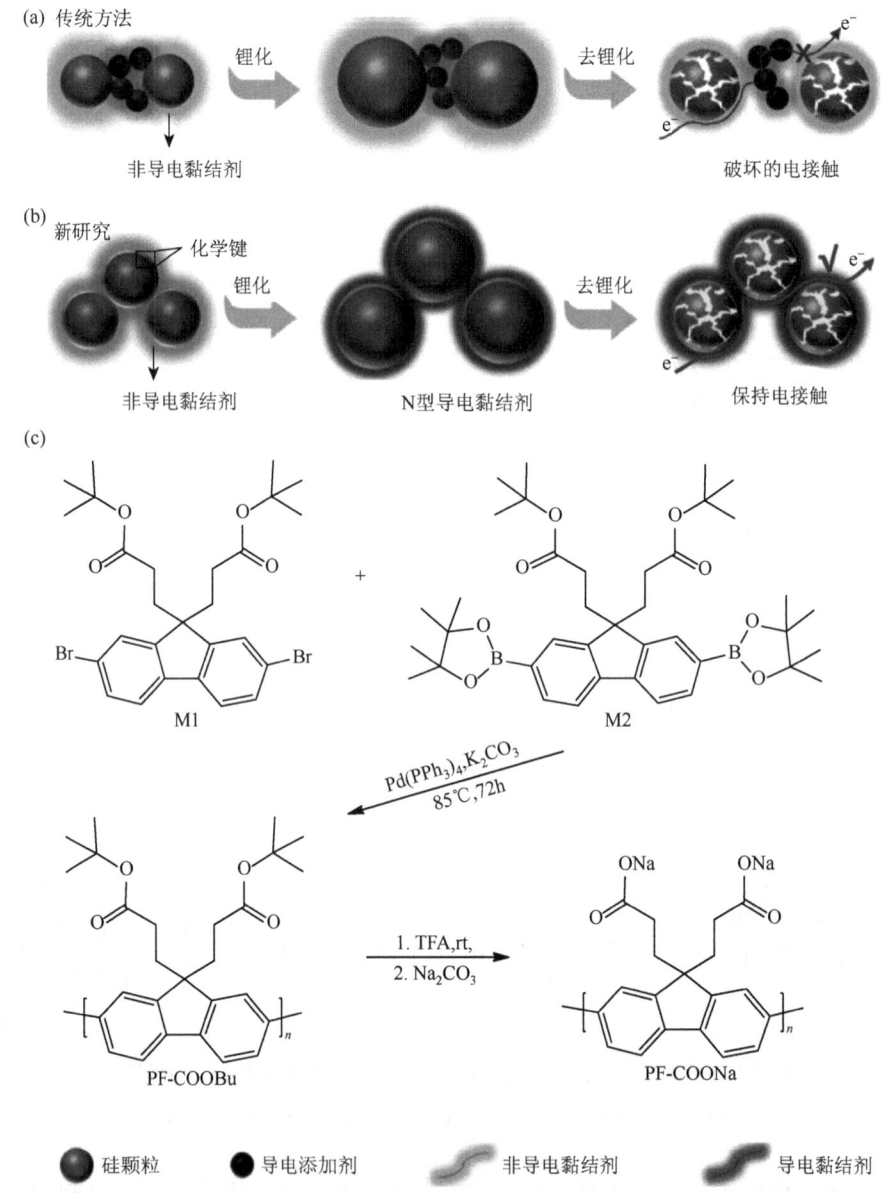

图 4.44　电池材料中体积变化的解决途径[105]

（a）传统途径：导电添加剂和非导电聚合物；（b）新途径：导电聚合物黏结剂；（c）聚（3,3′-9H-芴-9,9-二丙酸钠）（PF-COONa）的合成方法

4.5 结　　语

在商业化锂离子电池的电极中，黏结剂是其重要组成部分，对锂离子电池性能的影响起着举足轻重的作用。黏结剂的主要作用是黏结和保持活性物质完整性，对黏结剂的要求是欧姆电阻小，在电解液中性能稳定存在，不膨胀、不松散、不脱粉。一般而言，黏结剂的性能，如黏结力、柔韧性、耐碱性、亲水性等，直接影响着电池的性能。加入适量的黏结剂，可以获得较大的容量、较长的循环寿命和较低的内阻，对提高电池的循环性能、快速充放能力以及降低电池的内压等具有促进作用。聚偏氟乙烯（PVDF）是最常用的传统黏结剂，然而，随着使用领域的不断发展，PVDF 黏结剂的问题和不足日益显著。因此，从黏结剂分子结构出发，探讨结构与性能的关系，开发新型的高强度、性能优越、廉价、环境友好的黏结剂是必然的发展趋势。

针对现有的黏结剂体系，可以通过有机合成的方法对黏结剂进行改性，得到性能优越的新型黏结剂。有机合成的方法千变万化，通过对条件、成分比例的优化必然可以合成出新型的黏结剂，使电池发挥更好的性能。从自然界生物中提取出植物多糖，开发绿色环保有机物作为锂离子电池黏结剂具有重要的研究意义。这是由于多数植物的多糖分子中都存在大量的羧基，羧基的存在保证其具有黏结效用。同时，这些有机物来源广泛，成本低廉，有利于降低电池生产成本。兼具黏结力和导电的多功能导电聚合物黏结剂的引入减少了导电添加剂的加入，使混匀更容易，简化了配料工序，增大了极片中活性材料的比重，可提高电极的能量密度，如克服以上问题，商业化推广对实际生产具有重要的启发。

与传统有机溶剂型黏结剂相比，环境友好、成本低廉、黏结性能较好的黏结剂成为未来锂离子电池黏结剂研究的重点，选用合适的集流体、高容量的正负极材料，配以功能型电解质体系，最终可获得高能量密度和长循环寿命的锂离子电池。

参 考 文 献

[1] Armand M, Tarascon J M. Building better batteries. Nature, 2008, 451: 652.

[2] Etacheri V, Marom R, Elazari R, Salitra G, Aurbach D. Challenges in the development of advanced Li-ion batteries: a review. Energy Environ Sci, 2011, 4: 3243.

[3] Ma J, Hu P, Cui G, Chen L. Surface and interface issues in spinel $LiNi_{0.5}Mn_{1.5}O_4$: insights into a potential cathode material for high energy density lithium ion batteries. Chemistry of Materials, 2016, 28: 3578.

[4] Sun C, Rajasekhara S, Goodenough J B, Zhou F. Monodisperse porous $LiFePO_4$ microspheres for a high power

Li-ion battery cathode. J Am Chem Soc, 2011, 133: 2132.

[5] Zhao Y, Pang S, Zhang C, Zhang Q, Gu L, Zhou X, Li G, Cui G. Nitridated mesoporous $Li_4Ti_5O_{12}$ spheres for high-rate lithium-ion batteries anode material. Journal of Solid State Electrochemistry, 2013, 17: 1479.

[6] Bourderau S, Brousse T, Schleich D M. Amorphous silicon as a possible anode material for Li-ion batteries. Journal of Power Sources, 1999, 81-82: 233.

[7] Chan C K, Peng H, Liu G, McIlwrath K, Zhang X F, Huggins R A, Cui Y. High-performance lithium battery anodes using silicon nanowires. Nat Nanotechnol, 2008, 3: 31.

[8] Arora P, Zhang Z. Battery separators. Chem Rev, 2004, 104: 4419.

[9] 张建军, 岳丽萍, 刘志宏, 段玉龙, 胡朴, 姚建华, 周新红, 崔光磊. 高安全性阻燃动力锂离子电池隔膜. 中国科学: 化学, 2014, 44: 1.

[10] Huang X. Separator technologies for lithium-ion batteries. Journal of Solid State Electrochemistry, 2010, 15: 649.

[11] Xu K. Nonaqueous liquid electrolytes for lithium-based rechargeable batteries. Chemical Reviews, 2004, 104: 4303.

[12] Liu Z, Chai J, Xu G, Wang Q, Cui G. Functional lithium borate salts and their potential application in high performance lithium batteries. Coordination Chemistry Reviews, 2015, 292: 56.

[13] Guo J, Wang C. A polymer scaffold binder structure for high capacity silicon anode of lithium-ion battery. Chem Commun (Camb), 2010, 46: 1428.

[14] 柴丽莉, 张力, 曲群婷, 郑洪河. 锂离子电池电极粘结剂的研究进展. 化学通报, 2013, 76: 299.

[15] Chen Z, Christensen L, Dahn J R. Large-volume-change electrodes for Li-ion batteries of amorphous alloy particles held by elastomeric tethers. Electrochemistry Communications, 2003, 5: 919.

[16] Buqa H, Holzapfel M, Krumeich F, Veit C, Novák P. Study of styrene butadiene rubber and sodium methyl cellulose as binder for negative electrodes in lithium-ion batteries. Journal of Power Sources, 2006, 161: 617.

[17] Hong X, Jin J, Wen Z, Zhang S, Wang Q, Shen C, Rui K. On the dispersion of lithium-sulfur battery cathode materials effected by electrostatic and stereo-chemical factors of binders. Journal of Power Sources, 2016, 324: 455.

[18] Tarascon J M, Armand M. Issues and challenges facing rechargeable lithium batteries. Nature, 2001, 414: 359.

[19] Aslan M, Weingarth D, Jäckel N, Atchison J S, Grobelsek I, Presser V. Polyvinylpyrrolidone as binder for castable supercapacitor electrodes with high electrochemical performance in organic electrolytes. Journal of Power Sources, 2014, 266: 374.

[20] Zhang L, Liu Z, Cui G, Chen L. Biomass-derived materials for electrochemical energy storages. Progress in Polymer Science, 2015, 43: 136.

[21] 岳丽萍, 韩鹏献, 姚建华, 崔光磊. 锂离子电池硅基负极粘结剂研究进展. 电池工业, 2017, 21: 31.

[22] Zhang Z, Zeng T, Lai Y, Jia M, Li J. A comparative study of different binders and their effects on electrochemical properties of $LiMn_2O_4$ cathode in lithium ion batteries. Journal of Power Sources, 2014, 247: 1.

[23] Ui K, Fujii D, Niwata Y, Karouji T, Shibata Y, Kadoma Y, Shimada K, Kumagai N. Analysis of solid electrolyte interface formation reaction and surface deposit of natural graphite negative electrode employing polyacrylic acid as a binder. Journal of Power Sources, 2014, 247: 981.

[24] 徐会会. PEAE 导电粘结剂制备及其在锂离子电池中的应用研究. 长沙: 中南大学硕士学位论文, 2013.

[25] Bie Y, Nuli Y, Wang J L. Oxidized starch as a superior binder for silicon anodes in lithium-ion batteries. RSC Adv, 2016, 6: 97084.

[26] Dai K, Zhao H, Wang Z, Song X, Battaglia V, Liu G. Toward high specific capacity and high cycling stability

of pure tin nanoparticles with conductive polymer binder for sodium ion batteries. Journal of Power Sources, 2014, 263: 276.

[27] 曾涛. 聚丙烯酸粘结剂在锂离子电池正极中的应用研究. 长沙: 中南大学硕士学位论文, 2013.

[28] Hwang S S, Sohn M, Park H I, Choi J M, Cho C G, Kim H. Effect of the heat treatment on the dimensional stability of Si electrodes with PVDF binder. Electrochimica Acta, 2016, 211: 356.

[29] Hu S, Li Y, Yin J, Wang H, Yuan X, Li Q. Effect of different binders on electrochemical properties of LiFePO$_4$/C cathode material in lithium ion batteries. Chemical Engineering Journal, 2014, 237: 497.

[30] Chou S L, Wang J Z, Liu H K, Dou S X. Rapid synthesis of Li$_4$Ti$_5$O$_{12}$ microspheres as anode materials and its binder effect for lithium-ion battery. The Journal of Physical Chemistry C, 2011, 115: 16320.

[31] 凌仕刚, 吴娇杨, 张舒, 高健, 王少飞, 李泓. 锂离子电池基础科学问题——电化学测量方法. 储能科学与技术, 2015.4: 83.

[32] Lim S, Chu H, Lee K, Yim T, Kim Y J, Mun J, Kim T H. Physically cross-linked polymer binder induced by reversible acid-base interaction for high-performance silicon composite anodes. ACS Appl Mater Interfaces, 2015, 7: 23545.

[33] Pohjalainen E, Räsänen S, Jokinen M, Yliniemi K, Worsley D A, Kuusivaara J, Juurikivi J, Ekqvist R, Kallio T, Karppinen M. Water soluble binder for fabrication of Li$_4$Ti$_5$O$_{12}$ electrodes. Journal of Power Sources, 2013, 226: 134.

[34] Courtel F M, Niketic S, Duguay D, Abu-Lebdeh Y, Davidson I J. Water-soluble binders for MCMB carbon anodes for lithium-ion batteries. Journal of Power Sources, 2011, 196: 2128.

[35] 武兆辉, 杨娟玉, 闫坤, 于冰, 方升, 史碧梦. 锂离子电池硅基负极用聚合物粘结剂的研究进展. 稀有金属, 2016, 40: 838.

[36] Zhao H, Wang Z, Lu P, Jiang M, Shi F, Song X, Zheng Z, Zhou X, Fu Y, Abdelbast G, Xiao X, Liu Z, Battaglia V S, Zaghib K, Liu G. Toward practical application of functional conductive polymer binder for a high-energy lithium-ion battery design. Nano Lett, 2014, 14: 6704.

[37] Zhao H, Fu Y, Ling M, Jia Z, Song X, Chen Z, Lu J, Amine K, Liu G. Conductive polymer binder-enabled SiO-Sn$_x$Co$_y$C$_z$ Anode for high-energy lithium-ion batteries. ACS Appl Mater Interfaces, 2016, 8: 13373.

[38] Markevich E, Salitra G, Aurbach D. Influence of the PVdF binder on the stability of LiCoO$_2$ electrodes. Electrochemistry Communications, 2005, 7: 1298.

[39] Yoo M, Frank C W, Mori S, et al. Interaction of poly (vinylidene fluoride) with graphite particles. 1. surface morphology of a composite film and its relation to processing parameters. Chem Mater, 2003, 15: 850.

[40] Choi N S, Lee Y G, Park J K. Effect of cathode binder on electrochemical properties of lithium rechargeable polymer batteries. Journal of Power Sources, 2002, 112: 61.

[41] Liu W R, Yang M H, Wu H C, Chiao S M, Wu N L. Enhanced cycle life of Si anode for Li-ion batteries by using modified elastomeric binder. Electrochem Solid ST, 2005, 8: A100.

[42] 朱友良. 聚偏氟乙烯树脂的合成. 塑料工业, 2005, 33: 67.

[43] 吴君毅, 金飞, 盛虹. 偏氟乙烯悬浮聚合与乳液聚合产物的性能对比及其应用特点. 有机氟工业, 2014, 2: 26.

[44] Xu Y, Yin G, Ma Y, Zuo P, Cheng X. Simple annealing process for performance improvement of silicon anode based on polyvinylidene fluoride binder. Journal of Power Sources, 2010, 195: 2069.

[45] 朱伟伟, 吴于松, 方敏, 董经博. 一种高粘度自交联新型偏氟乙烯共聚物、其制备方法及应用: CN 103588921 A. 2014.

[46] 钟泽, 孙成栋, 刘会会, 王星会, 魏增斌. 一种粘结剂及其锂离子电池: CN 105514488 A. 2016.

[47] 佐久间充康, 阿彦信男, 川上智昭, 葛尾巧. 非水电解液电池的电极用粘合剂组合物以及使用该组合物的电极混合物、电极以及电池: CN 1714465 A. 2005.

[48] 朱利奥·阿武斯莱梅, 里卡多·皮耶里, 埃玛·巴尔基耶西. 偏二氟乙烯共聚物: CN 101679563 A. 2010.

[49] 黄德哲, 朴容彻, 金点洙, 柳在律, 李钟和, 郑义永, 许素贤. 用于可再充电锂电池的正极和包括其的可再充电锂电池: CN 101188283 A. 2008.

[50] Gao S, Su Y, Bao L, Li N, Chen L, Zheng Y, Tian J, Li J, Chen S, Wu F. High-performance LiFePO$_4$/C electrode with polytetrafluoroethylene as an aqueous-based binder. Journal of Power Sources, 2015, 298: 292.

[51] Cui Y, Wen Z, Lu Y, Wu M, Liang X, Jin J. Functional binder for high-performance Li-O$_2$ batteries. Journal of Power Sources, 2013, 244: 614.

[52] 单传省, 刘宏, 关成善. 一种锂离子电池粘结剂及其制备方法: CN 106384829 A. 2017.

[53] Magasinski A, Zdyrko B, Kovalenko I, Hertzberg B, Burtovyy R, Huebner C F, Fuller T F, Luzinov I, Yushin G. Toward efficient binders for Li-ion battery Si-based anodes: polyacrylic acid. ACS Appl Mater Interfaces, 2010, 2: 3004.

[54] Chong J, Xun S, Zheng H, Song X, Liu G, Ridgway P, Wang J Q, Battaglia V S. A comparative study of polyacrylic acid and poly(vinylidene difluoride)binders for spherical natural graphite/LiFePO$_4$ electrodes and cells. Journal of Power Sources, 2011, 196: 7707.

[55] Assresahegn B D, Bélanger D. Synthesis of binder-like molecules covalently linked to silicon nanoparticles and application as anode material for lithium-ion batteries without the use of electrolyte additives. Journal of Power Sources, 2017, 345: 190.

[56] Komaba S, Yabuuchi N, Ozeki T, Okushi K, Yui H, Konno K, Katayama Y, Miura T. Functional binders for reversible lithium intercalation into graphite in propylene carbonate and ionic liquid media. Journal of Power Sources, 2010, 195: 6069.

[57] 周德华, 罗艳玲, 沈俊杰. 改性的海阳多糖高分子锂离子电池粘结剂及其制备方法和应用: CN 105576247 A. 2016.

[58] 郝连生, 蔡宗平, 李伟善. 锂离子电池用水基粘结剂的研究进展. 电源技术, 2010.134: 303.

[59] Pan J, Xu G, Ding B, Han J, Dou H, Zhang X. Enhanced electrochemical performance of sulfur cathodes with a water-soluble binder. RSC Adv, 2015, 5: 13709.

[60] Zhong H, Sun M, Li Y, He J, Yang J, Zhang L. The polyacrylic latex: an efficient water-soluble binder for LiNi$_{1/3}$Co$_{1/3}$Mn$_{1/3}$O$_2$ cathode in Li-ion batteries. Journal of Solid State Electrochemistry, 2015, 20: 1.

[61] 崔光磊, 段玉龙, 刘志宏, 韩鹏献. 一种仿贻贝蛋白环保型锂离子电池粘合剂: CN 103342974 B. 2016.

[62] 崔光磊, 段玉龙, 刘志宏, 韩鹏献. 一种改性生物质类锂离子电池粘合剂: CN 103337656 B. 2017.

[63] 崔光磊, 刘志宏, 段玉龙, 孔庆山, 姚建华. 一种耐高电位窗口锂离子二次电池粘合剂及其制备方法: 103346328 A. 2013.

[64] 崔光磊, 刘志宏, 段玉龙, 孔庆山, 姚建华. 一种耐高温型锂离子二次电池粘合剂及制备方法: CN103351448 B. 2015.

[65] Choi S, Kwon T W, Coskun A, Choi J W. Highly elastic binders integrating polyrotaxanes for silicon microparticle anodes in lithium ion batteries. Science, 2017, 357: 279.

[66] Park H K, Kong B S, Oh E S. Effect of high adhesive polyvinyl alcohol binder on the anodes of lithium ion batteries. Electrochemistry Communications, 2011, 13: 1051.

[67] Yook S H, Kim S H, Park C H, Kim D W. Graphite-silicon alloy composite anodes employing cross-linked poly (vinyl alcohol) binders for high-energy density lithium-ion batteries. RSC Adv, 2016, 6: 83126.

[68] Luo L, Xu Y, Zhang H, Han X, Dong H, Xu X, Chen C, Zhang Y, Lin J. Comprehensive understanding of high polar polyacrylonitrile as an effective binder for Li-ion battery nano-Si anodes. ACS Appl Mater Interfaces, 2016, 8: 8154.

[69] Gong L, Nguyen M H T, Oh E S. High polar polyacrylonitrile as a potential binder for negative electrodes in lithium ion batteries. Electrochemistry Communications, 2013, 29: 45.

[70] Prasanth R, Aravindan V, Srinivasan M. Novel polymer electrolyte based on cob-web electrospun multi component polymer blend of polyacrylonitrile/poly (methyl methacrylate) /polystyrene for lithium ion batteries—Preparation and electrochemical characterization. Journal of Power Sources, 2012, 202: 299.

[71] Shen L, Shen L, Wang Z, Chen L. *In situ* thermally cross-linked polyacrylonitrile as binder for high-performance silicon as Lithium Ion battery anode. ChemSusChem, 2014, 7: 1951.

[72] Lin C T, Huang T Y, Huang J J, Wu N L, Leung M K. Multifunctional co-poly (amic acid): a new binder for Si-based micro-composite anode of lithium-ion battery. Journal of Power Sources, 2016, 330: 246.

[73] Qian G, Wang L, Shang Y, He X, Tang S, Liu M, Li T, Zhang G, Wang J. Polyimide binder: a facile way to improve safety of lithium ion batteries. Electrochimica Acta, 2016, 187: 113.

[74] Yang H S, Kim S H, Kannan A G, Kim S K, Park C, Kim D W. Performance enhancement of silicon alloy-based anodes using thermally treated poly (amide imide) as a polymer binder for high performance lithium-ion batteries. Langmuir, 2016, 32: 3300.

[75] Choi N S, Yew K H, Choi W U, Kim S S. Enhanced electrochemical properties of a Si-based anode using an electrochemically active polyamide imide binder. Journal of Power Sources, 2008, 177: 590.

[76] Lee J H, Paik U, Hackley V A, Choi Y M. Effect of poly (acrylic acid) on adhesion strength and electrochemical performance of natural graphite negative electrode for lithium-ion batteries. Journal of Power Sources, 2006, 161: 612.

[77] Bridel J S, Azaïs T, Morcrette M, Tarascon J M, Larcher D. Key parameters governing the reversibility of Si/Carbon/CMC electrodes for Li-ion Batteries. Chemistry of Materials, 2010, 22: 1229.

[78] Wang Z, Dupré N, Gaillot A C, Lestriez B, Martin J F, Daniel L, Patoux S, Guyomard D. CMC as a binder in $LiNi_{0.4}Mn_{1.6}O_4$ 5V cathodes and their electrochemical performance for Li-ion batteries. Electrochimica Acta, 2012, 62: 77.

[79] Qiu L, Shao Z, Wang D, Wang W, Wang F, Wang J. Enhanced electrochemical properties of $LiFePO_4$ (LFP) cathode using the carboxymethyl cellulose lithium (CMC-Li) as novel binder in lithium-ion battery. Carbohydrate Polymers, 2014, 111: 588.

[80] 张灵志, 何嘉荣, 汪靖伦, 苏静. 一种多元功能化改性高分子锂离子电池粘结剂及在电化学储能器件中的应用: CN 105914377 A. 2016.

[81] Ryou M H, Kim J, Lee I, Kim S, Jeong Y K, Hong S, Ryu J H, Kim T S, Park J K, Lee H, Choi J W. Mussel-inspired adhesive binders for high-performance silicon nanoparticle anodes in lithium-ion batteries. Advanced Materials, 2013, 25: 1571.

[82] Liu J, Zhang Q, Wu Z Y, Wu J H, Li J T, Huang L, Sun S G. A high-performance alginate hydrogel binder for the Si/C anode of a Li-ion battery. Chem Commun (Camb), 2014, 50: 6386.

[83] Bigoni F, Giorgio F D, Soavi F, Arbizzani C. Sodium alginate: a water-processable binder in high-voltage cathode formulations. Journal of The Electrochemical Society, 2017, 164: A6171.

[84] Zhang L, Zhang L, Chai L, Xue P, Hao W, Zheng H. A coordinatively cross-linked polymeric network as a functional binder for high-performance silicon submicro-particle anodes in lithium-ion batteries. J Mater Chem A,

2014, 2: 19036.

[85] Wang J, Yao Z, Monroe C W, Yang J, Nuli Y. Carbonyl-β-cyclodextrin as a novel binder for sulfur composite cathodes in rechargeable lithium batteries. Advanced Functional Materials, 2013, 23: 1194.

[86] 洪诗斌, 刘梦艳, 张薇, 邓维. 环糊精及其衍生物催化的有机反应. 有机化学, 2015, 35 (2): 325-336.

[87] 项生昌. 环糊精在电化学中的应用. 大学化学, 2000, 15: 30.

[88] 李琳琳, 段尊斌, 朱丽君, 项玉芝, 夏道宏. 基于修饰的 β-环糊精的超分子体系研究及应用进展. 应用化学, 2017, 34: 123.

[89] Jeong Y K, Kwon T W, Lee I, Kim T S, Coskun A, Choi J W. Hyperbranched β-cyclodextrin polymer as an effective multidimensional binder for silicon anodes in Lithium rechargeable batteries. Nano Lett, 2014, 14: 864.

[90] Zeng F, Wang W, Wang A, Yuan K, Jin Z, Yang Y S. Multidimensional polycation β-cyclodextrin polymer as an effective aqueous binder for high sulfur loading cathode in lithium-sulfur batteries. ACS Appl Mater Interfaces, 2015, 7: 26257.

[91] Chai L, Qu Q, Zhang L, Shen M, Zhang L, Zheng H. Chitosan, a new and environmental benign electrode binder for use with graphite anode in lithium-ion batteries. Electrochimica Acta, 2013, 105: 378.

[92] Yue L, Zhang L, Zhong H. Carboxymethyl chitosan: a new water soluble binder for Si anode of Li-ion batteries. Journal of Power Sources, 2014, 247: 327.

[93] Chen C, Lee S H, Cho M, Kim J, Lee Y. Cross-linked chitosan as an efficient binder for Si anode of Li-ion batteries. ACS Appl Mater Interfaces, 2016, 8: 2658.

[94] Shao D, Zhong H, Zhang L. Water-soluble conductive composite binder containing PEDOT: PSS as conduction promoting agent for Si anode of lithium-ion batteries. ChemElectroChem, 2014, 1: 1679.

[95] Das P R, Komsiyska L, Osters O, Wittstock G. Effect of solid loading on the processing and behavior of PEDOT: PSS binder based composite cathodes for lithium ion batteries. Synthetic Metals, 2016, 215: 86.

[96] Zhong H, He A, Lu J, Sun M, He J, Zhang L. Carboxymethyl chitosan/conducting polymer as water-soluble composite binder for LiFePO$_4$ cathode in lithium ion batteries. Journal of Power Sources, 2016, 336: 107.

[97] Higgins T M, Park S H, King P J, Zhang C, McEvoy N, Berner N C, Daly D, Shmeliov A, Khan U, Duesberg G, Nicolosi V, Coleman J N. A commercial conducting polymer as both binder and conductive additive for silicon nanoparticle-based lithium-ion battery negative electrodes. ACS Nano, 2016, 10: 3702.

[98] Liu F, Xie L H, Tang C, Liang J, Chen Q Q, Peng B, Wei W, Cao Y, Huang W. Facile synthesis of spirocyclic aromatic hydrocarbon derivatives based on o-halobiaryl route and domino reaction for deep-blue organic semiconductors. Organic Letters, 2009, 11: 3850.

[99] Park S J, Zhao H, Ai G, Wang C, Song X, Yuca N, Battaglia V S, Yang W, Liu G. Side-chain conducting and phase-separated polymeric binders for high-performance silicon anodes in lithium-ion batteries. Journal of the American Chemical Society, 2015, 137: 2565.

[100] Zhao H, Du A, Ling M, Battaglia V, Liu G. Conductive polymer binder for nano-silicon/graphite composite electrode in lithium-ion batteries towards a practical application. Electrochimica Acta, 2016, 209: 159.

[101] Zhao H, Wei Y, Qiao R, Zhu C, Zheng Z, Ling M, Jia Z, Bai Y, Fu Y, Lei J, Song X, Battaglia V S, Yang W, Messersmith P B, Liu G. Conductive polymer binder for high-tap-density nanosilicon material for lithium-ion battery negative electrode application. Nano Lett, 2015, 15: 7927.

[102] Wu M, Song X, Liu X, Battaglia V, Yang W, Liu G. Manipulating the polarity of conductive polymer binders for Si-based anodes in Lithium-Ion batteries. J Mater Chem A, 2015, 3: 3651.

[103] Zhao H, Yuca N, Zheng Z, Fu Y, Battaglia V S, Abdelbast G, Zaghib K, Liu G. High capacity and high density functional conductive polymer and SiO anode for high-energy lithium-ion batteries. ACS Appl Mater Interfaces, 2015, 7: 862.

[104] Wu M, Xiao X, Vukmirovic N, Xun S, Das P K, Song X, Olalde-Velasco P, Wang D, Weber A Z, Wang L W, Battaglia V S, Yang W, Liu G. Toward an ideal polymer binder design for high-capacity battery anodes. J Am Chem Soc, 2013, 135: 12048.

[105] Liu D, Zhao Y, Tan R, Tian L L, Liu Y, Chen H, Pan F. Novel conductive binder for high-performance silicon anodes in lithium ion batteries. Nano Energy, 2017, 36: 206.

第 5 章 铝塑膜中的聚合物材料

5.1 铝塑膜的简介和市场

铝塑复合膜（简称铝塑膜，图 5.1）是软包锂离子电池电芯封装的关键材料。铝塑膜最早是由日本昭和电工（Showa Denko）与索尼（Sony）公司于 1999 年共同研发推出的。一般铝塑膜基本结构分为三大层，即聚合物外层、铝箔层、聚合物内层，每层之间通过黏结性聚合物助剂复合（图 5.1）。聚合物外层为耐热性树脂薄膜，起装饰和保护铝箔层的作用，代表性物质为聚酯（如 PET）和尼龙（nylon）；铝箔层起到形态成型和防止水分侵入电池内部的作用；聚合物内层为热塑性树脂薄膜，起到耐电解液腐蚀和热封的作用，代表性物质为未拉伸（流延）氯化聚丙烯树脂（CPP）和乙烯-丙烯酸共聚物（EAA）。软包锂离子电池对铝塑膜性能要求近乎苛刻，包括超高的水氧阻隔性能（是食品包装用普通铝塑膜的 10000 倍）、良好的冷冲压成型性能、耐穿刺性能、耐电解液腐蚀性能、耐高温（热密封）性能和绝缘性能等，任何一项性能有所缺失，都有可能导致电池失效，甚至热失控，从而导致起火爆炸。因此，铝塑膜在设计、原材料、生产制造（高精度涂布技术）和应用各环节技术壁垒极高，其难度远超聚合物隔膜、正负极材料和电解液等，也是软包电池中尚未实现大规模国产化的核心材料，对国外产品高度依赖，遭遇到与聚合物隔膜、黏结剂相似的窘境。

图 5.1 铝塑膜及其代表性结构组成

因为国产化率低，依赖于进口的铝塑膜占软包锂离子电池电芯材料总成本的 15%～20%（图 5.2）。亚化咨询披露的数据显示，2016 年，中国软包锂离子电池产量约 27.44GW·h，按照 1GW·h 使用 350 万 m^2 铝塑膜计算，铝塑膜的用量约为 9604 万 m^2（约 28.81 亿元，按 30 元/m^2 计算）。但国内铝塑膜市场约 85%的份额（约 24.50 亿元）由日本厂商垄断，韩国厂商栗村化学持有约 10%的份额（约 2.88 亿元），国内厂商仅占约 5%的份额（约 1.44 亿元）（图 5.3）。其中，日本厂商大日本印刷（DNP）、昭和电工（Showa Denko）、凸版印刷（Toppan Printing）持有的市场份额分别为 50%（约 14.41 亿元）、20%（约 5.76 亿元）和 15%（约 4.32 亿）。目前，国内企业中能真正实现量产并给电池企业批量供货的只有上海紫江、佛山佛塑、东莞卓越、道明光学等少数几家。但这些企业只能给中低端 3C 数码锂电企业供货，国产铝塑膜产品还无法得到动力软包电池企业认可。最近，国内企业新纶科技收购了日本凸版印刷的铝塑膜业务，并拟在国内建厂生产铝塑膜，开辟了引进消化吸收国外先进技术，再自主创新的道路。国内其他企业（如明冠新材料、苏州福斯特、珠海赛维等）也在积极行动，加紧布局铝塑膜产业，力求实现技术突破，并在将来的铝塑膜市场占有一席之地。据亚化咨询预计，中国国内企业铝塑膜产能将在 2019 年达到 9070 万 m^2/a（包含新纶科技日本三重工厂产能），届时国产铝塑膜所占的市场份额将达到 30%，国外厂商垄断的局面有望被打破（图 5.4）。

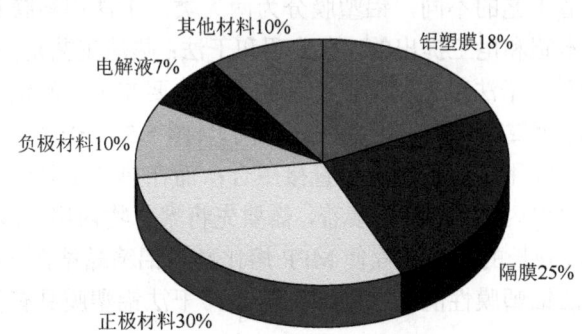

图 5.2　软包锂离子电池材料成本构成

数据来源：中国产业信息网．2016 年中国锂电铝塑膜行业技术壁垒分析

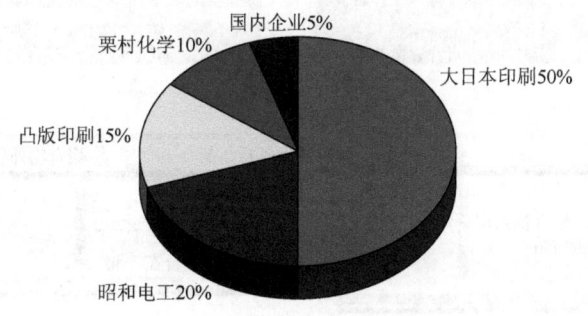

图 5.3　2016 年中国铝塑膜市场份额

数据来源：亚化咨询．中国软包电池及铝塑膜年度报告 2017

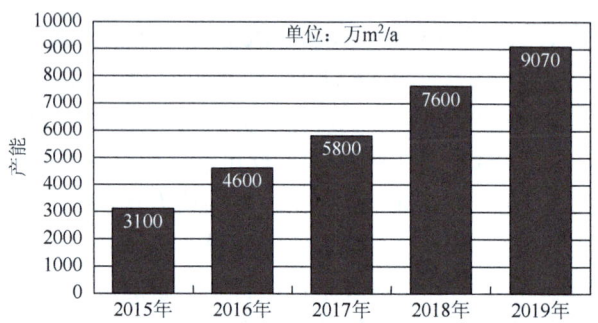

图 5.4 2015～2019 年中国国内企业铝塑膜产能发展趋势

数据来源：亚化咨询. 中国软包电池及铝塑膜年度报告 2017

5.2 铝塑膜的主要生产工艺

根据生产制造工艺的不同，铝塑膜分为两大类：干法铝塑膜和热法铝塑膜。干法工艺是由日本昭和电工提出的，也称昭和干法；热法工艺是由日本 DNP 提出的，也称 DNP 热法。干法工艺和热法工艺的不同主要在于中间铝箔层与聚合物内层的黏结方式（即第二黏合层的形成方式不同）(图 5.5)。干法工艺中，中间铝箔层与聚合物内层之间用接着剂粘连后直接压合；而在热法工艺中，中间铝箔层与聚合物内层之间用聚丙烯（MPP）接着，需要先将聚合物内层与改性 MPP 融合在一起，然后再经过漫长的高温过程使 MPP 熔化并与铝箔黏结在一起[图 5.5（c）]。干法铝塑膜和热法铝塑膜性能的区别详见表 5.1。干法铝塑膜具有优异的冲深成型

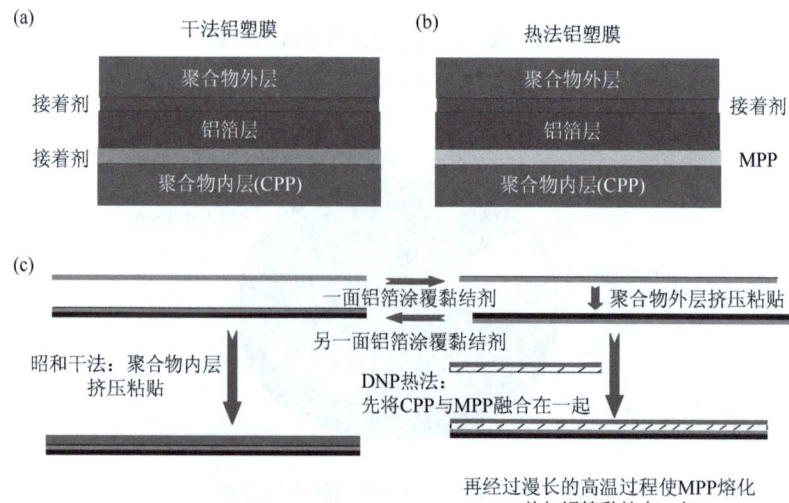

图 5.5 铝塑膜的生产制造工艺分类

性能、防短路性能、外观一致性（杂质、针孔、鱼眼少）、裁切性能，但水汽阻隔性能和耐电解液腐蚀性能一般。热法铝塑膜的优势在于水汽阻隔性能和耐电解液腐蚀性能非常好，但冲深成型性能、防短路性能、外观一致性（杂质、针孔、鱼眼多）、裁切性能较差。主要采用热法工艺生产铝塑膜的日本 DNP 公司占 2016 年我国市场份额的 50%，而主要采用干法工艺生产铝塑膜的日本昭和电工的市场份额还不到 DNP 公司的一半（图 5.3），这说明经过市场检验，热法铝塑膜的综合性能更为优异。

表 5.1　干法铝塑膜和热法铝塑膜对比

项目	干法铝塑膜	热法铝塑膜
黏结材料（Al 和 CPP）	接着剂	MPP
黏结方法（Al 和 CPP）	涂布	热合
水汽阻隔性能	好	非常好
耐电解液腐蚀性能	好	非常好
冲深成型性能	非常好	稍微差
防短路性能	好	稍微差
外观一致性（杂质、针孔、鱼眼）	好（少）	稍差（稍多）
裁切性能	好	稍微差
成本	低	稍高（MPP 成本高）

5.3　铝塑膜的性能评价

在对铝塑膜各项性能进行评估之前，首先简单介绍一下铝塑膜在电池生产中是如何被使用的。阴、阳极片等在经过叠片（或卷绕）、焊接极耳等工序后形成裸电芯，将裸电芯放入被冲深（单坑或双坑）的铝塑膜袋子（pocket）中，进行顶端封装（top sealing）和侧端封装（side sealing）、注液（injection）、真空封装（vacuum sealing）、化成烘烤（formation and baking）、脱气封装（degassing sealing）等工序（图 5.6）。进行顶端封装时，在极耳处通过极耳胶与铝塑膜聚合物内层热粘连，顶端其他区域和侧端封装一样，只通过聚合物内层相互热粘连。进行顶封和侧封后，电芯在干燥房注入电解液并真空静置后，为保证电芯在此后充放电、化成、烘烤等工序中电芯内部与外界隔绝，需要对最后的开口边进行抽真空密封。电芯在经过化成烘烤等工序时，由于 SEI 膜的形成等会产生一定量的气体，气体会导致电芯在以后正常充放电使用的过程中性能下降，所以必须将内部产生的气体抽出，并在真空条件下进行最终的热密封（脱气密封）。

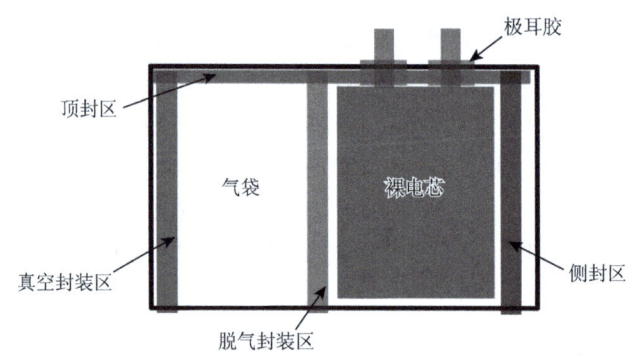

图 5.6　铝塑膜各热封装工序封装位置

5.3.1　水氧阻隔性能

铝塑膜是通过对大气环境中水分和氧气的阻隔来保护软包聚合物电池的内容物，电池对非水条件的要求十分苛刻，一旦电池中的水分和氧气达到一定的程度，电池的各项电化学性能将变差，甚至发生电池鼓胀气、热失控等问题。因此，电池对铝塑膜阻隔性能要求极高（是食品包装用普通铝塑膜的 10000 倍）：水蒸气透过率 $<1\times10^{-4}$ g/(m^2·d·atm)；氧气透过率 $<1\times10^{-1}$ cm^3/(m^2·d·atm)[1-5]。铝塑膜的各层材料中起到主要阻隔作用的是铝箔层，表 5.2 中列出了不同厚度铝箔的水蒸气透过率[2, 3]，显而易见，一般铝塑膜的铝箔厚度要大于 30μm 才能完全避免水蒸气的缓慢渗透。根据目前国际上软质铝箔加工工艺和技术条件，一般认为，26μm 以上的软质铝箔无针孔，对水分和氧气可以起到绝对的阻隔作用，即认为透过率是零[6]。

表 5.2　不同厚度铝箔的水蒸气透过率[2, 3]

厚度/μm	水蒸气透过率/[g/(m^2·d)]
9	1.08～10.70
13	0.6～4.8
18	0～1.24
25	0～0.46
30～150	0

日本昭和电工与株式会社日本触媒共同申请的国内专利 CN01818717.X（《电子部件壳用包装材料等》）和日本昭和电工国内专利 CN201510110121.6（《电化学装置用外装材料及电化学装置》）提供了一种测定铝塑膜水蒸气透过率的方法，即将软包电池成品在各种温度下（40℃、60℃和80℃）和 90%RH（相对湿度）的

环境中储存7天后,用注射器从电池内部取出1mL电解液,并使用卡尔·费歇尔水分测定仪测定电解液中的水分含量。具有优异水蒸气阻隔性的铝塑膜评价标准为:电解液中水分含量≤50ppm[7, 8]。日本DNP国内专利CN201180033432.7(《电化学电池用包装材料》)和日本凸版印刷国内专利CN201480059408.4(《二次电池用封装材料、二次电池及二次电池用封装材料的制造方法》)中也采用了卡尔·费歇尔法测定电解液中水分含量的方法评估水蒸气阻隔性[9, 10]。

韩国栗村化学国内专利CN200780046909.9(《用于包装电池的袋及其制备方法》)中提供了一种铝塑膜水蒸气透过率的测试方法,即将铝塑膜样品切成100mm×100mm的大小,按ASTM F-1249用水蒸气(湿气)渗透试验仪(Permatran)在23℃和65%RH的室中测定水蒸气的渗透率。具有优异水蒸气阻隔性的铝塑膜评价标准为:水蒸气渗透率≤0.0001070g/(m²·d)[11]。本专利还提供了一种铝塑膜氧气透过率的测试方法,即将铝塑膜样品切成100mm×100mm的大小,按ASTM D-3985用氧气渗透试验仪(OxTran)在23℃和65%RH的室中测定氧气的渗透率。具有优异氧气阻隔性的铝塑膜评价标准为:在100%氧气含量气氛下氧气渗透率≤1.0cm³/(m²·d)。

5.3.2 耐电解液性能

一般电池电解液由有机溶剂[如碳酸乙烯酯(EC)、碳酸丙烯酯(PC)、碳酸二乙酯(DEC)、乙二醇二甲醚(DME)、碳酸二甲酯(DMC)、碳酸甲乙酯(EMC)]和锂盐[如六氟磷酸锂($LiPF_6$)、六氟砷酸锂($LiAsF_6$)]组成。电解液中的有机溶剂极性强、渗透性强,根据"有机物极性相似相容"的原理,它们能破坏(溶胀、溶解或反应)铝塑膜的各聚合物层(主要是聚合物内层和第二黏合层;在电池注液热封过程中电解液也可能出现在铝塑膜外表面,进而破坏聚合物外层和第一黏合层),致使黏结强度降低或脱层;电解液中锂盐极易水解,具有强腐蚀性的氢氟酸一旦随溶剂渗透到铝塑膜中间的铝箔层,将致使聚合物内层(也可能是聚合物外层)与被腐蚀的铝箔层分离,更为严重的是将加快电化学腐蚀速度,最终导致铝箔层被腐蚀穿透[1-6]。

一般耐电解液性能通过测定铝箔层以内各层间的剥离强度(层合强度)来评估。日本昭和电工国内专利CN01818717.X(《电子部件壳用包装材料等》)和CN200410058323.2(《电池外壳用包装材料以及用其成形的电池外壳》)提供了一种铝塑膜耐电解液性能的测试方法,即将铝塑膜在85℃的氛围下浸渍在电解液(含DMC+EC,锂盐)中。然后分别在浸渍后立刻、浸渍5天后、浸渍10天后以及浸渍2周后测定铝箔层和聚合物内层之间的层合强度。铝塑膜耐电解液性的评价标准为:层合强度无变化;层合强度保持率≥60%;层和强度保持率≥

30%；分层[7, 12]。日本凸版印刷国内专利 CN201480059408.4（《二次电池用封装材料、二次电池及二次电池用封装材料的制造方法》）中铝塑膜耐电解液性的测试方法为：将切成 100mm×15mm 大小的铝塑膜浸渍到电解液（1mol/L LiPF$_6$ EC/DMC/DEC，1∶1∶1，质量比）中，在 85℃的环境下保管 4 周后恢复至常温，最后以拉伸速度 100mm/min、T 形剥离来测定铝箔层和第二黏合层之间的层压强度。此方法评价铝塑膜耐电解液性的标准为：层压强度≥3N/15mm 为"G（好）"；层压强度＜3N/15mm 为"P（差）"[10]。日本凸版印刷国内专利 CN201580016466.3（《锂电池用封装材料》）中对该方法做了更进一步阐述：电解液保持在 Teflon 容器中；采用 Instron 制造的试验机；试验依据为 JIS K6854[13]。为了测试铝塑膜在极端条件下的耐电解液腐蚀性（对大量氢氟酸的耐受性），测试方法稍作改进：浸渍开始时在电解液中加入一定量的水分或电解液浸渍后再进行水浸渍（相关评价标准也有变化）[14-16]。

日本 DNP 国内专利 CN201180033432.7（《电化学电池用包装材料》）中铝塑膜耐电解液性能通过测定热封强度来评估：将铝塑膜裁成 100mm×60mm 大小，并在长度方向进行 2 次折叠使聚合物内层侧重合，在距离折叠边 3mm 的地方，沿着折叠边以 7mm 宽度进行热密封（密封温度 190℃，面压 1.0MPa，密封时间 3.0s）后，对折叠边两侧的两边进行热密封，接着注入 2g 电解液（1mol/L LiPF$_6$ EC/DMC/DEC，1∶1∶1，质量比），对注液口一边进行密封。接着，将最初的密封边朝下，在 60℃保持 72h。然后，将电解液废弃，裁剪使得最初密封边宽度留有 15mm，使用拉力试验机（岛津，AGS-50D）以 300mm/min 的速度将与折叠边相对的边剥离，测定剥离时的强度作为浸渍电解液后的密封强度，密封强度≥50N/mm 为优良品[9]。

韩国栗村化学国内专利 CN200780046909.9（《用于包装电池的袋及其制备方法》）中提供了一种简易的铝塑膜耐电解液性测试方法：制备三面密封的袋，向袋中注入混入红墨水的电解液（1mol/L LiPF$_6$ EC/DMC/DEC，1∶1∶1，质量比），然后密封剩下的最后一面。在真空中保持 5min 后，切开袋的三个模塑件和密封表面，观察是否有红色电解液渗入铝箔层的裂缝或密封表面中[11]。

在电池注液和热封过程中，电解液也可能出现在铝塑膜外表面，进而破坏聚合物外层、第一黏合层和铝箔层。韩国栗村化学国内专利 CN200780046909.9（《用于包装电池的袋及其制备方法》）中提供了一种简易方法：在铝塑膜聚合物外层滴加 1～2 滴电解液，60min 后观察是否发生溶解和染污[11]。日本凸版印刷国内专利 CN201280022193.X（《锂离子电池用外包装材料、锂离子电池及锂离子电池的制造方法》）中提供了铝塑膜聚合物外层的耐电解液性和耐擦伤性的评价方法：对聚合物外层施加 250g 载荷的钢丝棉（#0000）摩擦 50 次后，滴加数滴含 1500ppm 水的电解液（1.5mol/L LiPF$_6$ EC/DMC/DEC，1∶1∶1，质量比），将铝塑膜在

25℃，95%RH 的环境下放置 24h。然后擦去电解液，通过目测确认铝塑膜聚合物外层的变质情况：在聚合物外层用钢丝棉摩擦过的部分，未见到电解液附着的痕迹和变质；在聚合物外层用钢丝棉摩擦过的部分，可见到电解液附着的痕迹，但未见有变质；在聚合物外层用钢丝棉摩擦过的部分，可观察到变质[17]。日本凸版印刷国内专利 CN201480051878.6（《蓄电装置用外包装材料》）中提供了另一种铝塑膜聚合物外层的耐电解液性的评价方法：在铝塑膜聚合物外层上的多处滴加电解液（$LiPF_6$ EC/DMC/DEC），并放置于 25℃，65%RH 的环境。每经过一定时间分别对一处擦拭电解液，并进一步用浸透有异丙醇（IPA）的碎布再次进行同一处的擦拭，通过目视外观进行评价：在 24h 以内确认聚合物外层变质或剥离，为不良品；在 12~24h 确认聚合物外层变质或剥离，为良品；即使进行 24h 后的擦拭，也不能确认聚合物外层的变质及剥离的任一个，为极佳品。该专利还提供了铝塑膜聚合物外层耐酒精性的评价方法：将聚合物外层用浸透有乙醇的碎布在一个方向上摩擦，计测至聚合物外层剥落为止的次数：50 次以下为不良品；50~100 次为良品；100 次以上为极佳品[18]。

5.3.3 冲压成型性能

铝塑膜在使用时需要冲（拉伸）出长方体型腔体（图 5.7），放入裸电芯注液后进行热封装得到成品软包电池。冲压成型过程容易导致铝箔层产生针孔或裂纹、层间分层、变形破裂或聚合物内层白化等问题，这就要求铝塑膜整体具有良好的延展性（冲深适用性）[2-6, 19]。目前，铝塑膜冲压成型工艺主要有两种：①补偿性冲深。压边圈对铝塑膜压力可调，铝塑膜冲深部位可由边缘及底部材料补偿，冲深能力强，冲深时整体运动成型，薄厚均匀，目前被普遍采用。②延伸性冲深。压边圈对铝塑膜压力较大，铝塑膜边缘部分被固定，难以对冲深部分进行补偿，成型时边缘部分完全由底部补偿，冲深浅，成型部分比较薄，容易破裂，目前采

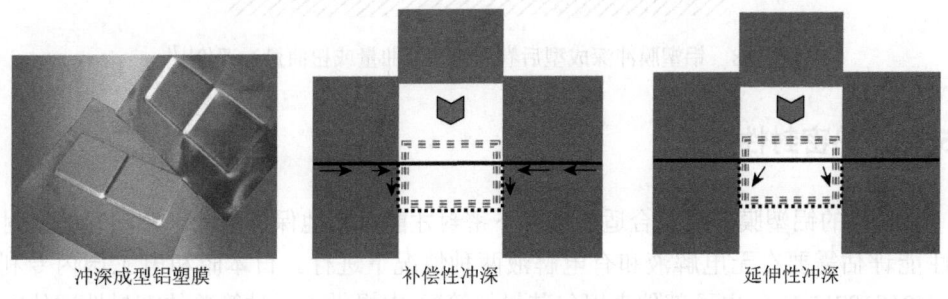

冲深成型铝塑膜　　　补偿性冲深　　　延伸性冲深

图 5.7　冲深成型铝塑膜和冲深方法

用较少。影响铝塑膜冲压成型质量的工艺参数主要有模具（凸模和凹模）几何尺寸、压边力、润滑（摩擦系数）和冲压速度等[19]。合格的铝塑膜冲深后必须满足两个基本条件：①冲坑的4个边角最薄处不小于原来厚度的50%；②聚合物内层的厚度为60～65μm。

日本凸版印刷国内专利CN201280022193.X（《锂离子电池用外包装材料、锂离子电池及锂离子电池的制造方法》）中对铝塑膜的冲压成型相关性能作了比较系统的阐述[17]。铝塑膜冲深深度判定：铝塑膜切成150mm×190mm的形状，使用形状为100mm×150mm、冲床弯角（punchcorner）R（圆角）为1.5mm、冲床肩（punch shoulder）R为0.75mm、冲模肩部（die shoulder）R为0.75mm的冲床，合模压力（气缸）为0.5～0.8MPa，冲程速度为5mm/s。评价的标准：将冲深深度以一定的幅度加深下去，实施10次相同的冲深深度的冷成型，确认各试样有无针孔和断裂，合格品的冲深深度至少是5mm（一般情况下，直接设定冲深深度为5mm），成型后（直接室温成型、高温老化后室温成型或室温成型后高温老化）通过目视或光学显微镜观察铝塑膜成型拉伸部分是否出现断裂、针孔、白化、分层剥离、畸变等问题[7, 9-13, 15, 17, 20-23]。铝塑膜冲深成型后反弹性评价：将所得到的冲深深度为5mm的试样，采用游标卡尺测定凹部的底部至顶端的距离（实际成型深度），将其与设定成型深度（5mm）的差值作为反弹量，反弹量低于0.8mm的铝塑膜视为合格品[17]。铝塑膜冲深成型后卷曲性评价如图5.8所示，测定θ角，铝塑膜冲深成型后θ角在13°～30°范围内视为合格品，<13°为优等品[17]。在日本凸版印刷国内专利CN201380022603.5（《锂离子电池用封装材料以及使用锂离子电池用封装材料的锂离子电池的制造方法》）和CN201480061523.5（《锂离子电池用封装材料》）中卷曲性的评价通过翘曲量或扭曲量（即图5.8中l值，$l \leqslant 50$mm为优异品，50mm<l<100mm为良品）来表达[22, 23]。

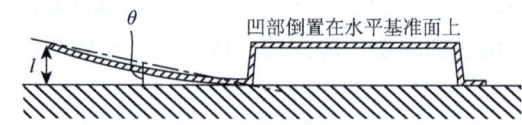

图5.8 铝塑膜冲深成型后卷曲性（翘曲量或扭曲量）评价[17]

5.3.4 热密封性能

合格的铝塑膜产品在合适的条件下密封才能有效地保护电池。铝塑膜的密封性能评估需要在无电解液和有电解液两种情况下进行。日本昭和电工国内专利CN01818717.X（《电子部件壳用包装材料等》）中提供了一种简单的密封性评估方法：在成型的铝塑膜中注入碳酸酯基电解液，热密封后将壳倒置，在60℃保存一个月，观察是否有电解液泄漏[7]。日本 DNP 国内专利 CN201180033432.7（《电化学电池用包装材料》）中提供了一种在没有电解液情况下密封强度的测试方法：将铝塑膜切成 150mm×60mm 的形状，并进行两次折叠，使聚合物内层侧重合，进行热密封（密封温度 190℃，面压 1.0MPa，密封时间 3.0s）。接着，裁剪为 15mm 宽度，进行热密封后，立即使用拉力试验机（岛津，AGS-50D）以 300mm/min 的速度将 2 枚长方形片的密封部分剥离，测定剥离时的强度作为密封强度，密封强度≥100N/mm 为优良品（该专利中通过密封强度来评估铝塑膜的耐电解液性能）[9]。韩国栗村化学国内专利 CN200780046909.9（《用于包装电池的袋及其制备方法》）[11]和 CN200980143900.9（《电池封装及其制造方法》）[24]及日本凸版印刷国内专利 CN200880003330.9（《锂电池用包装材料及其制造方法》）[16]也提供了无电解液条件下密封强度测试方法（方法类似于前述国内专利[9]）。

日本凸版印刷国内专利 CN200780046909.9（《用于包装电池的袋及其制备方法》）中提供了一种有电解液情况下铝塑膜热封强度的评估方法：将 60mm×120mm 大小的铝塑膜折叠成两折，将一边以 10mm 密封棒宽度进行热密封（密封温度 190℃，面压 0.5MPa，密封时间 3.0s）后，再对剩下两边进行热密封，并注入电解液（1mol/L $LiPF_6$ EC/DMC/DEC，1∶1∶1，质量比），形成装有电解液的密封袋。接着，将密封袋在 60℃保持 24h，将第一个热密封的边切成宽为 15mm[图 5.9（a）]后，使用试验机（Instron）测定密封强度（T 形剥离强度）。试验依据 JIS K6854，剥离速度为 50mm/min，密封强度≥100N/mm（脉冲宽度≥5mm）的铝塑膜为优良品[13]。该方法侧重于研究密封强度的耐电解液性能，与之前专利中的测试方法类似[9]，可作为一项指标来评估铝塑膜的耐电解液性能。在软包电池的生产过程中，化成后有一道工序是脱气热封（也称最终热封），即需要在电解液存在的条件下封装铝塑膜，这时的热封强度称为脱气热封强度。日本凸版印刷国内专利 CN200780046909.9（《用于包装电池的袋及其制备方法》）中提供了脱气热封强度的测试方法：将铝塑膜切成 75mm×150mm 大小[图 5.9（b）]，通过在样品的中心将样品折叠，得到折成两折的 37.5mm×150mm 的样品[图 5.9（c）、（d）]。之后，将 150mm 的边（S1）与两个 37.5mm 边的一个（S2）热封，进行制袋[图 5.9（e）]，注入电解液（1mol/L $LiPF_6$ EC/DMC/DEC，1∶1∶1，质量比）[图 5.9（f）]，将两个 37.5mm 边的另一个（S3）热封[图 5.9（g）]。将样品在 60℃下保管 24h 后，以包含电解液的状态，将袋状物中央部分在 190℃，0.3MPa 下，热封 2.0s[脱气密封部分为 DS，图 5.9（h）]。为了使密封部稳定化，在常温保管 24h 后，将脱气密封部 DS 切成宽 15mm [图 5.9（i）]，使用试验机（Instron）测定脱气密封部 DS 的密封强度（T 形剥离强度）。试验依据 JIS K6854，剥离速度为 50mm/min，脱气密封强度≥60N/mm 的铝塑膜为优良品[13]。

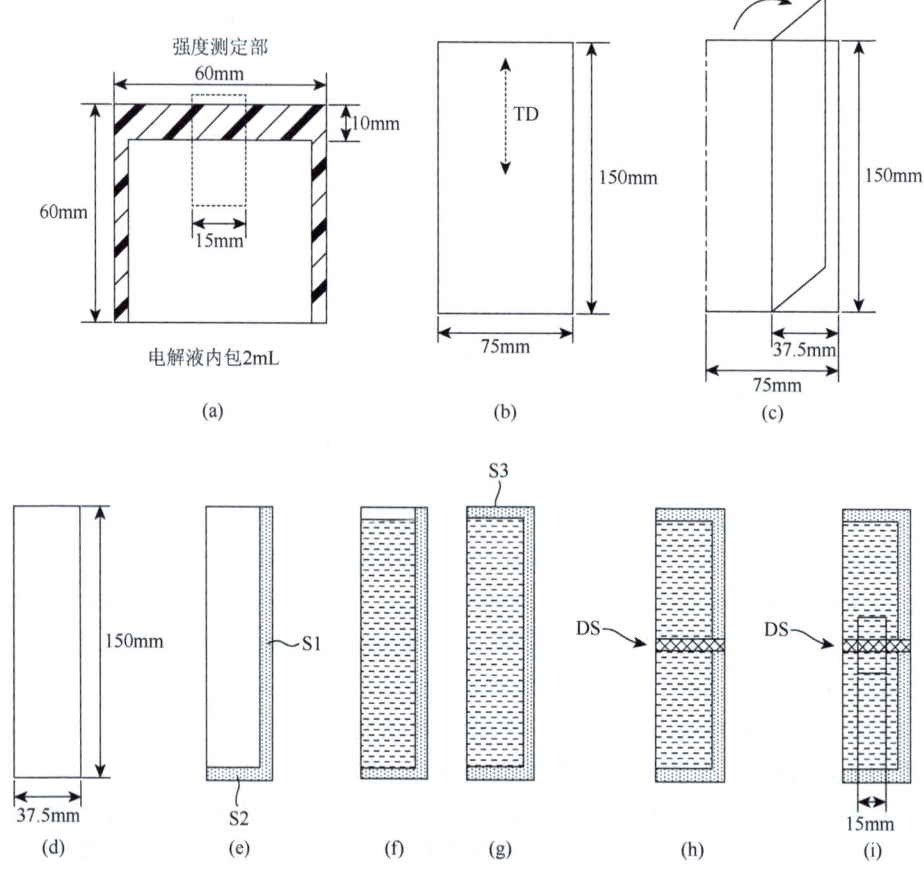

图5.9 电解液热封强度测试示意图（a）及脱气热封强度测试（b~i）示意图[13]

5.3.5 绝缘性能

在冲深成型后和热封后，铝塑膜（成型拉伸区域和热封区域）需要保持优异的绝缘性能（防止短路）才能有效保护电池。日本DNP国内专利CN201180033432.7（《电化学电池用包装材料》）中提供了一种冲深成型后铝塑膜绝缘性的评估方法：在冲深成型后的铝塑膜矩形凹部（深5mm）注入电解液（1mol/L $LiPF_6$ EC/DMC/DEC，1∶1∶1，质量比），在电解液和铝箔层之间施加电压250V，测定其电阻值，判定的标准为：电阻值＞1000MΩ，未发生短路[9]。日本昭和电工国内专利CN201210317233.5（《电池用包装材料及锂二次电池》）中提供了一种更为具体的铝塑膜绝缘性测定方法：冲深成型后的铝塑膜按图5.10（a）～（g）中的步骤进行热封装，用绝缘电阻测试仪（HIOKI 3154）测定极耳与SEM用碳带之间的电阻，施加电压为25V，施加时间为10s，电阻值超过200MΩ的铝塑膜绝缘性良好[25]。不同的是，日本凸版印刷国内专利 CN201480071235.8（《锂电池用封装材料》）中测定的是极耳与铝箔层（把聚合物外层锉掉）之间的电阻值[14]，电阻值超过 100MΩ 的铝塑膜绝缘性良好。日本昭和电工国内专利 CN201510452163.8（《电化学装置、电化学装置的绝缘性检验方法及制造方法》）对前述铝塑膜绝缘性能的评价方法进行了进一步规范[26]。

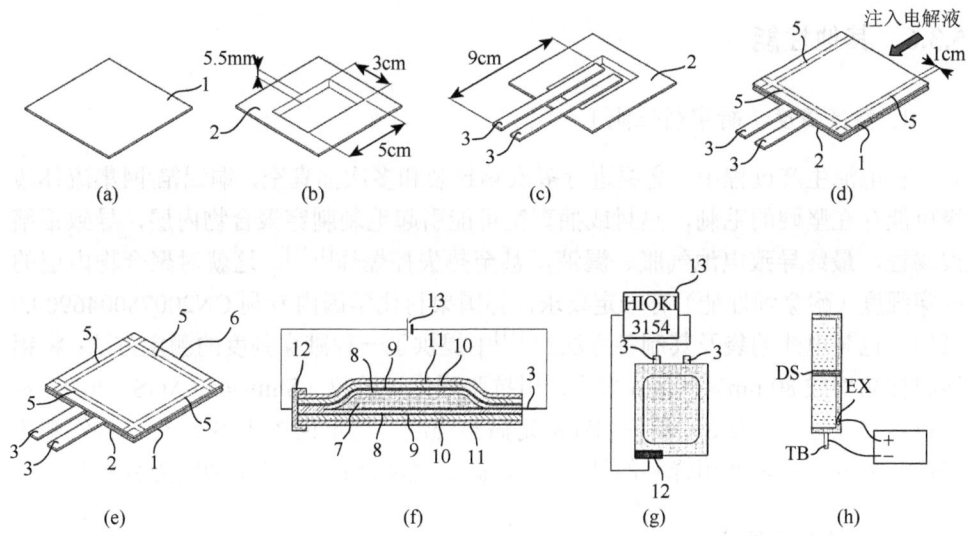

图 5.10　（a～g）铝塑膜绝缘性测试示意图；（h）弯曲绝缘性测试示意图[13, 25]
3-极耳；5-热封区；7-电解液；8-内层；9-干式层合黏结剂层；10-金属箔层；11-外层；12-碳带；
13-绝缘电阻测试仪

日本凸版印刷国内专利 CN200780046909.9（《用于包装电池的袋及其制备方法》）中提供了一种铝塑膜弯曲绝缘性的评估方法[13]：将铝塑膜切成 75mm×150mm 大小[图 5.9（b）]，通过在样品的中心将样品折叠，得到折成两折的 37.5mm×150mm 的样品[图 5.9（c,d）]。之后，将 150mm 的边（S1）与两个 37.5mm 边的一个（S2）夹着 Ni 接头片（TB，作为负端子）进行热封[图 5.9（e）和图 5.10（h）]，研磨铝塑膜聚合物外层使铝箔层露出（图 5.10，EX，作为正端子），注入电解液（1mol/L LiPF$_6$ EC/DMC/DEC，1∶1∶1，质量比）[图 5.9（f）和图 5.10（h）]，将两个 37.5mm 边的另一个（S3）热封[图 5.9（g）和 5.10（h）]。将样品在 60℃下保管 24h 后，以包含电解液的状态，将袋状物中央部分进行热封[脱气密封部分为 DS，图 5.9（h）和图 5.10（h）]。使用耐电压/绝缘电阻试验器（KIKUSUI 制造，TOS9201）对端子间施加电压 25V，确认此时得到的电阻值超过 200MΩ。之后固定夹持接头片（TB）的密封区域，并使脱气密封部 DS 以 90°、30r/min 的速度弯曲，弯曲 30 次后，正负端子间的电阻值仍然超过 200MΩ，判定铝塑膜的绝缘性良好。日本 DNP 公司国内专利 CN201480009267.5（《电池用包装材料》）中提供了更为极端的情况下铝塑膜绝缘性（异物夹杂绝缘性和裂纹绝缘性）的测试方法[27]。日本 DNP 公司国内专利 CN201580013390.9（《电池用包装材料》）中用绝缘破坏试验装置（YAMAYOSHIKENKI 制造的 YST-243- 100RHO）评价成型铝塑膜转角部分的绝缘破坏电压[28]。

5.3.6 其他性能

1. 戳穿强度（耐穿刺性能）

在电池生产过程中，需要进行多次热封装和多次抽真空，铜铝箔/网集流体边缘可能存在坚硬的毛刺，热封或抽真空可能引起毛刺刺穿聚合物内层，导致铝箔被腐蚀，最终导致电池气胀、漏液，甚至热失控爆炸[1, 11]。这就对聚合物内层的戳穿强度（耐穿刺性能）有一定要求。韩国栗村化学国内专利 CN200780046909.9（《用于包装电池的袋及其制备方法》）[11]中提供了一种戳穿强度的测定方法：将铝塑膜样品切成 80mm×80mm 大小，用抗张强度试验仪（Shimadzu AGS-100D）和按日本农业标准（JAS）制备的针测定戳穿强度，测定也按 JAS 进行（将铝塑膜袋样品从两侧拉紧并用锋利的针戳入），戳穿强度≥10kgf 的铝塑膜为合格品。

2. 初始层压强度

日本 DNP 国内专利 CN201180033432.7（《电化学电池用包装材料》）中提供了一种铝塑膜初始层压强度的测试方法：将铝塑膜切成 15mm×75mm 的形状，使用拉力试验机（岛津，AGS-50D）以 50mm/min 的速度将聚合物内层和铝箔层剥离，测定剥离时的强度作为初始层压强度，初始层压强度≥18N/15mm 的铝塑膜为优等品[9]。日本 DNP 国内专利 CN201080034742.6（《电化学电池用包装材料》）中也利用该方法测定聚合物外层和铝箔层之间的初始层压强度[21]。韩国栗村化学国内专利 CN200780046909.9（《用于包装电池的袋及其制备方法》）中提供了另一种初始层压强度的测定方法：将铝塑膜样品切成 15mm×150mm 大小，按 JIS K 7127 用抗张强度试验仪（Shimadzu AGS-100D）测定聚合物内层与铝箔层之间的脱层强度，脱层强度≥1kgf 的铝塑膜为优等品[11]。

3. 抗冲击性能

如果铝塑膜受外部冲击而破损，电池因含可燃性和腐蚀性的电解液而可能发生热失控甚至爆炸。韩国栗村化学国内专利 CN200780046909.9（《用于包装电池的袋及其制备方法》）中提供了一种抗冲击性的测定方法[11]：将铝塑膜样品切成

50mm×150mm 大小，再将切割样品对半切两次成 25mm×75mm 大小，按 JIS K 7128 用抗张强度试验仪（Shimadzu AGS-100D）测定抗冲击性（将样品以恒定的速率从两侧拉动），抗冲击性≥500g/15mm 的铝塑膜为合格品（基于厚 80μm 的铝箔层）。

4. 层压强度耐热性评价

日本凸版印刷国内专利 CN201480059408.4（《二次电池用封装材料、二次电池及二次电池用封装材料的制造方法》）中提供了一种铝塑膜层压强度耐热性的评价方法：将 100mm×15mm 大小的铝塑膜置于 80℃环境中 5min，并在该温度下以拉伸速度 100mm/min、用 T 形剥离来测定铝箔层与黏结剂层之间的层压强度，高温层压强度≥3N/15mm 的铝塑膜为合格品[10]。

5. 抗盐性能

在电池实际应用时，铝塑膜聚合物外层意外沾上痕量的钠可能会导致铝箔层腐蚀，因此有必要测定铝塑膜样品暴露于盐时的抗盐性。韩国栗村化学国内专利 CN200780046909.9（《用于包装电池的袋及其制备方法》）中提供了一种铝塑膜抗盐性的测定方法：将电池袋（铝塑膜）样品浸没在 3.5%的 NaCl 溶液中（96.5g 水＋3.5g 海盐），观察铝的腐蚀，直到 7d 才发生铝腐蚀的铝塑膜为合格品。在铝箔层的两面均进行非铬酸盐处理能提高铝塑膜的抗盐性[11]。

6. 耐水浸泡性能

日本凸版印刷国内专利 CN200880003330.9（《锂电池用包装材料及其制造方法》）中提供了一种铝塑膜耐水浸泡的评价方法：在铝塑膜样品上事先制造缺口，以使其容易剥离，在该状态下浸渍于水中一夜，评价其剥离状况：没有脱层，层压强度为剥离困难的水平或为密封层破断的水平，为良；虽然没有脱层，但层压强度为可剥离的水平，为尚可；可确认因脱层引起的凸出，为不可[16]。

7. 阻燃性能

韩国栗村化学国内专利 CN200980143900.9（《电池封装及其制造方法》）中提供了一种具有阻燃性质的高安全铝塑膜，并提供了铝塑膜阻燃性测试的方法：将切成 12.7mm×127mm 大小的铝塑膜置于（23±2）℃和 50%±5%相对湿度的环境中保存 48h 后，每个测试样品通过燃烧器烧 10s，移走燃烧器，测量样品开始燃烧之后火熄灭所需的时间（样品燃烧时间），燃烧时间≤10s 的铝塑膜为优等品[24]。该专利中还对铝塑膜的滑动性（摩擦系数）、透明性和可涂覆性做了简单的描述。

8. 印刷适应性

日本凸版印刷国内专利 CN201410433043.9（《锂离子电池用外包装材料》）中提供了铝塑膜印刷适应性的评价方法：在铝塑膜聚合物外层的表面，采用喷墨打印机，使用墨溶剂是 MEK（甲基乙基酮）的墨印刷条形码，使用条形码扫描仪，评价读码情况并目测印刷墨点的扩散情况：可以读取条形码且无墨点扩散，为优；可以读取条形码但有墨点扩散，为良；不可以读取条形码，为差[29]。

9. 动摩擦系数

日本 DNP 国内专利 CN201480017387.X（《电池用包装材料》）中提供了铝塑膜（主要为聚合物外层）动摩擦系数（随时间和温度变化）的测定方法：使用 Heidon 式测定器（东新化学制造：Heidon 14），以负荷 100g、摩擦速度 100mm/min 的条件进行，判断的标准为：动摩擦系数<0.15 的铝塑膜为优等品[30]。

10. 耐擦伤性能

日本 DNP 国内专利 CN201480017387.X（《电池用包装材料》）中提供了铝塑膜（主要为聚合物外层）耐擦伤性能的评价方法：使用学振型磨耗试验机，摩擦件用优质纸覆盖，设定负荷 500g、200 次往返、往返速度（30±2）次/min，利用摩擦件对铝塑膜聚合物外层进行摩擦处理，摩擦结束后目视观察铝塑膜表面的情况：完全没有看到损伤（裂纹、脱层等问题）的铝塑膜为优等品[30]。

5.4 聚合物在铝塑膜中的应用（专利分析）

在知网版中国专利数据库中，在中国占有一定铝塑膜市场份额的企业（图 5.3）申请的铝塑膜相关专利情况详见图 5.11。日本厂商 DNP、昭和电工、凸版印刷申

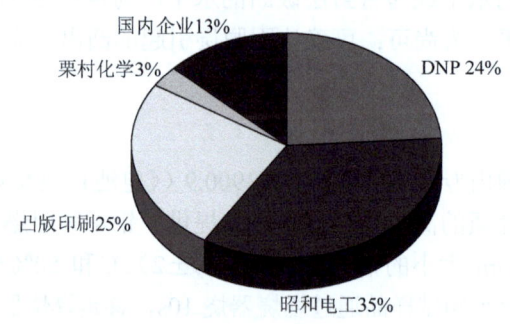

图 5.11　铝塑膜国内专利分析

数据来源：知网版中国专利数据库. 专利分析主要针对图 5.3 中在中国占有一定市场份额的铝塑膜企业

请的铝塑膜相关专利分别为 28 项（占 24%）、42 项（占 35%）和 30 项（占 25%）。日本厂商申请的专利内容翔实，涵盖铝塑膜设计、原材料、生产制造和应用的各个环节，理论依据充分，实施例丰富，并且专利的申请紧跟产品的升级。相比之下，国内厂商申请的铝塑膜相关专利仅为 15 项（占 13%），而且过于简单，理论和实施例匮乏。从铝塑膜的市场份额和专利布局情况看，铝塑膜的国产化过程必定艰辛无比。下面将对日本昭和电工、日本 DNP、日本凸版印刷、韩国栗村化学申请的铝塑膜相关专利进行分析，并总结聚合物材料在铝塑膜中的应用。

5.4.1 日本昭和电工铝塑膜相关专利分析

铝塑膜最早是由日本昭和电工（Showa Denko）与索尼（Sony）公司于 1999 年共同研发推出的。作为第二大铝塑膜企业，日本昭和电工在中国比较全面地布局了铝塑膜相关专利，包括第二黏合层、聚合物外层、第一黏合层、铝箔层、聚合物内层，其值得我们借鉴和学习的地方很多。

1. 日本昭和电工关于铝塑膜第二黏合层的专利

日本昭和电工国内专利 CN01818717.X（《电子部件壳用包装材料等》）提供了一种铝塑膜，其主要由聚合物外层（耐热性树脂双轴拉伸薄膜，即聚酰胺或聚酯）、铝箔层（纯铝或铝-铁系合金软质材料，通过涂覆硅烷偶联剂、钛酸酯偶联剂或电晕放点处理来提高黏结性）、聚合物内层（热塑性树脂未拉伸薄膜，即聚乙烯、聚丙烯、烯烃系共聚物及它们的酸改性物或离聚物）组成，其主要特征在于铝箔层与聚合物内层之间设置有丙烯酸类聚合物层（即第二黏合层）[7]。该丙烯酸类聚合物层优选含有位阻氨基、环烷基及苯并三唑基等有机基团的聚合物，而且这些聚合物是由异氰酸酯交联丙烯酸类多元醇形成的。聚合物外层和铝箔层之间通过聚氨酯类干式层合黏结剂复合在一起（即第一黏合层）。日本昭和电工国内专利 CN200410058323.2（《电池外壳用包装材料以及用其成形的电池外壳》）中铝塑膜的主要特征为铝箔层与聚合物内层用以聚烯烃多元醇和多功能异氰酸酯硬化剂作为必需成分的黏合剂组合物粘接（即第二黏合层）[12]。此外，黏结剂组合物中还添加了热塑性弹性体（苯乙烯类聚合物弹性体和烯烃类聚合物弹性体）和增黏剂（树脂类，如多萜类、松脂、共聚石油等）。铝箔还经过铬酸盐处理来提高与树脂层的黏合性和耐腐蚀性。聚合物外层和铝箔层用尿烷类干式层合黏合剂粘连（即第一黏合层）。日本昭和电工国内专利 CN201410112851.5（《电池用外包装材料及电池》）中铝塑膜的主要特征为铝箔层与聚合物内层之间的第二黏合层是通过干式层压法形成的熔点为 60～100℃ 的黏结剂层[31]。80℃ 时，铝箔层与聚合物内层之间的黏结强度为 3.0N/15mm 宽度以上，120℃ 时，黏结强度为 2.0N/15mm 宽度以下。第二黏合层的黏结剂主要为马来酸酐改性聚丙烯或马来酸酐改性聚乙烯。当电池内部的温度上升到120～160℃时，聚合物内层与铝箔层剥离产生间隙排气。

2. 日本昭和电工关于铝塑膜聚合物外层的专利

为了不涂布润滑性赋予成分也能确保铝塑膜优异的成型性和充分的体积容积率，日本昭和电工申请了几项关于聚合物外层的专利：其国内专利CN200680018291.0（《电池外壳用包装材料及电池用外壳》）中铝塑膜的特征之处在于使用收缩率为2%～20%的耐热性双轴拉伸树脂薄膜作为聚合物外层，包括聚酰胺（尼龙）、聚萘二甲酸乙二醇酯（PEN）和聚对苯二甲酸乙二醇酯（PET）[20]；其国内专利CN200880012870.3（《电池外壳用包装材料及电池用外壳》）中铝塑膜的特征之处在于聚合物外层使用密度为1130～1160kg/cm^{3}的双轴拉伸聚酰胺膜（尼龙膜）[32]；其国内专利CN201410077141.3（《成形用包装材料及成形容器》）中铝塑膜的特征之处在于聚合物外层使用断裂强度（X）/断裂应变（Y）的比值范围为230～360MPa的双轴拉伸聚酰胺薄膜（薄膜中含有防粘连剂，如二氧化硅）[33]。日本昭和电工国内专利CN201510110121.6（《电化学装置用外装材料及电化学装置》）[8]和CN201520141603.3（《电化学装置用外装材料及电化学装置》）[34]中铝塑膜的特征之处在于聚合物外层（耐热性树脂薄膜层）的两面设有蒸镀层，被蒸镀的物质选自金属、金属氧化物及氟化物。日本昭和电工专利CN201510751227.4（《蓄电装置用外包装材料及蓄电装置》）中铝塑膜的特征之处在于聚合物外层（耐热性树脂薄膜层）的外侧依次设有蒸镀层（选自金属、金属氧化物及二氧化硅）和树脂保护层（丙烯酸系树脂、氟系树脂、氨基甲酸酯系树脂、聚酯系树脂、环氧系树脂、苯氧基系树脂等）[35]。该铝塑膜具有良好的成型性，并且能防止聚合物外层（聚酰胺树脂膜和聚酯树脂膜具有吸湿性）发生卷曲（翘曲）。日本昭和电工国内专利CN201510874752.5（《蓄电设备用外包装材料及蓄电设备》）中铝塑膜的特征之处在于聚合物外层（耐热性树脂薄膜层）的外侧设有树脂（聚氨酯系树脂、氟系树脂、苯氧基系树脂等）和填料组成的树脂涂层[36]。该树脂涂层用来确保铝塑膜具有良好的成型性，并且能防止聚合物外层发生卷曲（发生翘曲）。

3. 日本昭和电工关于铝塑膜第一黏合层的专利

日本昭和电工国内专利CN201510250886.X（《成形用包装材料及成形外壳》）中提供了一种着色铝塑膜，其特征之处在于聚合物外层（耐热性树脂层）与铝箔层之间设置由着色油墨组合物形成的着色油墨层，该着色油墨组合物包含：二液固化型的聚酯聚氨酯树脂黏结剂，基于作为主剂的聚酯树脂（M_n为8000～25000，M_w为15000～50000，M_w/M_n为1.3～2.5）和作为固化剂的芳香族类多官能异氰酸酯化合物；着色颜料，其包含无机颜料[37]。该专利的铝塑膜在常规成形、密封条件下甚至高温高湿环境下，也不会发生聚合物外层剥离的问题。日本昭和电工国内专利 CN201610848293.8（《包装材料、壳体及蓄电装置》）中铝塑膜的特征之处在于聚合物外层（耐热性树脂层）由热水收缩率为 1.5%～12%的耐热性树脂膜形成，第一黏合层由氨基甲酸酯黏结剂形成，该黏结剂包含多羟基化合物（芳香族二羧酸基聚酯多元醇）、多官能异氰酸酯化合物和在一个分子中具有多个可与异氰酸酯基反应的官能团的脂肪族化合物[38]。该铝塑膜即使进行成型深度深的成型也能充分抑制脱层，并且不产生针孔等。

4. 日本昭和电工关于铝塑膜铝箔层和聚合物内层的专利

日本昭和电工国内专利 CN201510116918.7（《电化学装置用外装材料及电化学装置》）[39]和 CN201520151594.6（《电化学装置用外装材料及电化学装置》）[40]中铝塑膜的特征之处在于铝箔层的至少一面设有金属蒸镀层，被蒸镀的金属选自镍、锌、锡、铬、钴。日本昭和电工国内专利 CN201510490450.8（《蓄电设备用外包装材料及蓄电设备》）[41]和 CN201520602955.4（《蓄电设备用外包装材料及蓄电设备》）[42]中铝塑膜的特征之处在于铝箔层靠近聚合物外层的面的中心线平均粗糙度（R_a）为 1～150nm，靠近聚合物内层的面的中心线平均粗糙度（R_a）为 100～500nm。该铝塑膜即使进行深成型也能确保优异的成型性，且能够长期确保铝箔层和聚合物内层（热塑性树脂层）之间的充分密合性。

日本昭和电工国内专利 CN201210317233.5（《电池用包装材料及锂二次电池》）中铝塑膜主要特征之处在于聚合物内层的熔体流动速率（MFR）范围为 1～10g/10min[25]。聚合物内层又分为三层，两层相同的聚合物被覆层包覆中间层，被覆层的 MFR 高于中间层的 MFR。热塑性聚合物内层主要是聚丙烯、马来酸改性聚丙烯（MPP）树脂（采用 DNP 热法工艺进行热层合）。第一黏合层采用聚氨酯系黏结剂，第二黏合层采用无水马来酸改性聚丙烯（MPP），热黏结性树脂通过热层合而黏结（DNP 热法工艺）。日本昭和电工国内专利 CN201210435902.9（《电池用外包装体、电池用外包装体的制造方法和锂二次电池》）中铝塑膜的主要特征之处在于热封后聚合物内层彼此的密封强度为 20～50N/15mm 宽[43]。聚合物内层由以丙烯作为聚合单体的聚丙烯树脂 A（丙烯均聚物或丙烯-乙烯共聚物）和由以乙烯和 α-烯烃（三个碳原子以上）为聚合单体的聚乙烯树脂 B（颗粒状）的混合物组成。日本昭和电工专利 CN201310004939.0（《电池用外包装材料、电池用外包装材料的成型方法和锂二次电池》）[44]和 CN201320005662.9（《电池用外包装材料和锂二次电池》）[45]中铝塑膜的主要特征之处在于热塑性树脂层中（聚合物内层）添加了爽滑剂（优选脂肪酸酰胺类），而且聚合物外层表面附着有爽滑剂。爽滑剂的主要目的是防止在成型加工时模具和铝塑膜之间的紧密附着，提高成型性能。此外，热塑性树脂层中还添加了一些利于铝塑膜成型加工的颗粒（丙烯酸系树脂、硅氧烷树脂、氟树脂和二氧化硅)。日本昭和电工国内专利 CN201310034797.2(《电池用外包装材料和锂二次电池》)中铝塑膜的主要特征之处在于聚合物内层分为两层,即基材层(230℃下 MFR 范围为 0.5～15 的二甲苯可溶成分 Xs:聚丙烯和丙烯-乙烯-α-烯烃共聚物弹性体的混合物)和用来热封的最内层(230℃下 MFR 范围为 3～30 的丙烯-乙烯无规共聚物)[46]。日本昭和电工国内专利 CN201310507574.3(《电池用外包装材料以及电池》)中铝塑膜的特征之处是聚合物内层(未拉伸热塑性树脂层)和铝箔层之间的黏结强度为 4～30N/15mm 宽度,聚合物外层(耐热性树脂层)和铝箔层之间的黏结强度为 2～14N/15mm 宽度,铝塑膜热封后聚合物内层之间的密封强度为 30～110N/15mm 宽度[47]。当电池产生气体而导致内压上升到 40～80kPa 时,聚合物内层与铝箔层剥离产生间隙排气。日本昭和电工国内专利 CN201510108821.1(《包装材料、电池用外装壳体及电池》)中铝塑膜的特征之处在于聚合物内层(未拉伸热塑性树脂层)由低熔点且高流动的聚烯烃树脂(第一树脂,MFR>10,熔点 105～140℃)和高熔点且低流动的聚烯烃树脂(第二树脂,MFR<10,熔点 135～180℃)的混合物组成[48]。当电池内压或温度过高时,聚合物内层的混合树脂易被破坏而产生排气通道。日本昭和电工国内专利 CN201610862961.2(《蓄电装置的外装件用密封剂膜、蓄电装置用外装件及蓄电装置》)中铝塑膜的特征之处在于聚合物内层包含第一树脂层和第二树脂层:第一树脂层含有 50%(质量分数)以上的包含丙烯及除丙烯之外的作为共聚成分的无规共聚物;第二树脂层由包含第一弹性体改性烯烃系树脂和第二弹性体改性烯烃系树脂的混合树脂形成,该第一弹性体改性烯烃系树脂的结晶温度为 105℃以上且结晶能为 50J/g 以上,该第二弹性体改性烯烃系树脂的结晶温度为 80℃以上且结晶能为 30J/g 以下[49]。当电池内压过度上升时,聚合物内层内部产生破坏剥离,完成排气。

5.4.2 日本 DNP 铝塑膜相关专利分析

作为铝塑膜市场的龙头老大,日本 DNP 公司在国内也比较全面地布局了铝塑膜相关专利,值得我们借鉴和学习。

1. 日本 DNP 关于铝塑膜聚合物内层的专利

日本 DNP 国内专利 CN99800450.2(《电池盒形成片和电池组件》)中铝塑膜的特征之处在于聚合物内层(热塑性树脂膜)为聚烯烃树脂膜,最好是酸改性聚烯烃树脂膜(膜中含有抗阻塞剂、润滑剂和滑动剂),聚合物外层为双轴取向聚乙烯对苯二酸盐树脂膜或双轴取向尼龙树脂膜或双轴取向聚丙烯膜(每层膜涂覆有二氧化硅层、氧化铝层等)[50]。第一黏合层为干压形成的两组分聚氨酯黏结剂层,第二黏合层为热压形成的酸改性聚烯烃树脂膜(DNP 热法工艺初始专利)。日本 DNP 国内专利 CN02802457.5（《电池用包装材料》）中铝塑膜的特征之处在于聚合物内层（也称密封层）由在热封的热量和加压下不易破碎的低流动性聚丙烯层和易破碎的高流动性聚丙烯层（在最内层）构成[51]。日本 DNP 国内专利 CN200810088816.9（《扁平型电化学电池用包装材料》）中铝塑膜的特征之处在于由丙烯类树脂混合丙烯类弹性体树脂构成热熔性聚合物内层[52]。该丙烯类弹性体树脂是由来自丙烯的构成单位以及来自碳原子数为 2～20 的 α-烯烃的构成单位构成的共聚物，当来自丙烯的构成单位和来自 α-烯烃的构成单位合计为 100%（摩尔分数）时，来自丙烯的构成单位为不小于 50%（摩尔分数），并且：①肖氏 A 硬度（ASTM D2240）是 65～90；②熔点是 130～170℃；③密度（ASTM D1505）是 860～875kg/m^3；④通过 DSC 测量的玻璃化转变温度是 −35～−25℃。日本 DNP 国内专利 CN201480048357.5（《电池用包装材料的密封层用树脂组合物》）中铝塑膜的特征之处在于聚合物内层（也称密封层）为树脂组合物，其包含熔点为 156℃以上且乙烯含量为 5%以下的丙烯-乙烯无规共聚物（A-1）和熔点为 158℃以上且乙烯含量为 7%以下的丙烯-乙烯嵌段共聚物（A-2）中的至少一种，以及熔点为 135℃以上的聚烯烃弹性体（B）。本专利还提供了另一种聚合物内层用树脂组合物，其包含全同立构分数为 99%以下的聚烯烃系树脂[53]。该类铝塑膜具有高绝缘性、高密封性和优良的成型性。日本 DNP 国内专利 CN201580001143.7（《电池用包装材料、电池、及它们的制造方法》）中铝塑膜的特征之处在于聚合物内层（也称密封层）含有聚烯烃树脂和酰胺系润滑剂（脂肪酸酰胺和芳香族酰胺），对聚合物内层的表面照射红外线时的反射光进行分光，由此得到吸收光谱，由该吸收光谱测试源自酰胺系润滑剂的酰胺基的 C=O 伸缩振动的 1650cm^{-1} 的峰强度 P 和源自聚烯烃树脂的基团—CH$_2$—变角振动的 1460cm^{-1} 的峰强度 Q 而算出 X（$=P/Q$）在 0.05～0.80 之间[54]。该铝塑膜具有高层压强度和优异的成型性、优异的电池连续生产效率等优点。日本 DNP 国内专利 CN201580039072.X（《电池用包装材料》）中铝塑膜的特征之处在于聚合物内层（也称密封层，主要为聚丙烯）含有多种脂肪酸酰胺系润滑剂，并至少含有一种饱和脂肪酸酰胺[55]。该铝塑膜也具有高的成型性、优异的电池连续生产效率等优点。

2. 日本 DNP 关于铝塑膜聚合物外层的专利

日本 DNP 国内专利 CN201410490260.1（《电化学电池用包装材料》）[56]和 CN201080034742.6（《电化学电池用包装材料》）[21]中铝塑膜的特征之处在于聚合物外层分为五层，由外至内分别为哑光清漆层、延伸聚酯薄膜、防伪印刷层、黏合层、延伸尼龙薄膜。该铝塑膜可以从外部进行识别且难以进行伪造。日本 DNP 国内专利 CN201280055432.1（《电化学电池用包装材料》）中铝塑膜的特征之处在于在聚合物外层（如聚酰胺膜）的最外一侧设置有保护层，该耐电解液保护层（防止白化现象产生）由具有双酚 A 或者双酚 F 作为骨架单元的环氧树脂形成[57]。日本 DNP 国内专利 CN201480017387.X（《电池用包装材料》）中铝塑膜的特征之处在于在聚合物外层的最外一侧设置一层能够以短时间进行固化并且具有优异的耐药品性的涂覆膜，该涂覆膜为含有热固性树脂（含多环芳香族骨架和杂环骨架）和固化促进剂（如碳化二亚胺化合物）的树脂组合物的固化物[30]。日本 DNP 国内专利 CN201480051863.X（《电池用包装材料》）中铝塑膜的特征之处在于在聚合物外层和第一黏合层被含三层结构的涂覆膜取代，该涂覆膜为含有热固性树脂（如聚氨酯树脂）和固化促进剂（如碳化二亚胺化合物）的树脂组合物的固化物，不同涂覆层具有不同的弹性模量（1500～6000MPa，最外层 3000～6000MPa）[58]。该薄膜化的铝塑膜具有优异的耐药品性、成型性、密合性（铝箔层与涂覆层之间），并且能够缩短生产周期。日本 DNP 国内专利 CN201580009198.2（《电池用包装材料》）中铝塑膜的特征之处在于在聚合物外层（聚酰胺树脂或聚酯树脂）MD 方向上伸长 50%时的应力/伸长 5%时的应力的值 A 与 TD 方向上伸长 50%时的应力/伸长 5%时的应力的值 B 满足以下关系：$A+B \geqslant 3.5$[59]。该铝塑膜具有极其优异的成型性，并在成型时不易产生针孔或裂纹。日本 DNP 国内专利 CN201580046698.3（《电池用包装材料》）中铝塑膜的特征之处在于整个叠层体在 MD 方向上伸长 40%时的应力/伸长 10%时的应力的值 A 与 TD 方向上伸长 40%时的应力/伸长 10%时的应力的值 B 满足以下关系：$A+B \geqslant 2.5$[60]。该铝塑膜具有极其优异的成型性，并在成型时不易产生针孔或裂纹，而且成型后不易卷曲。日本 DNP 国内专利 CN201580013390.9（《电池用包装材料》）中铝塑膜的特征之处在于在聚合物外层和第一黏合层中的至少一方含有染料[28]。另一特征之处在于聚合物外层的最外一侧设有两层含有着色剂和粗糙化剂的装饰层，装饰层中树脂的含量在 60%以上。

3. 日本 DNP 关于铝塑膜第一黏合层、铝箔层和第二黏合层的专利

日本 DNP 国内专利 CN201380048212.0（《电池用包装材料》）中铝塑膜的特征之处在于第一黏合层采用由聚酯多元醇化合物（主剂）和异氰酸酯系化合物（固化剂）组成的聚氨酯型黏结剂，该第一黏合层至少满足物性指数①～③中的两个：①使用纳米压入仪，从叠层体剖面对黏合层压入压头 5μm 时的硬度为 20～115MPa；②对黏合层以 1Hz 的振动频率进行动态黏弹性测定时得到的损耗弹性模量的峰温度为 10～60℃；③将通过红外吸收光谱法测得的存在于 2800～3000cm^{-1} 的峰面积的积分值设为 IM（亚甲基的峰），将存在于 3100～3500cm^{-1} 的峰面积的积分值设为 IH（氢键峰），IH/IM 为 0.15～1.5[61]。该铝塑膜具有极其优异的成型性，并能够大幅度降低成型时的针孔或裂纹的产生率。日本 DNP 国内专利 CN201480017476.4（《电池用包装材料》）中铝塑膜的特征之处在于第一黏合层由含有热固性树脂（如聚氨酯树脂）和固化促进剂（如碳化二亚胺化合物）及弹性体树脂（如聚氨酯系弹性体）(A)或反应性树脂珠（具有官能团的聚氨酯树脂珠或丙烯酸树脂珠）的树脂（B）组合物的固化物形成，能够缩短第一黏合层的固化时间、提高聚合物外层和铝箔层之间的密合强度，并且具有优异的成型性[62]。

日本 DNP 国内专利 CN200710180182.5（《电池用包装材料》）中铝塑膜的特征之处在于铝箔层（铁含量为 0.3%~9%的软质铝箔）靠近聚合物内层一侧表面经过脱脂处理后，再用磷酸金属盐或磷酸非金属盐和水性合成树脂（如丙烯酸树脂）的混合物处理液处理（构成易黏结处理面）[63]。该易黏结处理面上设置有树脂保护层（如不饱和羧酸接枝聚烯烃树脂），第二黏合层采用干叠层黏合剂。日本 DNP 国内专利 CN00801052.8（《电池用包装材料、电池包装用袋体及其制造方法》）中铝塑膜的特征之处在于铝箔层（经过脱脂和去氧化物处理）靠近聚合物内层一侧表面上形成由磷酸盐、铬酸盐、氟化物和三嗪硫基化合物构成的抗酸膜[64]。该抗酸膜面上设置有树脂保护层（如不饱和羧酸接枝聚烯烃树脂）。日本 DNP 国内专利 CN00806337.0（《聚合物电池用包装材料及其制造方法》）中铝塑膜的特征之处在于铝箔层的两面均设置磷酸铬酸盐化学处理层（抗酸膜）[65]。日本 DNP 国内专利 CN201280052587.X（《电化学电池用包装材料》）中铝塑膜的特征之处在于至少在铝箔层靠近第二黏合层一侧的面上形成含有氧化铝粒子和绝缘性改性环氧树脂的化学法表面处理层[66]。该铝塑膜能够防止热封过程中短路问题的发生。日本 DNP 国内专利 CN201380029612.7（《电池用包装材料》）[67]和 CN201510684027.1（《电池用包装材料》）[68]中铝塑膜的特征之处在于铝箔层使用在进行相对于轧制方向平行的方向的拉伸试验时 0.2%屈服强度为 58~121N/mm^2 的铝箔，从而使铝塑膜具有极其优异的成型性，并能够大幅度降低成型时的针孔或裂纹的产生率。日本 DNP 国内专利 CN201480065933.7（《电池用包装材料》）中铝塑膜的特征之处在于铝箔层使用在进行相对于轧制方向平行的方向的拉伸试验时 0.2%屈服强度为 55~140N/mm^2 的铝箔，从而使铝塑膜具有极其优异的成型性，并能够大幅度降低成型时的针孔或裂纹的产生率[69]。日本 DNP 国内专利 CN201480067130.5（《电池用包装材料》）中铝塑膜的特征之处在于铝箔层使用在进行相对于轧制方向平行的方向的拉伸试验时 0.2%屈服强度为 55~140N/mm^2 的铝箔（聚合物外层与铝箔层厚度之比为 1:1~1:3），从而使铝塑膜具有极其优异的成型性，并能够大幅度降低成型时的针孔或裂纹的产生率[70]。日本 DNP 国内专利 CN201580011532.8（《电池用包装材料》）中铝塑膜的特征之处在于铝箔层的 r 值为 0.9 以上（通过拉伸试验测试相关参数并计算得出）[71]。该铝塑膜具有极其优异的成型性，并在成型时不易产生针孔或裂纹。

日本 DNP 国内专利 CN201180033432.7（《电化学电池用包装材料》）中铝塑膜的特征之处在于第二黏合层由含有含氟共聚物（不含氯基团，四氟化型氟类多元醇树脂）的主材料和固化剂形成[9]。铝箔层靠近聚合物内层一侧表面上的抗酸膜通过含有胺化的酚醛聚合物、三价铬化合物、磷化合物以及环氧树脂的化学转化处理形成。该铝塑膜具有稳定的层压强度和密封强度,优异的耐电解液性、水蒸气阻隔性、成型性和绝缘性等优点。日本 DNP 国内专利 CN201480009267.5(《电池用包装材料》)中铝塑膜的特征之处在于在第二黏合层的位置上设置绝缘层,该绝缘层由含有经不饱和羧酸或其酸酐改性的改性聚烯烃树脂的树脂组合物形成,通过使用纳米压痕仪从叠层体的叠层方向上的截面将压头向绝缘层压入5μm而测得的硬度处于10~300MPa 的范围内[27]。该铝塑膜具有极高的绝缘性。

5.4.3 日本凸版印刷铝塑膜相关专利分析

日本凸版印刷作为后起之秀,在铝塑膜的铝箔防腐蚀处理、新型聚合物外层材料开发、超薄化等领域取得突破性进步,比 DNP 和昭和电工铝塑膜更具竞争潜力,在最近几年市场份额不断增大。国内企业新纶科技正是看到日本凸版印刷铝塑膜的技术优势,将其收购,开辟了引进消化吸收国外先进技术,再自主创新的道路。

1. 日本凸版印刷关于铝塑膜铝箔层的专利

日本凸版印刷国内专利 CN200880003330.9(《锂电池用包装材料及其制造方法》)中提供了一种工序简单且生产过程不会对环境造成负荷(昭和电工采用的铬酸盐耐腐蚀处理不利于环境保护),耐电解液腐蚀性、耐水性优异的铝塑膜,该铝塑膜的特征之处在于在铝箔层(含铁软质脱脂铝箔)靠近第二黏合层的一侧设置有环保耐腐蚀涂层(具有多层结构,含 A 层和 B 层),其中 A 层由稀土氧化物(如氧化铈)和缩合磷酸(或缩合磷酸盐)组成,B 层由阳离子型聚合物(如聚亚乙基亚胺)及使其交联的交联剂(如硅烷偶联剂)组成[16]。第二黏合层采用酸改性聚烯烃类树脂或基于其的树脂混合物(主要采用 DNP 热法工艺)或聚氨酯类黏结剂(采用昭和干法工艺)。聚合物内层采用聚烯烃树脂或酸改性聚烯烃树脂,聚合物外层采用拉伸聚酯膜或聚酰胺膜。日本凸版印刷国内专利 CN200880115429.8(《锂电池用包装材料和其制造方法》)中铝塑膜的特征之处在于在铝箔层靠近第二黏合层的一侧设置有环保耐腐蚀涂层(具有多层结构,含 A 层、B 层或 C 层),其中 A 层由稀土氧化物(如氧化铈)和缩合磷酸(或缩合磷酸盐)组成,B 层由阳离子型聚合物(如聚亚乙基亚胺)及使其交联的交联剂(如硅烷偶联剂)组成,C 层由阴离子型聚合物(如聚甲基丙烯酸)及使其交联的交联剂(如硅烷偶联剂)组成[72]。日本凸版印刷国内专利 CN201480025497.0(《锂离子电池用封装材料》)中铝塑膜的特征之处在于在铝箔层与第一黏合层之间设置有基底处理层,该基底处理层含有:由具有 2 个以上的含氮官能团的树脂(A1,含噁唑啉基树脂)和具有与含氮官能团反应的反应性官能团的树脂（A2，丙烯酸系树脂）形成的交联树脂；稀土元素氧化物；磷酸或磷酸盐[73]。该铝塑膜即使不进行铬酸盐处理，聚合物外层和铝箔层的密合性也高，且具有优异的深冲压成型性。日本凸版印刷国内专利CN201480071235.8（《锂电池用封装材料》）中铝塑膜的特征之处在于在铝箔层靠近第二黏合层的一侧设置有环保耐腐蚀涂层，该涂层中含有稀土类氧化物、磷酸或磷酸盐、阴离子型聚合物（如聚甲基丙烯酸）或阳离子型聚合物（如聚乙烯亚胺）[14]。第二黏合层含有环保涂层中的阴离子型或阳离子型聚合物及与聚合物具有反应活性的化合物。该铝塑膜具有高层压强度（即使老化时间短）、优异的耐电解液性、高绝缘性（即使进行冷成型）。

2. 日本凸版印刷关于铝塑膜聚合物外层的专利

日本凸版印刷国内专利CN201180042862.5（《锂离子电池外包装材料》）中铝塑膜的特征之处在于聚合物外层膜在MD方向或TD方向中的至少一个方向上按照JIS K7127所测定的达到屈服点的伸长率α_1与达到断裂点的伸长率α_2之差即$\alpha_2-\alpha_1$在100%以上[74]。聚合物外层是由树脂组合物a1或者树脂组合物a2构成的双轴拉伸膜，树脂组合物a1是在聚酰胺树脂中配合了马来酸酐共聚而成的乙烯系共聚物树脂（乙烯-α,β不饱和羧酸烷基酯-马来酸酐共聚物）而获得，树脂组合物a2是在聚酰胺树脂中配合了脂肪族聚酯（如聚己内酯）而获得的。该铝塑膜具有充分的电解液耐受性（非铬酸盐处理铝箔层）、优良的深拉成型性，制造工艺简单且生产效率高。日本凸版印刷国内专利CN201280022193.X（《锂离子电池用外包装材料、锂离子电池及锂离子电池的制造方法》）中铝塑膜的特征之处在于聚合物外层膜是双轴拉伸多层共挤出膜，包括具有刚性和耐药品性的第一树脂层（芳香族系聚酯树脂层）、具有应力传播性和黏结性的第二树脂层（不饱和羧酸衍生物接枝改性的树脂层）、具有韧性的第三树脂层（聚酰胺树脂层）[17]。该铝塑膜具有优良的成型性、保持成型加工后的形状的性能、耐电解液腐蚀性和耐擦伤性等优点。日本凸版印刷国内专利 CN201280054383.X（《蓄电装置用外包装材料》）[75]和CN201610239100.9（《蓄电装置用外包装材料》）[76]中铝塑膜的特征之处在于在聚合物外层的最外一侧设置有保护层，由在侧链具有含羟基的聚酯多元醇或丙烯酸多元醇，和脂肪族系异氰酸酯固化剂形成。同时，该保护层中含有树脂填充剂。该铝塑膜具有优异的电解液耐受性、耐刮伤性以及优良的成型性。日本凸版印刷国内专利CN201280054384.4（《蓄电装置用外包装材料》）中铝塑膜的特征之处在于在聚合物外层中含有颜料和无机填充剂，能够提高铝塑膜的散热性和防伪造性[77]。日本凸版印刷国内专利CN201380014319.3（《锂离子电池用封装材料》）中铝塑膜的特征之处在于聚合物外层是聚对苯二甲酸乙二醇酯膜，其中含有一定量的热塑性聚酯弹性体[78]。该聚合物外层膜在JIS K7209：2000所规定的试验中的吸水率在 0.1%～3%之间。在拉伸试验中，聚合物外层膜被拉伸 10%时，在 MD 和 TD 方向的应力值均小于 110MPa，但至少有一个方向上大于 70MPa。该铝塑膜在任何湿度环境中均具有优异的成型性。日本凸版印刷国内专利 CN201380022603.5（《锂离子电池用封装材料以及使用锂离子电池用封装材料的锂离子电池的制造方法》）中铝塑膜的特征之处在于，聚合物外层在拉伸试验中，在 MD 和 TD 方向任意一者（第一方向）的拉伸伸长率为 50%～80%时，与第一方向垂直的第二方向上的拉伸应力为 150～230MPa[22]。该铝塑膜具有优异的成型性，其成型加工后的扭曲量低。日本凸版印刷国内专利 CN201410433043.9（《锂离子电池用外包装材料》）中铝塑膜的特征之处在于聚合物外层最外一侧进行表面改性剂（硅油）涂布，当进行喷墨印刷时，墨溶剂（如甲基乙基酮）的液滴附着开始 5s 内的接触角变化小于 6°，5s 后的接触角范围为 10°～30°[29]。该铝塑膜具有优良的印刷适应性。日本凸版印刷国内专利 CN200780046909.9（《用于包装电池的袋及其制备方法》）中铝塑膜的特征之处在于聚合物外层最外一侧设置有保护层，由主剂（侧链含羟基的聚酯多元醇或丙烯酸多元醇）和固化剂（异氰酸酯的缩二脲体及异氰脲酸酯体）作用形成[18]。该铝塑膜具有高耐电解液性，并且在用酒精灯擦拭后也能够优选再利用。日本凸版印刷国内专利 CN201480061523.5（《锂离子电池用封装材料》）中铝塑膜的特征之处在于聚合物外层含有两层（通过共挤出法形成），一层为双轴拉伸的聚酯树脂膜（如 PET）或聚酰胺（尼龙）树脂膜，另一层（最靠外一侧）含有聚酯弹性体（硬链段为聚对苯二甲酸丁二醇酯，软链段为聚四亚甲基二醇）[23]。该铝塑膜能够在维持优异的成型性的同时，降低成型加工后的翘曲量。日本凸版印刷国内专利 CN201580018456.3（《蓄电装置用封装材料、蓄电装置及压花型封装材料的制造方法》）中铝塑膜的特征之处在于聚合物外层（拉伸聚酯树脂层或拉伸聚酰胺树脂层）在 MD 和 TD 方向上的拉伸伸长率均为 50%以上[79]。铝箔层是含铁 0.5%～5%的铝箔。该铝塑膜在进行深冲深时也具有优异的成型性。日本凸版印刷国内专利 CN201580021469.6（《蓄电装置用封装材料及使用其的蓄电装置》）中铝塑膜的特征之处在于聚合物外层分为两层，即第一聚合物外层（包含聚酯弹性体或非晶态聚酯的聚酯树脂）和第二聚合物外层（拉伸聚酰胺膜），两层之间通过二液固化型氨基甲酸酯系黏结剂复合[80]。该铝塑膜能够维持优良的成型性，并且可以降低成型加工后的翘曲量。日本凸版印刷国内专利 CN201580021942.0（《蓄电装置用封装材料及蓄电装置》）中铝塑膜的特征之处在于聚合物外层由氟系树脂（四氟型氟树脂）和非晶态聚酯系树脂（溶剂可溶型聚酯）中的至少一种组成[81]。日本凸版印刷国内专利 CN201580023502.9（《蓄电装置用封装材料》）中铝塑膜的特征之处在于聚合物外层由包含氨基甲酸酯（甲基）丙烯酸酯的活性能量射线固化型树脂组合物或者由聚氨酯水分散体形成，其中氨基甲酸酯（甲基）丙烯酸酯是通过使具有脂环结构的多元醇、多异氰酸酯和含羟基（甲基）丙烯酸酯发生反应而得到[82]。该铝塑膜即使在电解液附着在外面时也不变质，在高湿度下也能保持优异的绝缘性，并具有优异的成型性。日本凸版印刷国内专利CN201610096618.1（《二次电池用外包装材料及二次电池》）[83]和CN201620133031.9（《二次电池用外包装材料及二次电池》）[84]中铝塑膜的特征之处在于在铝箔层（防腐蚀处理铝箔层）靠近聚合物内层的一侧设置含有热固化树脂的树脂组合物的树脂层（成分类似于聚合物外层），聚合物外层由含有热固化树脂或热塑性树脂的树脂混合物组成。该铝塑膜在确保成型性及水汽阻隔性的同时，可抑制绝缘性降低、减少成型后的翘曲量。

3. 日本凸版印刷关于铝塑膜第一黏合层的专利

日本凸版印刷国内专利CN201280054193.8（《锂离子电池用外包装材料》）中铝塑膜的特征之处在于第一黏合层是由二液固化型氨基甲酸酯系黏结剂形成，该黏结剂是通过作为固化剂的二官能以上的芳香族系或者脂肪族系的异氰酸酯与含有多元醇的主剂发生作用得到[85]。该铝塑膜成型性优异，成型加工后的耐久性也优异，冷成型后聚合物外层和铝箔层难以发生剥离（第一黏合层性能优异）。日本凸版印刷国内专利 CN201580038579.3（《蓄电装置用封装材料、及使用其的蓄电装置》）中铝塑膜的特征之处在于聚合物外层和第一黏合层之间设置有易黏结处理层（如聚氨酯树脂、丙烯酸接枝聚酯树脂）[86]。聚合物外层（双轴拉伸膜）在拉伸试验中，四个方向[0°（MD）、45°、90°（TD）、135°]当中的至少一个方向的断裂强度为240MPa，且至少一个方向上的伸长率为80%以上。该铝塑膜聚合物外层与第二黏合层的密合性高，且在进行深冲压成型时不发生黏结剂层及金属箔层的断裂。日本凸版印刷国内专利 CN201610313174.2（《蓄电设备用外装构件和使用了该外装构件的蓄电设备》）[87]和 CN201620429342.X（《蓄电设备用外装构件和使用了该外装构件的蓄电设备》）[88]中铝塑膜的特征之处在于第一黏合层的厚度为0.3~3μm，铝箔层靠近聚合物外层一侧的表面的十点平均粗糙度 R_{zjis}（根据JIS B0601）为0.3~3μm，第一黏合层具体厚度大于 R_{zjis}（十点平均粗糙度），但小于 3μm，聚合物外层与铝箔层的剥离黏结强度（根据 JIS K6854-3）为 5~12N/15mm。第一黏合层采用二液固化型聚氨酯系黏结剂。该铝塑膜具有充分的成型性，能抑制聚合物外层的保护效果下降。

4. 日本凸版印刷关于铝塑膜第二黏合层和聚合物内层的专利

铝塑膜第二黏合层采用的干法黏结剂（昭和干法工艺）具有酯基、氨基甲酸酯基等水解性高的键合部分，容易发生由氢氟酸引起的水解反应。因此，在要求有更高可靠性的用途上，第二黏合层采用酸改性聚烯烃树脂热塑性材料的热法（DNP 热法）铝塑膜更受欢迎。

日本凸版印刷国内专利 CN201180049252.8（《锂离子电池用外包装材料》）中铝塑膜的特征之处在于第二黏合层含有酸（马来酸酐）改性聚烯烃树脂和分散于该酸改性聚烯烃树脂中的非相溶性弹性体（1nm～1μm，苯乙烯系、氢化苯乙烯系热塑性弹性体和丙烯-α-烯烃共聚物弹性体）[15]。该专利中铝塑膜具有优良的防湿性、电绝缘性、白化耐受性（冷深拉成型性）、耐电解液腐蚀性等优点。日本凸版印刷国内专利 CN201480059408.4（《二次电池用封装材料、二次电池及二次电池用封装材料的制造方法》）中铝塑膜的特征之处在于第二黏合层含有两种以上聚烯烃黏结剂，其中具有最高熔点的第一聚烯烃（丁烯基共聚物，如丁烯-乙烯-丙烯共聚物）的熔点为耐热性赋予温度以上、聚合物外层（称为基材层）热劣化临界温度以下，具有最低熔点的第二聚烯烃的熔点为耐热性临界温度以上、层压温度以下[10]。另外，聚合物内层中含有的第三聚烯烃的熔点为耐热性赋予温度以上、聚合物外层（称为基材层）热劣化临界温度以下。该铝塑膜具有良好的耐化学品性、层压强度耐热性、深冲压成型性、成型时耐开裂性及热密封时端部水汽阻隔性等优点。日本凸版印刷国内专利 CN201580012214.3（《锂电池用封装材料》）中铝塑膜的特征之处在于铝箔层靠近第二黏合层的一侧设置有环保耐腐蚀涂层，第二黏合层由包含酸改性聚烯烃树脂和多官能异氰酸酯化合物的黏结剂组合物构成，在红外吸收光谱中，来自 CH_3 的 C—H 变形振动的吸收（X）和来自缩二脲键的 N—H 变形振动的吸收（Y）的比（Y/X）为 0.3 以下。该铝塑膜展现出长期优异的耐电解液腐蚀性[89]。日本凸版印刷国内专利 CN200780046909.9（《用于包装电池的袋及其制备方法》）中铝塑膜的特征之处在于第二黏合层包含黏结性树脂组合物和无规结构的聚丙烯或丙烯-α-烯烃共聚物[13]。该铝塑膜具有高层压强度、优异的耐白化性和耐弯曲性等优点。

日本凸版印刷国内专利 CN201610398634.6（《二次电池用外装构件》）[90]、CN201610399626.3（《蓄电装置用外装构件》）[91]和 CN201620547178.2（《二次电池用外装构件》）[92]中铝塑膜的特征之处在于不专门设置第二黏合层，聚合物内层直接形成于铝箔的防腐蚀层上，聚合物内层中含有酸改性聚烯烃树脂（熔点100～165℃）和高熔点颗粒（无机或有机聚合物材料，熔点 220℃以上，平均粒径是聚合物内层厚度的30%～80%）。该铝塑膜兼具充分的薄度和优异的电绝缘性。

5.4.4 韩国栗村化学铝塑膜相关专利分析

韩国栗村化学的铝塑膜业务起步较晚，但发展迅猛，从被日本厂商垄断的市场中抢得10%的市场份额（图 5.3），值得国内厂商借鉴研究。栗村化学国内专利 CN200780046909.9（《用于包装电池的袋及其制备方法》）提供了一种铝塑膜，该铝塑膜的耐电解液腐蚀性能得到了极大改进，能够防止阻隔层（即铝箔层）被电解质腐蚀以及防止聚合物内层（也称密封剂层）从阻隔层脱落[11]。本专利提供的铝塑膜还能安全地保护电池，自由地成形，具有优良的阻隔性、模塑性能、抗冲击性、抗空气（氧气）渗透性、抗湿气渗透性和高戳穿强度等优点。该专利提供的铝塑膜的特征组成为：①聚合物外层（也称最外膜）。经过电晕处理的双轴取向聚酯膜，该聚酯膜基于一定比例的二醇-酸物质的量比例，并含有一定量的催化剂（如催化剂、滑润剂和稳定剂等），该新型聚酯膜能够更好地保护阻隔层免受电解液的腐蚀（在电池生产过程中，电解液不可避免地出现在铝塑膜外层）。②第一黏合层。优选耐热性较好的氨酯黏合剂。③铝箔层（也称阻隔层）。采用含一定量 Si 和 Fe 的软铝箔，且铝箔两面进行非铬酸盐处理（采用钛树脂、锆、磷酸盐）形成耐酸膜，并提高黏结强度。④第二黏合层。优选耐热性较好的氨酯黏结剂（昭和干法工艺），或通过热熔挤出涂布得到的热熔性树脂层（改性聚丙烯或改性聚乙烯）提供黏结力（DNP 热法工艺）。⑤聚合物内层（也称密封剂层）。单层或多层聚烯烃膜（优选），其中多层聚烯烃膜中不同层的聚烯烃具有不同的结晶性，聚烯烃膜上沉积有厚度为 20～50nm 的氧化物（SiO_2、Al_2O_3）或金属（Cu、Fe、Sn、Zn、Al）层。栗村化学国内专利 CN200980143900.9（《电池封装及其制造方法》）中提供了一种阻燃性铝塑膜，其中加入阻燃剂涂层或在某层引入阻燃剂，提高电池安全性[24]。栗村化学国内专利 CN201080041459.6（《电池封装和用于制造该电池封装的方法》）中提供了一种铝塑膜，主要特点在于聚合物外层上设置了一层用于激光印刷的树脂层[93]。栗村化学国内专利 CN201210135583.X（《具有爆炸安全性的电池袋及其制造方法》）中提出在铝塑膜的聚合物内层（也称密封层）中加入热膨胀性微胶囊，电池在极端情况下产生的热或压力等通过由微胶囊的热膨胀形成的气孔排出到外部，从而防止电池爆炸[94]。

5.5 结　　语

日韩铝塑膜厂商垄断着中国铝塑膜市场 95%的份额（图 5.3），对日韩铝塑膜（还有隔膜）厂商的严重依赖可能导致未来国家新能源（能源结构转型）大战略受制于人。尽管国内本土企业的在建产能喜人（图 5.4），但无法回避的现实是产能不等于质量，产能不等于实际投产，本土企业的技术基础薄弱。铝塑膜在国产化过程中必须统筹设计、原材料、生产制造和应用实践的各个环节，借鉴日韩厂商铝塑膜发展思路，寻求自我技术突破，发展具有竞争力的、具有自主知识产权的铝塑膜，才能不受制于人。

参 考 文 献

[1]　张学建, 张艳, 胡亚召. 聚合物锂离子电池软包装铝塑膜的研究进展. 信息记录材料, 2013, 14（6）: 42-48.

[2] 郑荣鹏. 聚合物锂离子电池的软包装技术. 电池工业, 2002, 7 (6): 319-321.
[3] 孟冬. 锂离子蓄电池铝塑复合膜包装材料设计与应用. 电源技术, 2001, 25 (4): 260-261, 298.
[4] 刘继福, 郭纯武, 刘嘉鑫. 聚合物锂电池软包装材料的瓶颈突破. 中国包装, 2012, 32 (7): 51-58.
[5] 万玲玉, 卞沛文. 聚合物锂电池软包装材料铝塑膜的性能评价方法. 科技风, 2016, 7: 8.
[6] 李永安, 徐立球, 李学兵. 聚合物锂离子蓄电池芯软包装材料的设计. 电源技术, 2003, 27 (6): 512-514, 521.
[7] 河合英夫, 田中克美, 青山孝浩, 中崎三男. 电子部件壳用包装材料等: CN01818717.X. 2001.
[8] 南谷广治. 电化学装置用外装材料及电化学装置: CN201510110121.6. 2015.
[9] 望月洋一, 西田澄人, 秋田裕久. 电化学电池用包装材料: CN201180033432.7. 2011.
[10] 室井勇辉. 二次电池用封装材料、二次电池及二次电池用封装材料的制造方法: CN201480059408.4. 2014.
[11] 金永熙, 姜汉俊, 韩喜植, 尹宗云. 用于包装电池的袋及其制备方法: CN200780046909.9. 2007.
[12] 尾锅隆行, 今堀诚, 田中克美, 畑浩. 电池外壳用包装材料以及用其成形的电池外壳: CN200410058323.2.2004.
[13] 荻原悠, 铃田昌由. 锂电池用封装材料: CN201580016466.3. 2015.
[14] 山崎智彦, 铃田昌由. 锂电池用封装材料: CN201480071235.8. 2014.
[15] 铃田昌由, 轴丸贵支, 越前秀宪. 锂离子电池用外包装材料: CN201180049252.8. 2011.
[16] 铃田昌由. 锂电池用包装材料及其制造方法: CN200880003330.9. 2008.
[17] 铃田昌由, 谷口智昭. 锂离子电池用外包装材料、锂离子电池及锂离子电池的制造方法: CN201280022193.X. 2012.
[18] 大野直人, 村田光司. 蓄电装置用外包装材料: CN201480051878.6. 2014.
[19] 赵越, 肖艳春, 崔佳, 于盼, 关玉明. 锂离子电池电芯铝塑膜外壳冲压成形工艺. 锻压技术, 2017, 42 (7): 48-54.
[20] 畑浩. 电池外壳用包装材料及电池用外壳: CN200680018291.0. 2006.
[21] 秋田裕久, 望月洋一, 横田一彦. 电化学电池用包装材料: CN201080034742. 2010.
[22] 谷口智昭. 锂离子电池用封装材料以及使用锂离子电池用封装材料的锂离子电池的制造方法: CN201380022603.5. 2013.
[23] 谷口智昭. 锂离子电池用封装材料: CN201480061523.5.2014.
[24] 金永熙, 姜汉俊, 韩喜植, 尹宗云. 电池封装及其制造方法: CN200980143900.9.2009.
[25] 永田健祐. 电池用包装材料及锂二次电池: CN201210317233. 2012.
[26] 南谷广治. 电化学装置、电化学装置的绝缘性检验方法及制造方法: CN201510452163.8.2015.
[27] 小尻哲也, 铃木刚, 横田一彦, 山下力也, 神取正和. 电池用包装材料: CN201480009267.5.2014.
[28] 植田俊介, 山下力也, 桥本洋平, 堀弥一郎. 电池用包装材料: CN201580013390.9.2015.
[29] 村木拓也, 铃田昌由. 锂离子电池用外包装材料: CN201410433043.9.2014.
[30] 桥本洋平, 山下力也, 堀弥一郎. 电池用包装材料: CN201480017387.X. 2014.
[31] 吉野贤二. 电池用外包装材料及电池: CN201410112851.5. 2014.
[32] 畑浩. 电池外壳用包装材料及电池用外壳: CN200880012870.8. 2008.
[33] 南堀勇二, 仓本哲伸. 成形用包装材料及成形容器: CN201410077141. 2014.
[34] 南谷广治. 电化学装置用外装材料及电化学装置: CN201520141603.3. 2015.
[35] 南堀勇二. 蓄电装置用外包装材料及蓄电装置: CN201510751227.4. 2015.
[36] 南堀勇二, 长冈孝司. 蓄电设备用外包装材料及蓄电设备: CN201510874752.5. 2015.
[37] 高田进, 南堀勇二. 成形用包装材料及成形外壳: CN201510250886.X. 2015.
[38] 何卫, 伊藤博昭, 长冈孝司, 唐津诚. 包装材料、壳体及蓄电装置: CN201610848293.8. 2016.

[39] 南谷广治. 电化学装置用外装材料及电化学装置：CN201510116918.7. 2015.
[40] 南谷广治. 电化学装置用外装材料及电化学装置：CN201520151594.6. 2015.
[41] 南堀勇二. 蓄电设备用外包装材料及蓄电设备：CN201510490450.8. 2015.
[42] 南堀勇二. 蓄电设备用外包装材料及蓄电设备：CN201520602955.4. 2015.
[43] 仓本哲伸. 电池用外包装体、电池用外包装体的制造方法和锂二次电池：CN201210435902.9. 2012.
[44] 仓本哲伸. 电池用外包装材料、电池用外包装材料的成型方法和锂二次电池：CN201310004939.0. 2013.
[45] 仓本哲伸. 电池用外包装材料和锂二次电池：CN201320005662.9. 2013.
[46] 唐津诚，永田健祐，仓本哲伸. 电池用外包装材料和锂二次电池：CN201310034797.2. 2013.
[47] 吉野贤二. 电池用外包装材料以及电池：CN201310507574.3. 2013.
[48] 仓本哲伸. 包装材料、电池用外装壳体及电池：CN201510108821.1. 2015.
[49] 中嶋大介，唐津诚，长冈孝司. 蓄电装置的外装件用密封剂膜、蓄电装置用外件及蓄电装置：CN201610862961.2. 2016 .
[50] 山崎拓也，小口清，清水孝二，须藤健一郎，吉中努，黑川英树，关野均，吉川正浩. 电池盒形成片和电池组件：CN99800450.2.1999.
[51] 山下力也，望月洋一，山田一树，奥下正隆. 电池用包装材料：CN02802457.5.2002.
[52] 山下孝典，奥下正隆，秋田裕久，保谷裕. 扁平型电化学电池用包装材料：CN200810088816.9. 2008.
[53] 山下力也，道家弘毅. 电池用包装材料的密封层用树脂组合物：CN201480048357.5. 2014
[54] 天野真，山下力也，望月洋一，高萩敦子. 电池用包装材料、电池、及它们的制造方法：CN201580001143.7.2015.
[55] 望月洋一，山下力也，天野真，早川阳祐. 电池用包装材料：CN201580039072.X. 2015.
[56] 秋田裕久，望月洋一，横田一彦. 电化学电池用包装材料：CN201410490260.1.2014. .
[57] 秋田裕久，奥下正隆，渡边大辅，横田一彦. 电化学电池用包装材料：CN201280055432.1. 2012.
[58] 桥本洋平，山下力也. 电池用包装材料：CN201480051863.X. 2014.
[59] 高萩敦子，山下力也. 电池用包装材料：CN201580009198.2. 2015.
[60] 高萩敦子，山下力也，安田大佑. 电池用包装材料：CN201580046698.3. 2015.
[61] 桥本洋平，山下力也，横田一彦，小尻哲也. 电池用包装材料：CN201380048212.0. 2013.
[62] 桥本洋平，山下力也. 电池用包装材料：CN201480017476.4. 2014.
[63] 山下力也，山田一树，平井裕一，望月洋一，山下孝典，关野均，福田淳，三上豪一，中川博喜，宫原美穗，河合千绘，新尾荣树，后藤贵和. 电池用包装材料：CN200710180182.5.2007.
[64] 山下力也，山田一树，平井裕一，望月洋一，山下孝典，关野均，福田淳，三上豪一，中川博喜，宫原美穗，河合千绘，新尾荣树，后藤贵和. 电池用包装材料、电池包装用袋体及其制造方法：CN00801052.8.2000.
[65] 山下孝典，奥下正隆，山田一树，山下力也，宫间洋，望月洋一. 聚合物电池用包装材料及其制造方法：CN00806337.0.2000.
[66] 秋田裕久，天野真，横田一彦，山下力也. 电化学电池用包装材料：CN201280052587.X. 2012.
[67] 高萩敦子，秋田裕久，西田澄人. 电池用包装材料：CN201380029612.7. 2013.
[68] 高萩敦子，秋田裕久，西田澄人. 电池用包装材料：CN201510684027.1. 2015.
[69] 高萩敦子，秋田裕久，西田澄人，山下力也. 电池用包装材料：CN201480065933.7. 2014.
[70] 高萩敦子，山下力也. 电池用包装材料：CN201480067130.5. 2014.
[71] 天野真，山下力也. 电池用包装材料：CN201580011532.8. 2015.
[72] 铃田昌由. 锂电池用包装材料和其制造方法：CN200880115429.8. 2008.
[73] 村田光司，铃田昌由. 锂离子电池用封装材料：CN201480025497.0. 2014.
[74] 铃田昌由，村木拓也. 锂离子电池外包装材料：CN201180042862.5. 2011.

[75] 大野直人，西嶋一树，村田光司. 蓄电装置用外包装材料：CN201280054383.X. 2012.

[76] 大野直人，西嶋一树，村田光司. 蓄电装置用外包装材料：CN201610239100.9. 2016.

[77] 大野直人，西嶋一树，村田光司，荻原悠. 蓄电装置用外包装材料：CN201280054384.4.2012.

[78] 谷口智昭. 锂离子电池用封装材料：CN201380014319.3. 2013.

[79] 谷口智昭. 蓄电装置用封装材料、蓄电装置及压花型封装材料的制造方法：CN201580018456.3. 2015.

[80] 谷口智昭，大野直人. 蓄电装置用封装材料及使用其的蓄电装置：CN201580021469.6. 2015.

[81] 台洋，室井勇辉. 蓄电装置用封装材料及蓄电装置：CN201580021942.0. 2015.

[82] 前田英之，谷口智昭. 蓄电装置用封装材料：CN201580023502.9. 2015.

[83] 室井勇辉. 二次电池用外包装材料及二次电池：CN201610096618.1. 2016.

[84] 室井勇辉. 二次电池用外包装材料及二次电池：CN201620133031.9. 2016.

[85] 谷口智昭 锂离子电池用外包装材料：CN201280054193.8. 2012.

[86] 伊集院涉. 蓄电装置用封装材料、及使用其的蓄电装置：CN201580038579.3. 2015.

[87] 室井勇辉. 蓄电设备用外装构件和使用了该外装构件的蓄电设备：CN201610313174.2. 2016.

[88] 室井勇辉. 蓄电设备用外装构件和使用了该外装构件的蓄电设备：CN201620429342.X. 2016.

[89] 村木拓也，山崎智彦，铃田昌由. 锂电池用封装材料：CN201580012214.3. 2015.

[90] 台洋. 二次电池用外装构件：CN201610398634.6. 2016.

[91] 今元惇哉，荻原悠，铃田昌由. 蓄电装置用外装构件：CN201610399626.3. 2016.

[92] 台洋. 二次电池用外装构件：CN201620547178.2. 2016.

[93] 姜汉俊，韩喜植，郑宇植，李星昊，尹宗云，金志姬，李相珉. 电池封装和用于制造该电池封装的方法：CN201080041459.6. 2010.

[94] 韩喜植，金曝灿，杜胜均. 具有爆炸安全性的电池袋及其制造方法：CN201210135583.X. 2012.

第 6 章 总结与展望

化石能源短缺和环境污染的日益严峻给人类生存带来极大考验，加快培育和发展新能源电动汽车和清洁能源储能，是国家重大战略部署，既能有效缓解能源和环境压力，也能促进产业转型升级和新经济增长点的培育。新能源电动汽车的关键核心技术之一是动力电池，现今动力电池的最佳选择是动力锂电池，但基于液态电解液体系的动力锂电池能量密度低，在使用过程中存在的短路、着火等安全隐患，续航里程短、安全指数低成为电动汽车发展主要障碍。国务院颁布的《节能与新能源汽车产业发展规划（2012—2020 年）》提出，2020 年动力电池模块比能量达到 300W·h/kg，这就对现有的电池体系提出了巨大挑战。在电极材料方面，需要发展更高电压、更高能量密度的正极材料以及以 Si 负极或者金属锂负极取代碳材料负极。在新型金属锂电池体系方面，可以发展能量密度更高的金属锂空气电池、金属锂硫电池、金属锂固态电池等。其中，金属锂负极的引入为锂电池能量密度的突破提供了机会，但是，金属锂负极同时也面临着很大的挑战，金属锂负极的保护成为当下的研究热点。

在提升电池能量密度的同时，锂电池还面临着另一个重要的挑战：提高安全性。商用锂电池采用液态的碳酸酯类的电解液体系，在热失控的情况下很容易起火、爆炸。液态锂电池的安全性能可以通过正负极材料的选择和改性、阻燃电解液添加剂、耐高温隔膜等技术来提高。提高液态锂电池安全性的另一个重要途径是少液化，甚至无液化，即采用凝胶类聚合物电解质的锂电池和采用固态电解质（无机固态电解质和聚合物固态电解质）的锂电池。采用金属锂负极和固态电解质的固态锂电池体系有望成为高能量密度和高安全性锂电池的终极方案。

除聚合物电解质外，在锂电池中，聚合物材料的作用都不容小觑，隔膜、黏结剂、铝塑膜等都离不开聚合物材料。我国是聚合物材料的生产制造大国，但是很多核心的技术没有掌握在我们自己手中，在核心科技和研发方面，明显落后于欧美日韩，因此需要投入更多的人力、物力，研发出属于自己的聚合物材料，掌握核心竞争力，摆脱其他国家的掣肘。包括聚合物材料在内，加快锂电池材料与工艺的研发，实现高比能锂电池电芯/系统制造与示范验证，建立失效机制与性能提升策略，并对装备、工艺技术等展开系统研究，达到全产业链的协同创新，同时理论基础与应用技术的紧密结合，可以极大地促进对相关材料结构、组成与性能、工艺及机理等的科学理解，加速具有我国自主知识产权的新一代高比能、长寿命、高安全动力锂电池相关核心关键技术的形成与掌握。

附录 动力锂电池生产工艺

一、动力锂电池工艺路线简介

1. 动力锂电池工艺路线分类

一般动力锂电池工艺可从电芯结构、壳体、电解质等三个方面进行划分。按电芯结构可划分为卷绕工艺和叠片工艺两大类，而叠片工艺又可以分为单元叠片和 Z 形叠片两个完全不同的工艺路线。按壳体材质可划分为钢壳、铝壳、塑壳、铝塑软包装等多种工艺。按电解质的物理状态则可划分为液态、凝胶、固态等三种工艺。

2. 动力锂电池工艺流程

附图 1 为动力锂电池通用工艺流程，其由单体和 PACK 两部分制程组成，其中单体生产工序主要包括配料、涂布、制片、制芯、入壳、注液、化成、老化、分容等过程，PACK 生产工序主要包含成组、封装、检测等过程。固态动力锂电池与液态动力锂电池的工艺流程基本一致，但在配料、涂布、制片、制芯、注液等五大工序中的过程材料、工艺方法和环境要求上存在显著差异，具体将在各工序中详述。

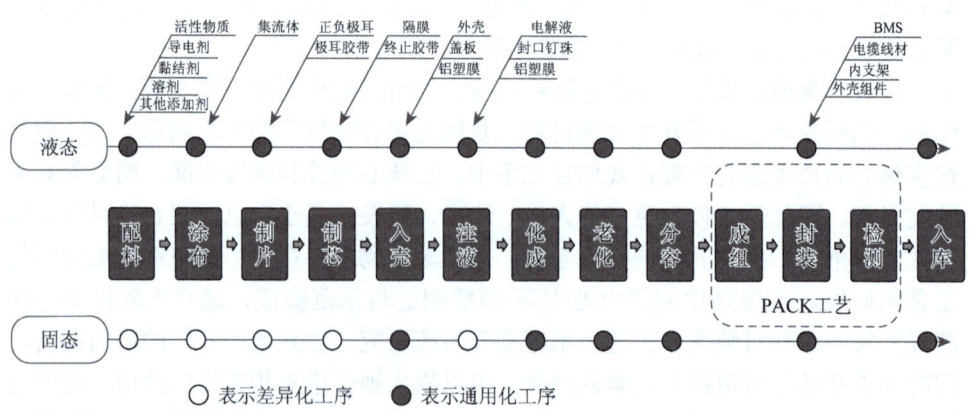

附图 1　动力锂电池通用工艺流程
以液态锂电池工艺为基准

二、动力锂电池关键工序及其控制要点

动力锂电池的一致性是影响电池成组的关键性指标,直接影响电池组的成品率、安全性与循环寿命,对电池组的性价比影响很大。动力锂电池的生产过程受到环境、人员、设备、材料、方法等多种工艺因素影响,建立一个完善的工艺体系至关重要。本节将按照工艺流程对各工序进行详细讲解。

1. 配料工序

配料工序是将活性物质、导电剂、黏结剂、溶剂及其他添加剂等物料按照一定的配比进行物理混合,制成分散均匀、状态稳定的浆料,包括正极配料和负极配料。配料工序要求在10万级净化间进行,正极体系一般为油性体系,必须在干燥间进行;目前负极采用水性体系居多,对环境湿度要求不高。

固态锂电池的黏结剂与普通锂电池黏结剂有所不同,具有锂离子传输通道,最好具有混合离子传输功能。青岛储能产业技术研究院在此类离子型黏结剂方面拥有自主知识产权。陶瓷电解质基固态锂电池电极通常通过添加快离子导体来构建固态离子传输通道。

1)工艺步骤

附图2为配料工序工艺步骤。一般配料工艺按照干粉混合、制胶、匀浆、调浆、检验、储运等六步法完成。

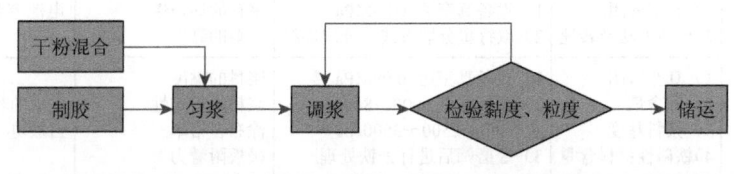

附图2 配料工序工艺步骤

2)工序设备及器具

工序设备及器具见附表1。

附表1 配料工序常用设备及器具一览表

序号	设备名称	用途	所需能源动力	类别	备注
1	真空动力混合机	制胶、匀浆	水、电、真空、压缩空气	生产设备	
2	干粉混合机	干粉混合	电	生产设备	

续表

序号	设备名称	用途	所需能源动力	类别	备注
3	称重系统	物料计量	电	生产设备	
4	全封闭自动配料系统	全自动制浆	水、电、真空、压缩空气	生产设备	替代1、2、3等分立设备
5	真空储料罐	浆料储存	电、真空	周转容器	
6	除湿系统	环境处理	电、水	环境设备	
7	黏度仪	旋转黏度检测	电	检测仪器	
8	粒度计	粒度分布检测	电	检测仪器	
9	真空站（罐）	提供真空	电	动力设备	
10	真空干燥箱	原材料预处理	电、真空、干燥气体	生产设备	

3）关键参数、控制措施及其对电池制程和性能的影响

关键参数、控制措施及其对电池制程和性能的影响见附表2。

附表2 配料工序关键参数、控制措施及其对电池制程和性能的影响

序号	工步*	关键参数	控制措施	电池制程影响	电池性能影响
1	干粉混合	1）原材料的含水量 2）混合的均匀度	1）高温烘干预处理 2）球磨后去铁处理	浆料的分散性 浆料的絮凝	电池的容量、内阻、自放电
2	制胶	1）真空密闭 2）有机溶剂含水量 3）溶解时间	1）设备真空达−0.09MPa 2）有机溶剂进行脱水处理 3）恒温水浴加热	浆料的均匀性 浆料的黏度 极板的附着力	内阻 寿命
3	匀浆	1）真空密闭 2）分散方法及转速	1）设备真空达−0.09MPa 2）双行星分散方式，分次加料	浆料的均匀性 浆料的黏度	电池容量、内阻、寿命
4	调浆	1）真空密闭 2）固含量 3）浆料黏度 4）铁磁性材料含量	1）设备真空达−0.09MPa 2）正极黏度6000～8000cps，负极黏度2500～3500cps 3）经磨筛后进行去铁处理	浆料的黏度 浆料的稳定性 涂布合格率 极板附着力	电池的容量、内阻、自放电、寿命、成本
5	检验	1）浆料的一致性 2）浆料的稳定性	1）抽测不同位置 2）储存前后的变化	浆料的一致性、可靠性 涂布的合格率	同上
6	储运	1）密闭性 2）防沉降	1）设备真空达−0.09MPa 2）带有搅拌装置或直接输送至涂布工序	同上	同上

* 工步，指一个工序的若干步骤。

2. 涂布工序

涂布工序也称极板印刷工序，是通过专用设备将合格的浆料涂覆于集流体

或柔性基材的过程。涂布设备主要由收放卷单元、供料单元、张力控制系统、涂布机头、烘箱等部分组成。目前主流涂布方式有转移、挤出、微凹板和丝杆等四种方式，转移式和挤出式常用于极板涂布。转移式涂布通过涂辊转动带动浆料，通过调整刮刀间隙来调节浆料转移量，利用背辊或涂辊的转动将浆料转移到基材上。其优点是对浆料黏度要求不高，容易调节涂布参数，无堵料等，缺点是涂布精度较差，无法保证极片的一致性，同时浆料暴露于空气中，影响浆料的性质。挤出式涂布通过密闭的上料系统将涂料输送给螺杆泵，再将浆料动力输送至挤出头中，通过挤出形式将浆料制成液膜后涂布至移动的集流体上，涂布形式如附图 3 所示。其优点是涂膜后极片非常均匀且精度高，涂层边缘平整度高，密闭操作系统，不受异物影响，更适合量产，目前可实现连续、间歇、网格图形等多种涂布需求，因此成为当前锂电池研发及制造厂商的生产主流配置。而微凹板和丝杆涂布常用于涂层厚度不超过 5μm 的隔膜涂层或胶带的涂覆。除水性体系外，涂布工序要求在湿度不超过10%RH 的 10 万级净化车间进行（环境温度为 22～25℃时）。

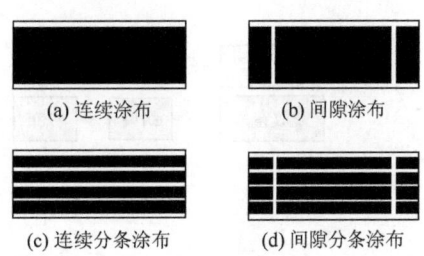

附图 3　几种常见的涂布形式

(a) 连续涂布　(b) 间隙涂布　(c) 连续分条涂布　(d) 间隙分条涂布

　　液态锂离子电池的涂布工序是将活性物质直接涂覆于集流体并直接形成成卷电极的特殊过程，一般正负极集流体分别采用铝箔和铜箔，主要根据所涂覆活性物质的氧化还原电位决定。正极材料电位较高，因此必须用铝箔，常规负极材料如石墨或硅碳体系的嵌锂电位约为 0.1V，通常优选具有高电导率的铜箔。钛酸锂是一种既可以作为正极活性物质，也可以作为负极活性物质的材料，其嵌锂电位约为 1.5V，因此可选用铝箔作为其集流体。为了满足高功率或低温电池的设计需要，通常在铜箔或铝箔表面双面涂覆 1～2μm 的纳米导电涂层，进一步降低电极与集流体的界面电阻，提高电池的功率及低温特性。

　　聚合物固态锂电池与液态锂离子电池的一步涂覆电极形成工艺不同，通常涂布工序采用 PET 等无纺布作为基材，分别将固态电极浆料和聚合物电解质浆料按照设计厚度通过挤出或微凹版涂覆工艺得到成卷的电极和固态电解质膜片。Bellore 公司最初采用丝网印刷法制备增塑的聚合物 P（VDF-HFP），这是最早公开的聚合物电池生产技术，其锂离子电池实际为凝胶态聚合物锂离子电池。目前，国内对凝胶聚合物电池的工艺均进行了优化，采用双面 PVDF 涂覆隔膜替代了 Bellcore 传统工艺中的聚合物膜片，去除了萃取工艺，简化了流程，提高了效率，降低了成本。

1）工艺步骤

涂布工艺按照物料顺序可分解为上料、放卷、纠偏、涂布、烘干、纠偏、收卷、溶剂回收等工步，由全自动涂布机按照设定自动完成极卷的制备（附图4）。

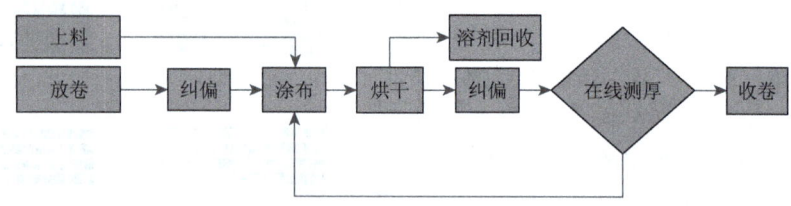

附图4　涂布工序工艺步骤

2）工序设备及器具

涂布工序常用设备及器具见附表3。

附表3　涂布工序常用设备及器具

序号	设备名称	用途	所需能源动力	类别	备注
1	涂布机	实现浆料到极板或膜片的制备	水、电、压缩空气	生产设备	
2	真空干燥箱	干粉混合	电	生产设备	
3	真空储料罐	浆料储存	电、真空	周转容器	
4	除湿系统	环境处理	电、水	环境设备	
5	测厚仪	在线厚度检测	电	检测仪器	
6	电子天平	面密度检测	电	检测仪器	
7	真空站（罐）	提供真空	电	动力设备	

3）关键参数、控制措施及其对电池制程和性能的影响

涂布工序关键参数、控制措施及其对电池制程和性能的影响见附表4。

附表4　涂布工序关键参数、控制措施及其对电池制程和性能的影响

序号	工步	关键参数	控制措施	电池制程影响	电池性能影响
1	基材穿带	基材厚度 基材抗拉强度 基材平整度	工艺参数调整	断带 效率低	倍率 循环
2	放卷	张力	设备参数调整	断带	

续表

序号	工步	关键参数	控制措施	电池制程影响	电池性能影响
3	涂布	涂覆量 涂布走速 均匀性	设备参数调整 固含量调整	极片厚度均一性 极片裂纹	电池一致性
4	烘干	温度 溶剂含量	匹配和合适的走速和涂覆量	极片裂纹 掉粉	循环
5	收卷	张力	设备参数调整	断带	
6	干燥	温度均一性 时间 真空度	工艺参数调整	水分未除尽	析锂

3. 制片工序

制片工序是将涂布烘干后的极卷或膜片制成胶卷式或堆叠式的极片或电池单元片。液态锂离子电池是将含有集流体的极卷经辊压后，按照不同的电芯工艺需求选取差异化的裁切方式，一般卷绕式电芯通过条形分切形成胶卷式极卷；而叠片式电芯通过模切工艺制成一定形状的正负极极片（附图5）。凝胶聚合物锂离子电池是首先将电极膜片、网式集流体与隔膜膜片采用高温热压技术合成三明治式

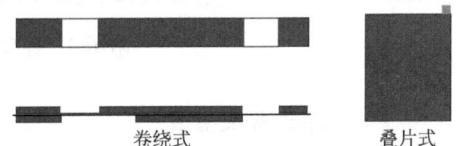

附图 5　卷绕式和叠片式的极片结构

电池单元片，然后通过超声溶剂萃取工艺除去电池单元片中的增塑剂，电池单元片经烘箱真空高温干燥后备用。制片工序要求在10万级净化干燥间进行，湿度控制在10%RH以下（环境温度为22～25℃时）。

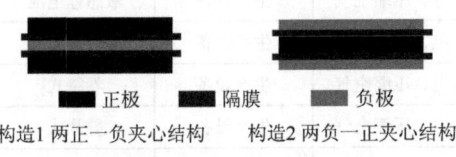

附图 6　凝胶聚合物电池单元片结构

附图6中构造1为两正一负夹心单元片，其结构为按正极膜（含 Al 网格集流体）、PVDF-SiO$_2$ 膜、负极膜（含 Cu 网格集流体）、PVDF-SiO$_2$ 膜、正极膜（含 Al 网格集流体）的顺序叠合在一起，通过热辊复合机热复合形成电池单元片，该结构更适用于能量密度型电池。

附图6中构造2为两负一正夹心单元片，其结构为按负极膜（含 Cu 网格集流体）、PVDF-SiO$_2$ 膜、正极膜（含 Al 网格集流体）、PVDF-SiO$_2$ 膜、负极膜（含 Cu 网格集流体）的顺序叠合在一起，通过热辊复合机热复合形成电池单元片，该结构更适用于高安全可靠型电池。

1）工艺步骤

锂离子电池的制片工艺受电池结构、类别及自动化程度的影响巨大，具体工艺路线见附图7。液态锂离子电池由辊压、分切和干燥等工序组成，其中卷绕式采用条形分切，而叠片式采用定型模切；凝胶聚合物锂离子电池首先将电极膜片辊压至集流体网，模切后分别形成正负极极片，然后与增塑的隔膜膜片进行热压复合，形成三明治式电池单元片，再经过超声溶剂萃取后，形成最终电池单元片。

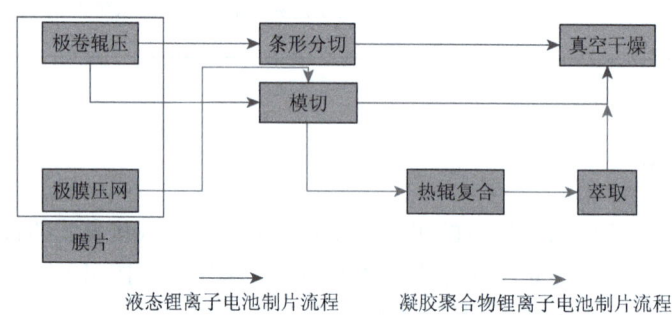

附图7　锂离子电池的制片流程

2）工序设备及器具

制片工序常用设备及器具见附表5。

附表5　制片工序常用设备及器具

序号	设备名称	用途	所需能源动力	类别	备注
1	连续辊压机	极卷辊压	电、压缩空气	生产设备	液态锂电池
2	热辊压机	单元片热合	电、压缩空气	生产设备	凝胶锂电池
3	自动分条机	条形分切	电、压缩空气	生产设备	卷绕式
4	自动模切机	模切	电、压缩空气	生产设备	叠片式
5	真空干燥箱	极片或单元片干燥	电、真空	周转容器	
6	除湿系统	环境处理	电、水	环境设备	
7	真空站（罐）	提供真空	电	动力设备	

3）关键参数、控制措施及其对电池制程和性能的影响

制片工序关键参数、控制措施及其对电池制程和性能的影响见附表6。

附表6 制片工序关键参数、控制措施及其对电池制程和性能的影响

序号	工步	关键参数	控制措施	电池制程影响	电池性能影响
1	辊压	压实密度 厚度	两辊间隙及平行度 运行速度	电芯厚度	内阻
2	分切	直线度 毛刺、毛边 掉料	刀具维修保养 刀具定期更换	短路率	自放电 容量 安全性
3	热辊复合	熔合度	温度 压力	合格率	容量、内阻
4	萃取	纯净度	超声时间 溶剂置换		容量 内阻
5	真空干燥	含水量	时间 真空度 温度均一性	水分含量超标	容量 内阻 安全性

4. 制芯工序

制芯工序是锂离子电池电芯成型的工序，包括卷绕、Z 形叠片和直接层叠三种工艺。如附图 8 所示，卷绕工艺是将辊压且分切成型后的正极、隔膜、负极、隔膜按照顺序依次居中叠放整齐后，通过卷绕方式成型。Z 形叠片工艺是将模切的正极片和负极片依次叠放于 Z 形隔膜中，形成正极、隔膜、负极、隔膜依次居中交互叠放的电池芯（附图 9）。卷绕型极片需要根据设计将正负极极片预先进行极耳的引出焊接，叠片型卷芯已在模切成型时预留了极耳引线。制芯工序要求在 10 万级净化干燥间进行，相对湿度控制在 10%以内（环境温度为 22~25℃时）。

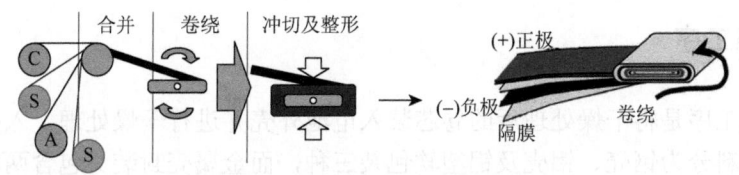

附图 8 卷绕方式

C，负极；A，正极；S，隔膜

聚合物固态锂电池一般采用直接层叠的叠片方式，其电池芯由多个电池单元片按照设计容量进行直接层叠。

本工序主要包含极耳焊接和卷芯成型两大工艺，卷绕型卷芯需要在卷绕前将正负极极耳分别用铝带和镍带通过超声波焊接引出，叠片工艺卷芯已在极片模切

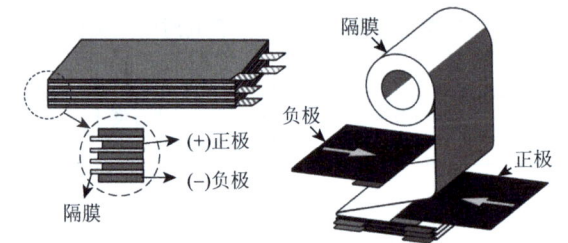

直接层叠方式（适用于电池单元片）　　Z形叠片方式

附图 9　叠片方式

时预留了正负极极耳引线，叠片成型后在正负极极耳引线处分别焊接正负极外极耳，成型后的电芯经短路检测合格后流转至下一道工序。

本工序所涉及的主要设备及器具见附表 7。

附表 7　制芯工序常用设备及器具

序号	设备名称	用途	所需能源动力	类别	备注
1	极耳焊接机	焊接极耳引线	电、压缩空气	生产设备	
2	自动卷绕机	卷芯成型	电、压缩空气	生产设备	卷绕型
3	自动叠片机	卷芯成型	电、压缩空气	生产设备	叠片型
4	绝缘检测仪	短路测试	电	检测仪器	
5	真空站（罐）	提供真空	电	动力设备	
6	除湿系统	环境处理	电、水	环境设备	
7	空压机	提供压缩气体	电	动力设备	

5. 入壳工序

入壳工序是将干燥处理后的卷芯装入电池外壳并进行干燥处理。入壳工艺按照壳体材料分为钢壳、铝壳及铝塑软包装三种，而金属壳封装又包含两种封装方式，一种是典型的 18650 镀镍钢壳锂离子电池冷压封口，另一种是激光焊接封口，这两种工艺的入壳工艺存在较大的差别。而铝塑软包装电池需要预先完成铝塑外壳的成型（附图 10），将卷芯装入拉伸成型的铝塑壳体后通过热封进行入壳预封成型。入壳工序要求在 10 万级净化干燥间进行，相对湿度控制在 10% 以内（环境温度为 22～25℃ 时）。

18650 钢壳电池入壳工艺：下垫片→入壳→点底→上垫片→辊槽→激光点焊上盖→绝缘检测→真空干燥。

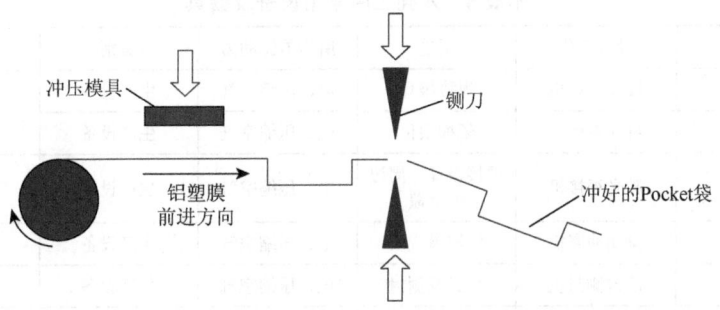

附图 10　铝塑膜冲壳工艺

图片来源：新能源 leander

铝壳电池入壳工艺：下垫片→入壳→上垫片→激光点焊上盖→激光焊壳盖→绝缘检测→气密性检测→真空干燥。

铝塑软包装电池入壳工艺：铝塑拉伸冲壳（预留气囊）→入壳→顶封→侧封→绝缘检测→真空干燥。

根据电池容量要求，铝塑壳可分为单冲坑和双冲坑两种，如附图 11 所示。在电芯入壳后，以点画线位置为中心对折，按照粗线及虚线线条指示位置进行顶封和单侧侧封，完成电芯入壳装配，经短路检测后置入真空干燥箱进行干燥处理，等待注液。

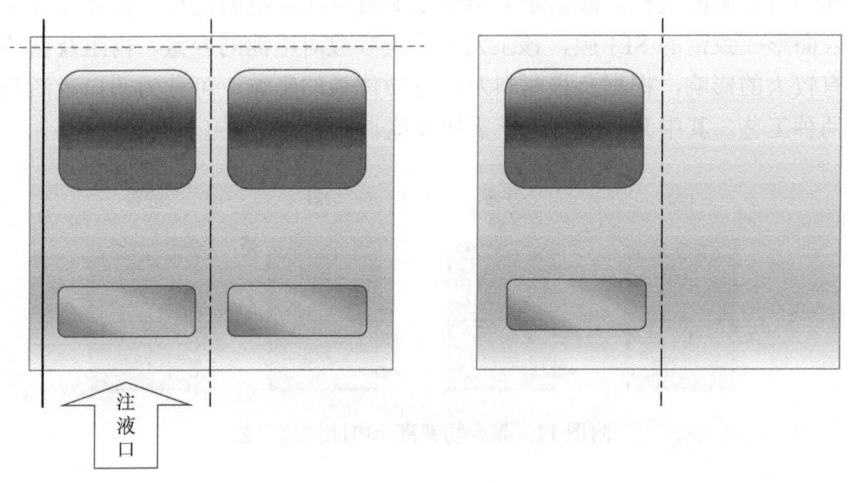

附图 11　铝塑壳的冲坑方式

本工序所涉及主要设备及器具见附表 8。

附表8 入壳工序常用设备及器具

序号	设备名称	用途	所需能源动力	类别	备注
1	极耳点焊机	焊接极耳	电、压缩空气	生产设备	圆柱钢壳
2	自动辊槽机	辊槽限位	电、压缩空气	生产设备	圆柱钢壳
3	激光焊接机	焊接极耳、周边焊上盖	电、压缩空气	生产设备	钢壳或铝壳
4	自动冲壳机	铝塑膜成型	电、压缩空气	生产设备	软包
5	顶封侧封机	顶封及侧封	电、压缩空气	生产设备	软包
6	绝缘检测仪	短路检测	电	检测仪器	
7	气密检测仪	气密性检测		检测仪器	
8	真空干燥箱	电芯干燥	电	生产设备	
9	真空站（罐）	提供真空	电	动力设备	
10	除湿系统	环境处理	电、水	环境设备	
11	空压机	提供压缩气体	电	动力设备	

6. 注液、化成工序

如附图12所示，注液工序是将电解液注入电池芯的过程，包括注液、封口、静置等工步，一般是在露点达到-40℃的干燥环境中进行。化成工序是对电池进行激活和最终封装的过程。激活是采用小电流对电池充电的过程，在此过程中在电极的表面形成致密的SEI膜，该工艺方法及参数对电池的容量、内阻及循环寿命均会有较大的影响，根据负极材料及电解质体系的影响，可分为闭口激活及开口激活两种工艺，其中开口激活工艺需要在露点达到-10℃的干燥间进行。

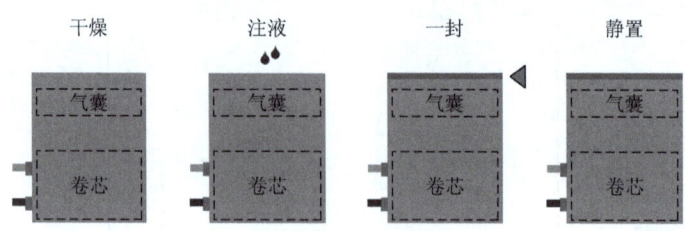

附图12 聚合物锂离子电池注液工艺

如附图13所示，聚合物锂离子电池的封口分为一封和二封。在露点达到-40℃的干燥环境中完成一封后，在特定温度、压力等条件下引发聚合，形成胶体电解质。然后在一定温度及压力条件下对电池激活后进行二封，二封可分解为刺气囊、真空排气、热封及剪切气囊,须在真空热封设备中进行。二封后的聚合物锂离子电池经裁边、折边,形成最终产品。

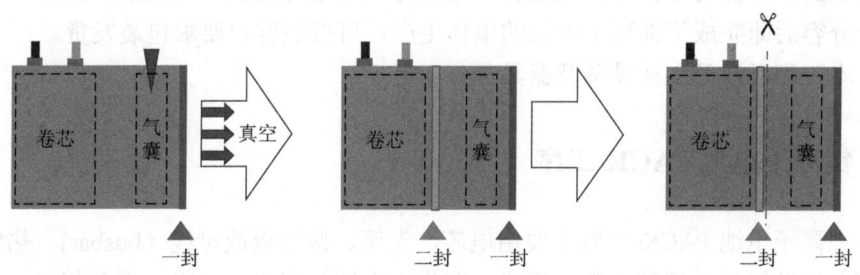

附图 13　聚合物锂离子电池真空二封工艺

本工序所涉及主要设备及器具见附表 9。

附表 9　注液、化成工序常用设备及器具

序号	设备名称	用途	所需能源动力	类别	备注
1	自动注液机	注液	电、压缩空气	生产设备	
2	辊压封口机	封口	电、压缩空气	生产设备	圆柱钢壳
3	激光封口机	封口	电、压缩空气	生产设备	钢壳或铝壳
4	热缩封口机	一封	电、压缩空气	生产设备	软包
5	真空封口机	二封	电、压缩空气、真空	生产设备	软包
6	化成柜	电池激活	电	生产设备	
7	超声清洗机	清洗	电	生产设备	圆柱钢壳
8	折边整形机	折边、成型	电、压缩空气	生产设备	软包
9	真空站(罐)	提供真空	电	动力设备	
10	除湿系统	环境处理	电、水	环境设备	
11	空压机	提供压缩气体	电	动力设备	

7. 老化、分容工序

老化工序一般指化成后的搁置,通常分为高温老化和常温老化两种。老化的作用是使初次充电化成后形成的 SEI 膜更加致密和稳定,从而确保电池电化学性能的稳定性和可靠性。

分容工序是将老化后的电池按照客户要求进行分选的过程，通常包含自放电检测以及容量、平台、内阻的筛选与分级。由于材料体系、化成老化工艺以及客户需求的多样性与差异性，电池自放电及分级标准存在较大的差别，在此不予详述。分容后即完成了锂离子电池的单体生产，可按照客户要求包装发货。

本工序所涉及主要设备及器具是分容柜。

8. 锂离子电池 PACK 工序

锂离子电池 PACK 一般主要由电芯、支架、接线板或母线（busbar）、热管理系统及电源管理系统等几部分组成，首先由电压、容量、内阻、平台相对一致的电芯（cell）通过串并联形成模组（module），再由多个模组与电源管理系统组成电池 PACK，其中热管理系统可根据不同应用需要选择以单体、模块或模组为单元进行热量管理。其中，BMS 的主要功能就是对电池 PACK 内的各项参数进行监控管理，包括短路保护、过流、过压、均衡、故障诊断、SOC 的计算等功能。

PACK 工序即实现锂离子电池成组的过程，可分为模组成型、封装与检测三部分。其工艺流程如下：

模组成型工艺：电池分选→电芯堆叠→电池盒组装→极耳裁切整形→模组壳激光焊接→模组激光打码→模组检测→Busbar 激光焊接→BMS 系统连接→模组终检测。

封装与检测主要包括模组上线、入箱、线束安装、固定温度传感器、电气连接、封盖、系统检测调试、下线、厂内传输和包装。其中，AGV 小车、助力机械臂、滚筒线、吊臂等都是简单而有效的工具。因柔性的线路连接等工作离不开人工的协助，故半自动的 PACK 线是目前各厂家的主流配置。

随着电池尺寸的标准化及规范化，相信在不久的将来，电池 PACK 或模组也会标准化，电池 PACK 的工艺将更加成熟。

三、锂电制造工艺发展趋势

2015 年，中国出现了三个热门概念，第一个是大众创业、万众创新，如以海尔为创客工地的"小微公司"，第二个是工业 4.0，第三个是"互联网+"。"互联网+"里面有"互联网+金融"（互联网金融）、"互联网+零售"（互联网电子商务）等，而"互联网+制造"就是工业 4.0。它将推动中国制造向中国创造转型，是推动整个中国制造走向智能制造的时代性革命。

在工业 4.0 已经渐渐到来的时代，"智能制造"将实现从需求端到整个产业制造链条的协调与统一，有利于提升产品的品质与追溯，避免了产能过剩，是提高质量、降低成本的利器。随着中国经济步入新常态，传统行业转型升级势在必行，新能源汽车作为七大战略新兴行业重点，成为引领中国经济转型的重要力量。我国政府发布的《中国制造 2025》提出，在新能源汽车领域形成从关键零部件到整车的完整工业体系和创新体系，推动自主品牌节能与新能源汽车同国际领先水平接轨。2015 年 5 月 22 日，工业和信息化部发文解读了有关推动节能与新能源汽车发展的规划，到 2020 年，自主品牌纯电动和插电式新能源汽车年销量突破 100 万辆，在国内市场占 70%以上；到 2025 年，与国际先进水平同步的新能源汽车年销量 300 万辆，在国内市场占 80%以上。据乘用车领域产研机构泰博英思对中国电动乘用车市场 2016 年具体销量数据进行的统计分析，2016 年中国市场电动乘用车销量达 351003 辆，与 2015 年的 205290 辆相比，增长了 70.98%。2017～2020 年将是我国机器人、无人机、电动汽车等行业高速发展期，到 2020 年，预计新能源电动汽车年产销量将达 145 万辆，车用动力锂电池市场约 1500 亿元，再加上机器人、无人机市场，动力锂电池市场容量将大于 2000 亿元。

随着 2020 年的临近，我国更加坚定执行新能源汽车战略，通过完善"补贴退坡＋双积分"组合政策，让整个新能源汽车产业逐步走向市场化。动力电池作为新能源汽车的核心零部件，其性能、产能、价格一直制约着产业升级，工业 4.0 智能制造将会加速推进产业升级。智能制造将会进一步提高产品的一致性，实时掌控电池的运行状态，并可实现产品全生命周期监控，有效保障整车动力性能及安全性，适时进行维护保养，提升电池的运行寿命。从市场角度来看，产能提升，成本下降，按照市场需求进行产品的设计与制造，实现整个动力电池制造链条的价值最大化。

锂电池工艺的工业 4.0 智能化必将推动新能源汽车行业的高速发展，实现中国从汽车大国向汽车强国的跨越。

锂离子电池制造说明书

一、正、负极涂布

1. 箔材要求

正极箔带：铝箔（厚×宽）（0.01±0.002）mm×（300±1）mm，膜密度：（3.2±0.2）mg/cm²（供参考，需实际测算）。

负极箔带：铜箔（厚×宽）（0.006±0.002）mm×（310±1）mm，膜密度：（7.8±0.2）mg/cm²（供参考，需实际测算）。

2. 涂布标准

项目	正极涂布标准单面面密度：39.52mg/cm² 正极涂布取样单面质量规格：10cm²			负极涂布标准单面面密度：16.54mg/cm² 负极涂布取样单面质量规格：10cm²			
上限	单面	0.439g	双面	0.8461g	单面	0.2484g	双面	0.4188g
中限		0.4272g		0.8224g		0.2434g		0.4089g
下限		0.4153g		0.7986g		0.2385g		0.3989g

3. 正极涂布尺寸

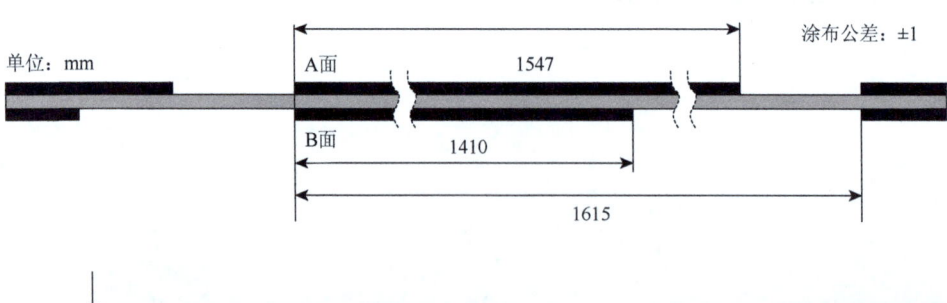

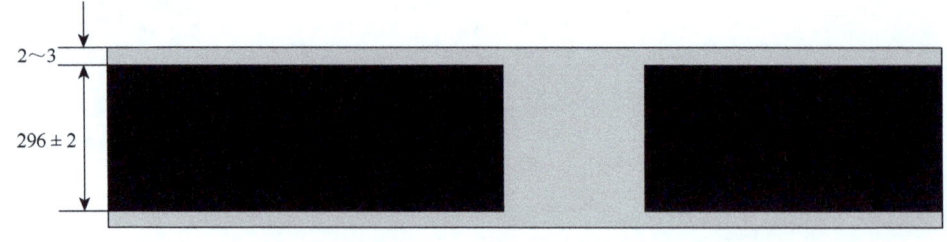

4. 负极涂布尺寸

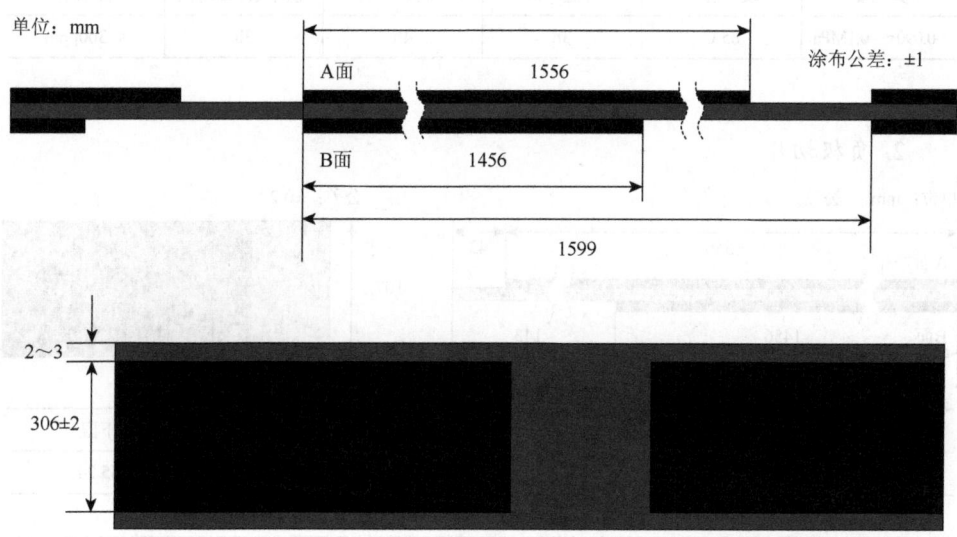

二、极片辊压

类型	正极	负极
辊压厚度	（0.198±0.002）mm	（0.190±0.002）mm
压实密度	4.20g/cm³	1.8g/cm³

三、极片裁切/干燥

1. 正极切片

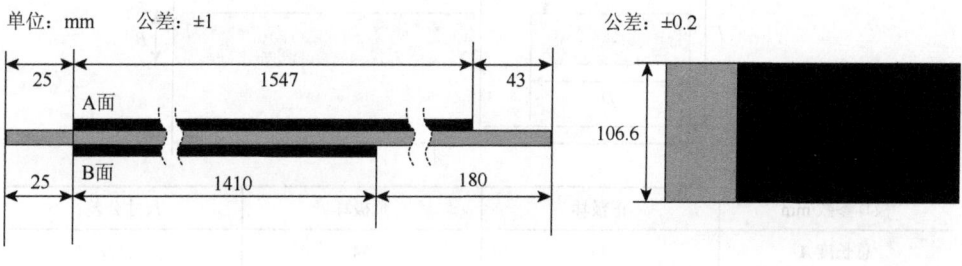

电极质量/g	上限	中限	下限
	133.82	130.08	126.34

正极干燥

真空度	设定温度	升温时间	保持真空时间	充氮气冷却时间	含水率
−0.090~−0.1MPa	85℃	3h	4h	3h	≤300ppm

2. 负极切片

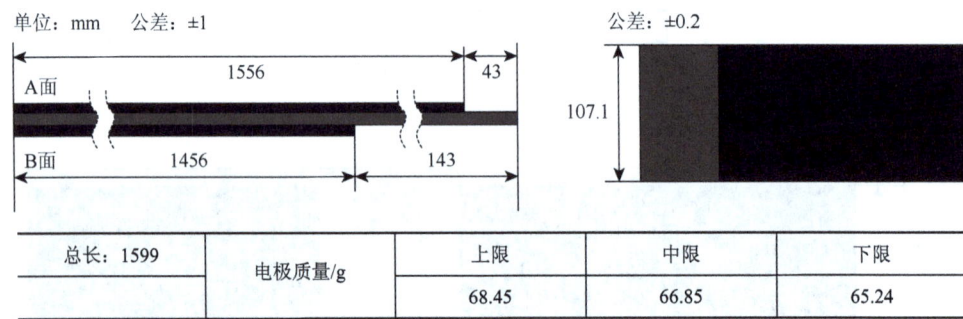

总长：1599	电极质量/g	上限	中限	下限
		68.45	66.85	65.24

负极干燥

真空度	设定温度	升温时间	保持真空时间	充氮气冷却时间	含水率
−0.090~−0.1MPa	110℃	3h	4h	3h	≤300ppm

四、极耳焊接、贴胶

1. 极耳规格

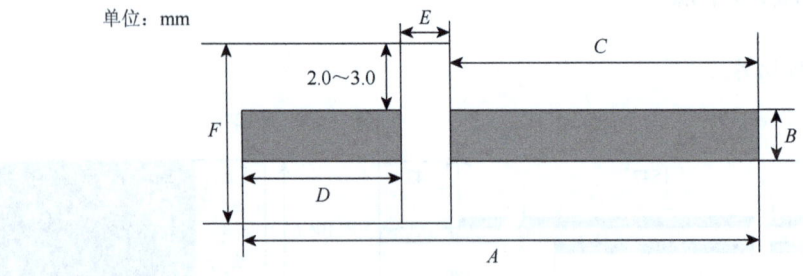

极耳参数/mm	正极耳	负极耳	尺寸公差
总长度 A	45	44	±1.0
宽度 B	5.0	5.0	±0.5
厚度	0.08	0.08	±0.02
焊接区长 C	30	30	±1.0

续表

极耳参数/mm	正极耳	负极耳	尺寸公差
极耳外露 D	10.0	10.0	±1.0
树脂块高 E	5.0	4.0	±0.5
树脂块宽 F	10±0.5	10±0.5	±1.0

2. 正极焊接与贴胶

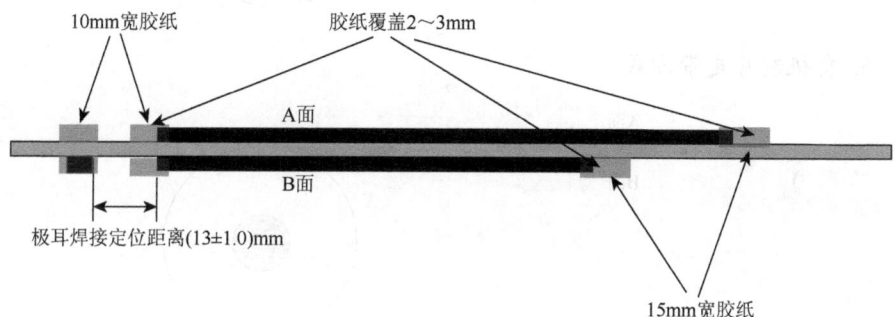

胶纸厚度：0.022mm

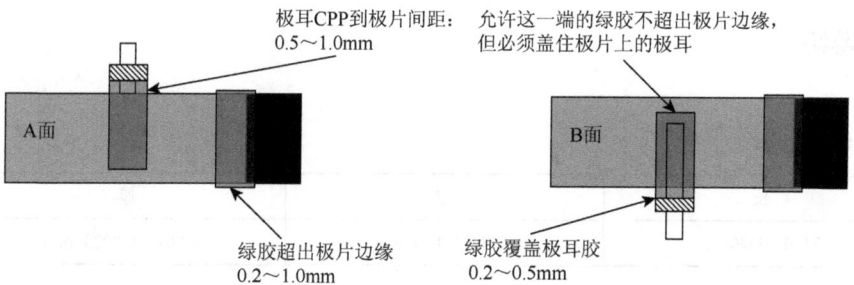

3. 负极焊接与贴胶

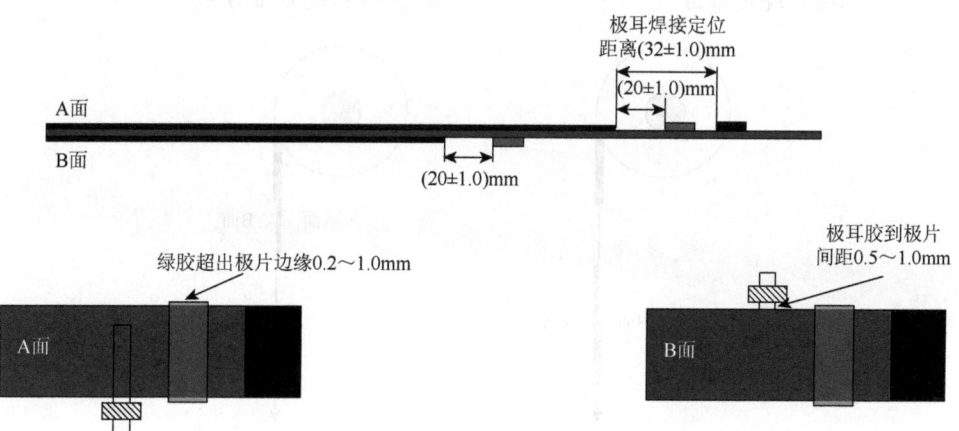

4. 正极制片走带方式

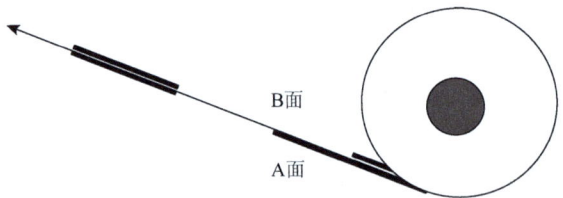

5. 负极制片走带方式

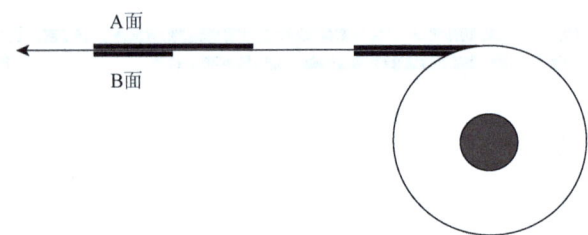

五、卷绕

1. 隔膜尺寸规格

长	宽	厚
3330~3340mm	（108±0.3）mm	（0.01±0.002）mm

2. 正极卷绕走带方式　　　　3. 负极卷绕走带方式

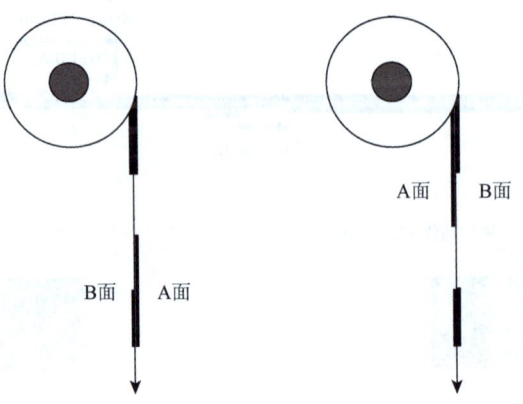

4. 卷芯规格

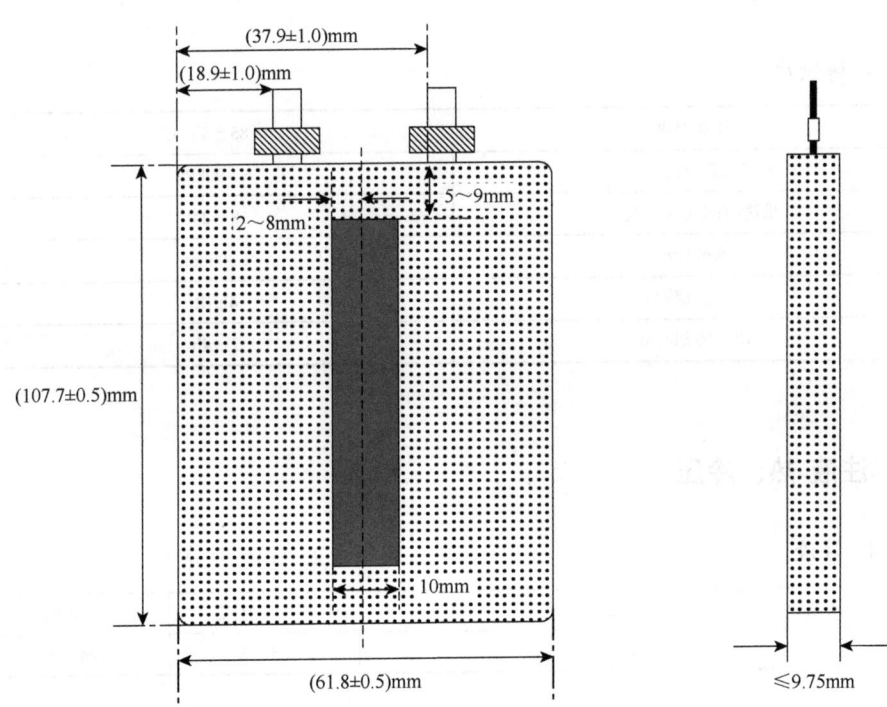

胶纸厚度：0.022mm

六、贴保护膜尺寸规格

单位：mm

长	宽	厚
226±1.0	61±0.5	0.1±0.02

$a, b, c, d \leqslant 2mm$； $e \leqslant 1mm$； $f \leqslant 3mm$

七、电芯烘烤

烘烤制度

烘烤温度	（85±5）℃
真空度	≤-90kPa
烘烤时间（含升温）	18～24h
水分标准	≤300ppm
换氮气频率	4h/次
电芯冷却时间	2～4h

八、注液-热、冷压

1. 注液　　　　　　　　　　　　2. 注液后静置

电解液型号	注液量/g		静置温度/℃	静置时间/h
—	48.4		45±5	24±2

九、化成

化成制度

工步	操作	电流/mA	电压限制/V	时间/min
1	搁置	—	—	1
2	恒流充电	440	3.4	45
3	搁置	—	—	1
4	恒流充电	2202	3.85	360

十、夹具烘烤

温度	压力	时间（含升温）
（85±5）℃	0.4mPa	6h

十一、分容

分容流程

步次	工作状态	电流/mA	时间/min	电压上限/mV	电压下限/mV	终止电流/mA
1	搁置	—	5	—	—	—
2	恒流充电	4404	200	4400	—	—
3	恒压充电	—	60	4400	—	440
4	搁置	—	5	—	—	—
5	恒流放电	4404	400	—	3000	—
6	搁置	—	5	—	—	—
7	恒流充电	4404	400	4400	—	—
8	恒压充电	—	60	4400	—	440
9	搁置	—	10	—	—	—
10	恒流放电	4404	400	—	3000	—
11	搁置	—	5	—	—	—
12	恒流充电	11010	300	3.865	—	—
13	恒压充电	—	60	3.865	—	440
14	搁置	—	5	—	—	—

注：1. 电池容量以分容标准第 10 工步为准；
  2. 不合格电池重复流程 6～14（二次分容）处理；
  3. 分容下柜电压：3.4～3.865V。

十二、测电压、内阻

（1）分容下柜与测 OCV1 时间间隔，常温 48h，测完 OCV1 入 45℃ 24h，出高温需常温冷却 8h，测 OCVB；

（2）OCV1 和 OCVB 坏品需返工，OCV1 电压坏品需退分容返工后入 45℃ 24h，出高温后常温冷却 8h，OCVB 电压和 K_1 值坏品需退分容返工；

（3）OCV1 和 OCVB 坏品返工后，喷码，测 OCV3，45℃ 24h 后，测 OCVC，不良品入功能不良仓。

项目	OCV1	OCVB	OCV3	OCVC
电压/V	3.833～3.865	3.830～3.865	3.830～3.865	3.830～3.865
IMP/mΩ	≤45	≤45	≤45	≤45
K 值/(mV/h)	—	≤0.1	—	≤0.1

十三、分档

<table>
<tr><td colspan="6">电池分档标准</td></tr>
<tr><td>等级</td><td>容量/(mA·h)</td><td>内阻/mΩ</td><td>厚度/mm</td><td>电压/V</td><td>外观</td></tr>
<tr><td>良品</td><td>≥14000</td><td>≤45</td><td>≤11</td><td>3.83～3.865</td><td>电池外观光洁平整等</td></tr>
<tr><td>入库待报废品</td><td>≥8400</td><td>≤80</td><td>≤11</td><td>≥3.0</td><td>无气鼓、漏液、断极耳、破损等外观不良</td></tr>
<tr><td>放电废品</td><td>＜8400</td><td>＞80</td><td>＞13.2</td><td>＜3.0</td><td>气鼓、漏液、断极耳、破损外观不良品</td></tr>
</table>

十四、尺寸及外观检查

正极边距	(20±1.0) mm
负极边距	(39±1.0) mm
CPP 外露尺寸	0.2～1.5mm
电芯的厚度	≤11mm
电芯的宽度	≤64mm
电芯的长度	≤113mm

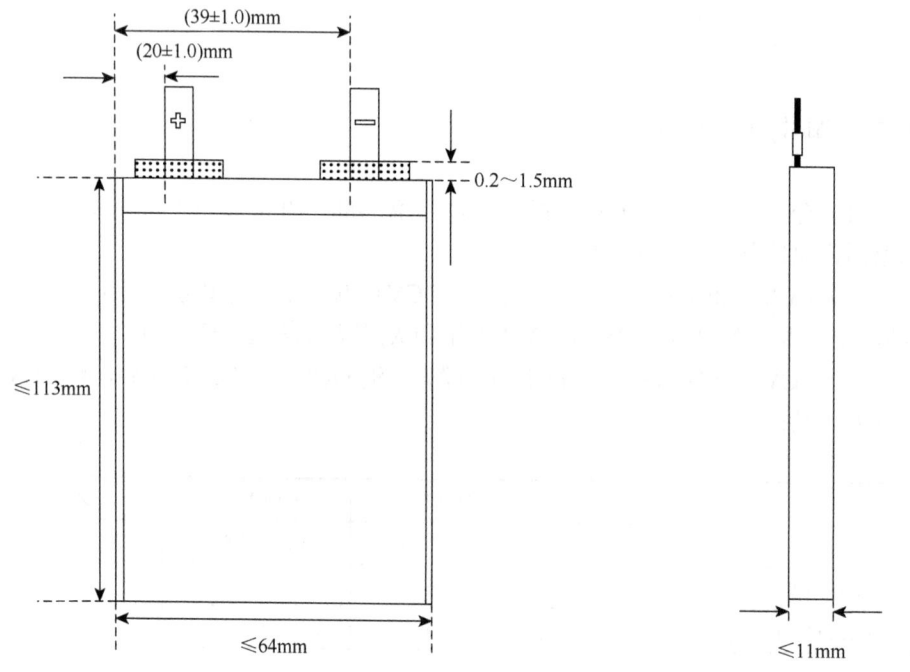

负极配料说明书

Ⅰ CMC 溶液配料流程单

CMC 溶液浓度		1.50%
物料名称	配比/%	投料量/kg
CMC 干粉	1.50	0.038
去离子水	98.50	2.468

原料烘烤

物料名称	温度	时间	备注
活性物质-1	120℃	4h	材料取出温度≤45℃，在搬运过程中注意防潮
活性物质-2	120℃	4h	
导电碳	120℃	4h	

环境要求：湿度 ____ 温度 (25±5)℃ 浆料温度 25~45℃

溶胶

步骤	操作内容	真空搅拌机 公转/(r/min)	真空搅拌机 自转/(r/min)	搅拌时间/h	投料量/kg
1	加入去离子水，溶液温度≥25℃	—	—	—	2.468
2	加入 CMC 干粉，均匀撒入搅拌罐	—	—	—	0.038
3	润湿 CMC 干粉				—
4	打开循环冷却水搅拌	50	800	1	—
5	打开循环冷却水高速搅拌	50	1200	3	—
6	测固含量、黏度，静置 8h 后备用	固含量：			

Ⅱ 负极配料流程单

物料名称	配比/%	纯物质量/kg	溶液质量分数/%	投料量/kg
活性物质-1	95.80	3.000	—	3.000
活性物质-2	—	—	—	—
CMC	1.20	0.038	1.5	2.505

续表

物料名称	配比/%	纯物质量/kg	溶液质量分数/%	投料量/kg
SBR	2.00	0.063	50	0.125
导电碳	1.00	0.031	—	0.031

环境要求：湿度 ___—___ 温度 ___(25±5)___℃ 浆料温度 ___25~45___℃

步骤	操作内容	高速搅拌（自转）/(r/min)	低速（公转）/(r/min)	搅拌时间	投料量/kg
1	加入一定量1.5%的CMC溶液	—	—	—	1.753
2	加入称量好的导电碳	—	—	—	0.031
3	加入配方所需去离子水	—	—	—	—
4	开冷却水、预搅拌	800	40	10min	—
5	高速搅拌	1500	50	2.0h	—
6	加入称量好的活性物质-1的30%，需预搅拌10min，下降搅拌桶进行刮浆	800	40	10min	0.900
7	加入称量好的活性物质-1的30%，需预搅拌10min，下降搅拌桶进行刮浆	800	40	10min	0.900
8	加入称量好的活性物质-1的40%，需预搅拌10min，下降搅拌桶进行刮浆	800	40	10min	1.200
9	加入称量好的活性物质-2的30%，需预搅拌10min，下降搅拌桶进行刮浆	800	40	10min	
10	加入称量好的活性物质-2的70%，需预搅拌10min，下降搅拌桶进行刮浆	800	40	10min	
11	高速搅拌	1500	50	4.0h	
12	加入剩余需要量的1.5%的CMC溶液，预搅拌	800	40	10min	0.752
13	抽真空，≤-80kPa，高速搅拌	1500	20	1.0h	
14	机器停止运转，关闭真空阀，开充气阀。测黏度、固含量。若黏度超出3000mPa·s，走第15至18步（加水调黏度），若黏度在规格范围内，走第19步（加SBR）				
15	加入调节黏度所需去离子水（加水量由工程师确认）	—	—	—	—
16	抽真空，≤-80kPa	—	—	—	
17	高速搅拌	1500	20	0.5h	
18	测黏度、固含量。若黏度超3000mPa·s，重走第15至18步（加水调黏度），若黏度在规格范围内，走第19步（加SBR）				
19	加入SBR		40	1.0h	0.125
20	低速搅拌，抽真空，≤-80kPa，除气泡	—	10	0.5h	
21	机器停止运转，关闭真空阀，开充气阀，测黏度、固含量，过150目筛网，要求自由过滤，不可用刮刀刮（出料时要求每出一桶浆料清洗一次筛网）				
	出料过程中每隔6h进行一次高速搅拌，搅拌速率：公转25r/min、自转1000r/min，搅拌时间5min				

正极配料说明书

I 正极溶胶流程单

PVDF 溶液浓度	6.00%

物料名称	配比/%	投料量/kg
PVDF 干粉	6.00	0.041
NMP	94.00	0.638

原材料烘烤

物料名称	温度	时间	
活性物质-1	120℃	4h	材料取出温度≤45℃，在搬运过程中注意防潮
PVDF	80℃	4h	
导电碳	120℃	4h	

环境要求：湿度 ≤30%HR　　温度 （25±5）℃　　浆料温度 25～45℃

溶胶

步骤	操作内容	搅拌速率		搅拌时间 (min)	物料名称	投料量/kg
		公转 (r/min)	自转 (r/min)			
1	先称取 NMP 倒入搅拌罐。称取 PVDF 粉末，将 PVDF 粉末均匀地撒在 NMP 表面。以公转15r/min，开启高速搅拌（相对自转 900r/min），搅拌 10min 后，降下搅拌罐，将搅拌罐体和搅拌桨上成块的 PVDF 刮刀搅拌罐中。溶液温度≥25℃	15	900	20	PVDF / NMP	0.041 / 0.638
2	以公转25r/min，开启高速搅拌（相对自转1800r/min），搅拌 4h，打开循环，抽真空至 −0.09MPa，放掉真空，再抽真空至−0.09MPa	25	1800	240	—	—
3	取料测固含量、黏度并打开真空阀门，等真空度降到−0.06MPa以下，保持真空度以公转20r/min，开启高速搅拌（相对自转1160r/min），搅拌 30min	20	1160	30	—	—

Ⅱ 正极混料流程单

物料名称	配比/%	纯物质量/kg	溶液质量分数/%	投料量/kg
活性物质-1	98.2	4.000	—	4.000
PVDF	1.00	0.041	6	0.679
油系 CNT	0.80	0.033	5	0.652

环境要求：湿度 ≤30%HR　　　温度 (25±5)℃　　　浆料温度 25~45℃

步骤	操作内容	搅拌速率 公转/(r/min)	搅拌速率 自转/(r/min)	搅拌时间/min	物料名称	投料量/kg
1	打开搅拌罐，加入 PVDF 胶液	—	—	—	PVDF	0.679
2	打开搅拌罐，加入 CNT 胶液，以公转 20r/min，自转 2000r/min 搅拌 120min	20	2000	120	CNT 胶液	0.652
3	加入称量好的活性物质-1 的 50%预搅拌 10min，降下搅拌桶进行刮浆	20	1000	10	活性物质-1	2.000
4	加入称量好的活性物质-1 的 50%预搅拌 10min，降下搅拌桶进行刮浆	20	1000	10	活性物质-1	2.000
5	公转 20r/min，分散盘 1200r/min 搅拌 60min	20	1200	60	—	—
6	降下搅拌罐并取料测浆料黏度，浆料黏度允许范围为 8000~12000mPa·s，走第 11 步					
7	若浆料黏度＞12000mPa·s，加入 NMP 调节浆料黏度。单次加入 NMP 量为下调浆料固含量 0.5%的质量。加入 NMP 后，以公转 25r/min，自转 1400r/min 搅拌 30min 后降下搅拌罐测试浆料黏度。若浆料黏度在 8000~12000mPa·s 规格内，走第 11 步。若浆料黏度＞12000mPa·s，则反复进行第 9 步，直至浆料黏度符合要求	25	1400	30		
8	以公转 25r/min，自转 2000r/min 搅拌 240min，每 60min 降下搅拌罐测试一次浆料黏度。240min 搅拌结束后浆料黏度须在 5000~10000mPa·s 范围内	25	2000	240	—	—
9	加入 NMP 调节浆料黏度，以公转 25r/min，自转 1400r/min 搅拌 30min 后降下搅拌罐测试浆料黏度，直至浆料黏度调节到 5000~10000mPa·s 规格	25	1400	30		
10	以公转 15r/min，搅拌 30min。并打开真空泵，保持真空度在-0.08~-0.09MPa	15	0	30	—	—
11	机器停止运转，关闭真空阀，开充气阀	—	—	—	—	—
12	机器停止运转，关闭真空阀，开充气阀，测黏度、固含量，过 150 目筛网，要求自由过滤，不可用刮刀刮（出料时要求每出一桶浆料清洗一次筛网）					